LA BOTANIQUE

SANS MAITRE.

Étant seul propriétaire de cet ouvrage, tout contrefacteur sera poursuivi conformément à la loi.

Lunéville, Imp. de PIGNATEL.

LA BOTANIQUE

SANS MAITRE,

OU

ÉTUDE DES FLEURS

ET DES PLANTES CHAMPÊTRES

DE L'INTÉRIEUR DE LA FRANCE, DE LEURS PROPRIÉTÉS
ET DE LEURS USAGES EN MÉDECINE, DANS LES
ARTS, ET DANS L'ÉCONOMIE DOMESTIQUE ;

PAR M. DUBOIS,

ANCIEN DÉMONSTRATEUR DU JARDIN DES PLANTES D'ORLÉANS.

Nouvelle Édition

Refondue, simplifiée, et raccordée à la flore française
DE MM. DE LAMARCK ET DE CANDOLLE ;

Par Auguste Jandel,

Architecte à Lunéville, Membre de l'Académie de Nancy, etc.

———

« Dieu a tracé son nom dans les cieux
» en lettres de feu, et sur la terre en
» lettres de fleurs ! »   (Young.)

———

A LUNÉVILLE,

CHEZ L'AUTEUR, ET DANS LE DÉPARTEMENT, CHEZ LES
PRINCIPAUX LIBRAIRES.

—

1851.

ABRÉVIATIONS :

Alim. veut dire alimentaire.
Cult. — cultivé.
Dub. — Dubois.
Empl. — employé.
Fl. — fleur.
Fl. fr. — flore française (3ᵉ édition).
Lam. — de Lamarck.
Li. — ligne.
Linn. — Linnée.
Méd. — médicinal.
P. — page.
Pi. — pied.
Pl. — plante.
Po. — pouce.
Us. — usuel.
Vén. — vénéneux.
V. — voyez.
Vulg. — vulgairement.

FAUTES A CORRIGER :

Page 40, ligne 11, des changements, *lisez :* ces
                            changements.
— 51, — 10, 52, *lisez :* 25.
— 110, — 19, balles, *lisez :* barbes.
— 110, — 20, barbes, *lisez :* balles.
— 132, — 21, joubarde, *lisez :* joubarbe.
— 210, — 23, gants-de-bergère, *lisez :* gant-
                            de-bergère.
— 290, — 2, pinpinelloïdes, *lisez :* pimpi-
                            nelloïdes.

PREFACE.

La flore de Dubois, quoiqu'ancienne, est encore très-recherchée, parcequ'elle est simple, claire et commode ; il suffit, pour l'apprécier, d'étudier quelque temps *sans maître*, avec cette flore, et ensuite avec une autre.

Elle ne renferme que 1379 plantes, mais ce sont les plus remarquables, les plus utiles, celles qu'on rencontre le plus souvent, et leur connaissance suffit au plus grand nombre des botanistes.

Cependant, depuis Dubois, on a changé bien des noms, des genres, des familles, etc., ce qui nécessitait une refonte entière ; *M. Boitard,* l'un de nos meilleurs auteurs, a exécuté ce travail admirablement, mais il a triplé le nombre des plantes et en a décrit plus de 4000, ce qui augmente la difficulté de l'étude.

Le but de Dubois n'était pas le même ; il a voulu, au contraire, réduire la botanique à ce qu'elle renferme d'essentiel, afin d'en répandre le goût, et il y a réussi : j'ai donc cherché plutôt à diminuer son livre qu'à l'augmenter, pour le rendre encore plus facile, plus portatif, et par conséquent plus propre aux herborisations ; voici d'ailleurs les principaux changements que j'y ai opérés :

1° J'ai choisi le format in-12, et j'ai supprimé la cryptogamie entière, c'est-à-dire l'étude des mousses, des champignons et autres plantes semblables, dont peu de personnes s'occupent, ce qui m'a permis d'ajouter quelques espèces à fleurs distinctes à celles de Dubois, et cependant je n'en ai décrit en tout que 1062.

2° J'ai substitué à tous les noms de Dubois, lorsqu'ils n'étaient pas les mêmes, ceux de la célèbre flore française de MM. de Lamarck et de Candolle (3e édition), en y ajoutant les noms vulgaires, mais sans autre synonymie, car la multiplicité fatigue beaucoup les étudiants ; j'aurais même évité, si je l'avais pu, les noms latins, mais ils sont d'un usage universel et indispensable. Lorsque j'indique une plante sous le nom seul de Dubois ou Linnée, ce qui est rare, c'est que je n'en ai pas trouvé la synonymie dans la flore française ; et lorsque je me sers simultanément des noms de cette flore et de ceux de Dubois, pour la même plante, ce qui est encore rare, c'est que j'y ai été forcé pour ne pas changer les analyses de ce dernier.

3° J'ai classé les plantes, dans la 2e partie de l'ouvrage, selon l'ordre alphabétique, parcequ'il est le plus commode et le plus expéditif, mais j'en ai aussi composé un tableau synoptique où elles sont rangées par familles naturelles (p. 141).

4° J'ai donné, en outre, après les noms de chaque genre, dans la 2e partie, celui de sa famille; et après ceux de chaque espèce, un petit résumé indiquant la couleur, la disposition des fleurs, et quelques autres particularités. Cette couleur ne peut former rigoureusement un caractère botanique, mais la fleur est ce qui frappe le plus les jeunes étudiants, et c'est presque toujours un souvenir suffisant pour reconnaître une plante.

5° J'ai cherché à faire ressortir, mais en peu de mots, l'utilité des plantes; j'ai même indiqué les propriétés médicinales de celles qui ont été abandonnées par la médecine moderne, à tort ou à raison, car il est prouvé et reconnu que, généralement parlant, *chaque climat produit les remèdes de ses maladies,* et que ces remèdes suffisent, à quelques exceptions près : d'ailleurs ils ont l'avantage de croître sous nos pas, et de pouvoir être employés frais, tandis que les exotiques, toujours fort chers, sont souvent avariés ou falsifiés.

6° Je n'ai pas parlé des saisons de la floraison, parcequ'elles varient selon les latitudes, les expositions, et bien d'autres circonstances.

Je me suis aussi abstenu, autant que possible, de parler des plantes cultivées dans les jardins, parceque les vrais botanistes ne s'en occupent pas.

Enfin, je n'indique que quelques variétés des plantes, quoiqu'il y en ait un grand nombre et qu'elles en aient presques toutes ; il en est de même des localités où elles croissent, et dont j'ai désigné seulement les principales, à la fin de chaque article.

Des Herborisations et des Herbiers.

On nomme *herborisations* les courses qui ont pour but la récolte et l'étude des plantes ; il faut pour cela à un botaniste, outre sa flore, une boîte en ferblanc de 15 à 20 pouces de longueur, qu'il porte en sautoir comme un sac de chasse ; une petite houlette, un couteau, un canif, une loupe et une petite pince d'anatomie, destinée à saisir les parties les plus délicates des plantes.

On place dans la boîte les plantes qu'on veut étudier chez soi, ou conserver pour en faire un *herbier* : on nomme ainsi une collection de plantes desséchées, destinées à l'étude lorsqu'on n'en a plus de fraîches. Voici, pour former cet herbier, comment il faut s'y prendre : on place la plante qu'on veut dessécher sur un lit de quelques feuilles de papier brouillard, étendu lui-même sur une planchette percée de trous ; on étale cette plante et on l'aplatit provisoirement avec quelques plombs ou pièces de monnaie ; on la laisse ainsi pendant une demi-heure ou une heure ; puis on enlève les plombs, on recouvre la plante avec un second lit du même papier brouillard et une seconde planchette semblable à la première, et on met le tout en presse pendant un jour ou deux, ayant soin de modérer et graduer la pression ; on peut ensuite, après avoir changé les papiers qui se sont emparés de la plus grande partie de l'humidité de la plante, laisser celle-ci à l'air, pendant 8 ou 15 jours, pour achever sa dessication ; on peut aussi, si on en a le temps, remettre la plante en presse, et changer les papiers tous les deux jours, jusqu'à parfaite dessication ; je crois même ce moyen meilleur que le premier, mais il est moins expéditif.

Si l'on a plusieurs plantes à dessécher, on les place l'une au-dessus de l'autre, et jusqu'à 12 ou 15, entre les mêmes planchettes, avant de les mettre en presse.

Enfin, lorsqu'elles sont bien sèches, on les fixe chacune sur une feuille de papier blanc, avec de petites bandelettes du même papier, que l'on colle à chaque bout avec de l'eau gommée : on écrit sur cette feuille les noms de la plante, sa famille, la couleur des fleurs et des fruits, le lieu et le jour de l'herborisation, etc., puis on place le tout, avec ordre, dans des cartons étiquetés, pour y recourir au besoin.

o

DE L'UTILITÉ

ET DES AGRÉMENTS DE LA BOTANIQUE.

(Extrait du dict^{re}. d'hist. nat. de MM. Chaptal, Parmentier, Thouin, etc., membres de l'Institut.)

J'ai cru devoir insérer ici ces lignes éloquentes, quoique le même sujet soit traité par Dubois, ci-après.

« La Botanique est la plus utile et la plus ai-
» mable des sciences ; il n'en est point qui soit
» plus digne de l'homme. Les végétaux dont
» elle s'occupe, non-seulement embellissent la
» terre, mais fournissent à nos besoins comme à
» ceux des animaux : nous leur devons nos vête-
» ments, nos habitations, notre nourriture, et les
» remèdes qui nous soulagent dans nos maladies ;
» — de tous côtés ils nous présentent des tableaux
» magnifiques, pleins de vie et de fraîcheur, qui
» réjouissent notre vue et portent nos âmes à une
» douce contemplation. —Leurs émanations odo-
» rantes, leur ombrage, leurs lits de verdure,
» nous invitent, tantôt au plaisir, tantôt au repos.
» La connaissance des plantes n'est pas seule-
» ment nécessaire au médecin, à l'agronome, au
» forestier, au jardinier, au pharmacien ; elle in-

» téresse encore tous ceux qui cultivent les beaux-
» arts ou les arts utiles. — Est-il d'ailleurs une
» étude plus attrayante pour l'homme, quelle que
» soit sa condition ou sa fortune?—En est-il une
» plus convenable à tous les âges, et plus propre
» à charmer nos loisirs ou à tempérer nos peines?
» — Elle nous rend le séjour des champs déli-
» cieux, fortifie nos corps par un exercice salu-
» taire, nous garantit de la paresse et du vent
» des passions, nous soustrait au vain babil des
» importuns, et nous donne des goûts simples,
» préférables cent fois à tous les frivoles amuse-
» ments des villes.

» Le botaniste ne peut faire un pas, dans la
» campagne, sans se voir aussitôt entouré d'objets
» charmants qui sollicitent ses regards et récla-
» ment son attention. — L'hiver, il jouit encore
» quand, assis au coin de son feu, il revoit dans
» son herbier les plantes qu'il a cueillies pendant
» la belle saison ; elles sont sans mouvement et
» sans vie, mais elles lui rappellent jusqu'aux
» plus petites circonstances de ses promenades
» champêtres, et les doux instants qu'il a passés
» à les observer lorsqu'elles étaient brillantes de
» graces et de fraîcheur. — Dans ses voyages, il
» goûte d'autres plaisirs, toujours nouveaux et
» renaissants ; chaque pays ajoute à ses connais-
» sances et à ses richesses ; plus il s'éloigne des

» habitations des hommes, plus son trésor s'ac-
» croît ; les contrées les plus sauvages, les déserts
» les plus affreux sont pour lui des champs fer-
» tiles, où il trouve amplement à moissonner.

  » Tels sont les avantages et les jouissances que
» procure l'amour des plantes ; il devient quel-
» quefois une passion, bien excusable sans doute,
» et trop innocente pour être réprimée ; ce fut
» celle de *Jean-Jacques*, vers la fin de sa vie ; il
» disait : *qu'on me mette à la Bastille quand on*
» *voudra, pourvu qu'on m'y laisse des mousses.*

  » Les savants, ou les hommes qui veulent le
» devenir, ne sont pas les seuls qui montrent
» cette ardeur pour la botanique ; elle enflamme
» aussi ceux qui en font leur simple amusement ;
» elle a de grands charmes pour la jeunesse,
» pour l'enfance même, et beaucoup d'attraits
» pour les femmes : comment ne plairait-elle pas
» à un sexe qui a tant de rapports avec les fleurs,
» et dont les doigts souples et délicats semblent
» faits exprès pour les manier ?

  » Ce goût deviendra encore plus général, lors-
» que les maîtres de la science en auront rendu
» l'étude plus facile, et lorsqu'ils l'auront sur-
» tout débarrassée de cette foule de mots inin-
» telligibles dont on la surcharge aujourd'hui. »

PRÉFACE DE DUBOIS.

La botanique est une science qui a pour objet la connaissance réfléchie du règne végétal. Ce règne est, sans contredit, celui qui nous offre le plus d'agréments et le plus d'utilité. Les plantes fournissent à la teinture des couleurs vives et durables; à la médecine, des remèdes qui sont efficaces sans être dispendieux; à l'homme, une nourriture saine et toujours agréable. Les grains, les fruits, les liqueurs, les chanvres, les gommes, les résines, etc., sont des tributs que les plantes payent annuellement à la société.

Les plantes se présentent en foule pour nous offrir leurs services; elles donnent au laboureur d'abondantes récoltes; au jardinier, des légumes délicats ou des fruits délicieux; elles étalent aux yeux du fleuriste ce qu'on peut imaginer de plus riche et de plus éclatant.

Pourquoi l'hiver est-il si triste? c'est que les plantes semblent nous avoir abandonnés : leur retour fait du printemps la saison la plus gaie de l'année.

Les plantes sont donc d'une utilité presque universelle; elles procurent à l'homme des agréments que rien ne saurait remplacer : il n'y a pas jus-

qu'aux plantes vénéneuses qui ne nous offrent des
ressources précieuses pour la guérison de plusieurs
maladies, qu'on a regardé longtemps comme in-
curables.

Est-il une science dont l'objet soit aussi intéressant que celui de la botanique ? je pourrais ajouter :
est-il une science qui flatte plus agréablement
l'esprit, par les faits curieux qu'elle nous fait connaître, et qui nous porte plus efficacement à admirer *la sagesse et la puissance du créateur ?*

Mais quoiqu'un grand nombre de personnes désirent ardemment connaître les plantes, il y en a
cependant un très-petit nombre qui puisse acquérir
cette connaissance, parceque les botanistes ont plutôt écrit pour les savants que pour ceux qui désirent
le devenir, et parcequ'il est presqu'impossible d'é-
tudier leurs ouvrages avec fruit sans avoir un maître
qui dirige et qui lève les difficultés qui se présentent à chaque instant. Rien ne serait donc plus utile
et plus agréable au public qu'une méthode avec
laquelle on pût, *facilement et sans maître*, apprendre
à connaître les plantes qui croissent naturellement
à la campagne.

Telle est la méthode qu'on trouvera dans cet
ouvrage ; c'est celle que M. de Lamarck a publiée
dans sa flore française et qui lui a mérité un rang
si distingué parmi les botanistes ; mais j'y ai fait des
additions qui la rendent plus complète, et des changements considérables qui la rendent un peu plus
régulière et beaucoup plus facile.

J'ai distribué les plantes en 24 analyses tout-à-fait distinctes, qui les présentent en autant de tableaux détachés, et sans aucune confusion.

Pour parvenir à la connaissance d'un genre, il suffit que les caractères que j'employe conviennent à toutes les espèces dont il est parlé dans cet ouvrage, au lieu que M. de Lamarck était obligé de se servir de caractères qui convinssent à toutes les espèces qui croissent en France : les bornes que je me suis prescrites m'ont donc permis plus d'une fois de faire usage de caractères très-faciles à saisir, dont M. de Lamarck ne pouvait tirer aucun parti.

Les différents caractères qu'on est obligé d'observer avant de trouver le genre d'une plante, dans la méthode analytique, donnent ordinairement une idée si complète et si juste de ce genre, que lorsque les jeunes gens ont analysé une ou deux plantes du même genre et qu'ils rencontrent une nouvelle espèce, ils reconnaissent à la simple inspection le genre auquel elle appartient : *il aurait donc été inutile de donner une définition détaillée de chaque genre. Je n'ai pas cru non plus qu'il fut nécessaire de donner une description détaillée de chaque espèce,* parceque les caractères qu'on a parcourus pour arriver au genre de la plante et pour descendre du genre à l'espèce, renferment une description suffisante de cette plante.

TABLE DES MATIÈRES.

LA BOTANIQUE
SANS MAITRE.

PREMIÈRE PARTIE,

Contenant : 1° les principes élémentaires ; — 2° une méthode analytique propre a faire connaitre facilement les genres des plantes les plus remarquables qui croissent naturellement dans l'intérieur de la France ; — 3° un tableau synoptique des familles naturelles de ces plantes ; — 4° un vocabulaire des principaux termes de médecine employés dans cet ouvrage.

Introduction à la méthode analytique.

(*Dubois.*)

1—Je supposerai dans le cours de l'analyse qui va suivre (*page 47*) qu'une personne qui n'a aucune idée de botanique, veuille apprendre à connaître les plantes qui croissent naturellement dans la campagne, sans aucun maître qui puisse la diriger dans cette étude: mais aussi je supposerai qu'elle suive exactement les avis que je vais lui donner, et dont une grande expérience m'a fait sentir toute l'importance ; car ceux qui se proposeront une autre manière de procéder, éprouveront bientôt qu'ils se sont donné des peines inutiles.

2—Il faut cueillir dans les champs, et non dans les parterres, toutes les plantes qu'on veut analyser.

3—Il serait presqu'impossible de reconnaître une plante qu'on n'aurait jamais observée lorsqu'elle est en fleur ; car c'est dans les fleurs épanouies qu'on trouve presque tous les caractères qui peuvent faire distinguer sûrement une plante d'une autre. Il serait même à souhaiter qu'il y eut, sur le pied qu'on observe, des fleurs épanouies, des fleurs en bouton

1.

et des fruits mûrs, ou au moins très-formés, et qui eussent acquis une partie notable de leur grosseur ; mais lorsqu'on est parvenu à connaître une plante, on la reconnaît souvent à son feuillage, à son port, à sa racine, etc.

4—Il est aussi presqu'impossible d'analyser des plantes sèches ou fanées ; c'est pourquoi il faut avoir soin de conserver fraîches toutes les plantes qu'on aura cueillies à la campagne ; on les mettra dans l'eau le plutôt possible, et on les y laissera jusqu'à ce ce qu'on ait le temps de les observer.

5—Lorsqu'on cueille une plante, il faut la couper sur le collet de la racine, c'est-à-dire à fleur de terre, ou même l'arracher, à moins qu'elle ne soit trop grande ; dans ce cas, on détachera un rameau fleuri, et on y joindra quelques-unes des feuilles qui partent immédiatement de la racine, si elles diffèrent notablement de celles qui croissent sur les branches, ce qui arrive assez souvent.

6—On ne doit jamais analyser une plante sans l'avoir sous les yeux, car sur cent plantes qu'on voudrait analyser de mémoire, il est certain qu'on se tromperait quatrevingt-dix fois.

7—Ceux qui n'ont aucune connaissance de la botanique doivent commencer par étudier les notions élémentaires qui suivent, depuis le n° 1 jusqu'au n° 36, et depuis le n° 251 jusqu'au n° 260 inclusivement.

En les étudiant, il faut avoir constamment sous les yeux sept ou huit plantes fleuries, dont les fleurs soient assez grandes pour qu'on puisse aisément distinguer toutes les parties dont elles sont composées : telles seraient, par exemple, des fleurs de *tulipe*, de *ronce*, de *mauve*, de *fraisier*, etc.

8—Il est inutile d'apprendre toutes les autres notions élémentaires de botanique, avant de commencer à analyser les plantes : cette étude fatiguerait beaucoup la mémoire et serait tout-à-fait rebutante : à mesure qu'il se présentera quelque nouveau caractère inconnu, il suffira d'en chercher la définition par le moyen de la table alphabétique qui termine les notions élémentaires. En suivant cette méthode, toutes ces notions se présenteront à l'esprit successivement et sans confusion ; elles seront toujours attachées à des objets présents qui frapperont l'imagination et qui les graveront sans effort dans la mémoire.

9—Ceux qui commencent à se livrer à l'étude de la botanique, doivent se borner à analyser les plantes dont les fleurs ont toutes les parties très-visibles. Quand on sera plus exercé, on analysera les plantes dont les fleurs sont un peu moins grandes ; et graduellement on parviendra jusqu'à analyser sans peine les plus petites.

10—Quelqu'exercé qu'on soit dans l'art d'analyser les plantes, il faut toujours commencer par le premier numéro de l'analyse générale ; ceux qui se croyent assez savants pour n'avoir pas besoin de procéder comme les commençants, sont ordinairement obligés, après avoir perdu beaucoup de temps, de recourir à la méthode qu'ils avaient négligé de suivre.

11— Dans toutes les analyses il faut continuellement choisir entre les deux caractères qui sont accolés : ils sont tellement combinés qu'il y en a toujours un qui convient à la plante qu'on a sous les yeux, et un autre qui ne lui convient pas ; ainsi, lorsqu'aucun de ces deux caractères ne conviendra à la plante qu'on analyse, on en conclura, ou qu'on

s'est trompé dans le cours de l'analyse, en prenant
un numéro pour un autre, ou que cette plante n'est
pas décrite dans cet ouvrage. Mais, avant de tirer
cette seconde conséquence, il sera à propos de re-
commencer à analyser la même plante, afin de s'as-
surer qu'on a suivi exactement tous les numéros
auxquels on avait été renvoyé.

12—Au commencement de la première analyse
on lit :

    1. Fleurs distinctes, etc .... 3.
    2. Fleurs indistinctes, etc .... 24ᵉ *analyse.*

On doit imaginer qu'un jeune botaniste ayant
une plante à la main, un maître lui dise : « *regardez*
» *si votre plante a une fleur distincte ou une fleur in-*
» *distincte :* » — pour en juger facilement, on trouvera dans la 1ʳᵉ analyse la définition de chaque caractère, au-dessous de ce caractère. Si la plante a
une fleur distincte, on passera tout de suite au n° 3,
qui est écrit après *fleurs distinctes :* — si elle porte des
fleurs indistinctes, on passera de même à la 24ᵉ
analyse, sans lire aucun des autres caractères dont
il est parlé, soit dans la 1ʳᵉ analyse, soit dans celles
qui suivent.

13—Dans la 1ʳᵉ analyse, on suit les numéros auxquels renvoyent les caractères qui conviennent à la
plante, jusqu'à ce qu'on ait été conduit à une analyse particulière : alors on lit attentivement l'in-
troduction, qui est en tête de cette analyse, et on
continue à chercher la plante, en commençant toujours par le 1ᵉʳ numéro de cette analyse et passant
de caractères en caractères, jusqu'à ce qu'on soit
arrivé à un nom déterminé, qui ne soit accolé à
aucun autre : c'est le nom *générique* de la plante,
c'est-à-dire celui du *genre.*

14—On cherche ensuite ce même nom *générique* dans la 2ᵉ partie de l'ouvrage, qui est sous forme de dictionnaire, et où se trouvent les principales espèces que le genre renferme, avec quelques particularités qui les concernent.

15—Dans le cours de l'analyse, on hésite quelquefois pour décider si le premier des deux caractères accolés convient à la plante ; il est utile alors de lire les deux caractères ; ordinairement le second levera toute espèce de doute, parcequ'on verra clairement, ou qu'il convient à la plante et qu'on ne doit pas s'arrêter au premier; ou qu'il n'y convient pas et par conséquent qu'on doit se déterminer pour le premier.

16—Il y a des plantes qui ont un caractère très-frappant et très-facile à saisir, mais sujet à varier : j'ai quelquefois préféré ce caractère à ceux qui, étant moins sensibles, avaient le mérite d'être constants et de n'exposer à aucune erreur, mais alors j'ai analysé deux fois la même plante; d'abord en ayant égard au caractère le plus frappant, ensuite d'une manière qui put prévenir sûrement toute erreur.— De même, les corolles qui sont légèrement irrégulières sont analysées, et comme régulières et comme irrégulières.

17—Les caractères des plantes sont souvent composés de deux caractères réunis par une conjonction ; on doit alors soigneusement distinguer si cette conjonction est copulative ou disjonctive; par exemple, s'il y a : *fleurs jaunes et feuilles entières*, ou bien *fleurs jaunes ou feuilles entières* : dans le premier cas, il faut que la plante ait en même temps les fleurs jaunes *et* les feuilles entières, pour que le caractère lui convienne : — dans le second cas, il suffirait qu'elle eut les fleurs jaunes, *ou* qu'elle eut les feuilles entières.

1*

PRINCIPES ÉLÉMENTAIRES

DE LA BOTANIQUE.

1—La botanique est une science qui conduit à la connaissance des plantes, en faisant observer avec soin, et combiner avec méthode, les caractères qui les distinguent.

2—On peut juger, par cette seule définition, que la botanique n'est pas une science de mots, comme le croyent faussement ceux qui n'en ont aucune idée : elle n'a même rien qui doive effrayer les personnes qui ont une mémoire des plus ordinaires, car l'expérience apprend que la mémoire n'a pas besoin de plus d'efforts pour se rappeler les noms de mille plantes que pour se rappeler les noms et les traits de mille personnes qu'on voit souvent.

3—*Une plante* est un corps qui est attaché à la terre, ou à quelqu'autre corps d'où il tire sa nourriture ; qui est pourvu des organes nécessaires à son développement, à son accroissement, et à la reproduction de son semblable, mais qui est privé du sentiment et du mouvement spontané.

4—Les plantes se nomment aussi *végétaux*, et forment celui des trois règnes de la nature qu'on nomme le *règne végétal*.

5—On distingue dans chaque plante quatre parties principales; la racine, la tige, les feuilles et les fleurs.

6—Il n'est aucune de ces parties qui ne fournisse des caractères propres à faire distinguer les plantes : cependant des observations multipliées ont convaincu les botanistes que c'était surtout dans les *fleurs* qu'ils devaient chercher ces caractères tranchants et constants qui frappent fortement l'imagination, et qui préviennent sûrement toutes les erreurs. — Il est donc nécessaire de définir avec quelqu'étendue les différentes parties de la fleur, etc.

7—*La fleur* est la partie de la plante qui renferme les organes destinés au développement et à la fécondation de la graine.

8—Ces organes sont *le pistil* et *les étamines*.

9—Ils sont ordinairement environnés d'une première enveloppe, vulgairement connue sous le nom de *fleur*, et que les botanistes nomment *corolle*.— Elle est presque toujours remarquable par l'éclat, la vivacité et l'agréable variété de ses couleurs.

10—La corolle est souvent renfermée dans un fourreau extérieur, qu'on nomme *calice*.

11—*Le pistil* occupe le centre de la fleur; c'est cette colonne qu'on observe au milieu d'une fleur de *tulipe*, de *giroflée simple*, etc.

12—La partie inférieure du pistil se nomme *l'ovaire*: c'est elle qui doit renfermer les graines, qu'on regarde comme étant les œufs de la plante.

13—La partie supérieure du pistil est terminée par le *stigmate*. Elle est ordinairement enduite d'une liqueur visqueuse, propre à retenir les poussières qui tombent des étamines : elle est aussi percée de plusieurs pores imperceptibles par lesquels ces poussières s'introduisent dans l'ovaire et vont féconder les graines.

14—Le stigmate est *sessile* lorsqu'il porte immédiatement sur l'ovaire.

15—Le stigmate est souvent soutenu par un filet ou tuyau plus ou moins allongé, qu'on nomme *style*. Il suit de là que lorsqu'il y a un style, le stigmate est toujours l'extrémité supérieure de ce style.

16—Le stigmate est *bifide*, *trifide*, *quadrifide*, etc.,

s'il est fendu *en deux*, *en trois*, *en quatre*, etc., parties.—Il faut observer que les divisions du stigmate
ne doivent pas descendre jusqu'à l'ovaire, car alors
il y aurait plusieurs styles.

17—Il y a des fleurs qui n'ont qu'un style ou qu'un
stigmate; mais il y en a d'autres qui en ont deux,
trois, quatre, cinq, etc.

18—Il en est de même de l'ovaire : plusieurs plantes
n'en ont qu'un dans chaque fleur; d'autres en ont
deux, trois, etc.; d'autres enfin en ont un nombre
considérable qui sont réunis en forme de *tête* au
centre de la fleur : tels sont les ovaires du *fraisier*,
de la *ronce*, des *renoncules*, des *anémones*, etc.

19—Chaque étamine est composée de deux parties :
le filet et *l'anthère*. Il y a cependant quelques plantes
dont les étamines sont *sessiles*, c'est-à-dire dépourvues de filets.

20—*Le filet* est une petite colonne qui sert de base
à l'anthère.

21—*L'anthère* est une bourse ou sachet dont la couleur et la forme varient beaucoup. Elle s'ouvre d'elle-
même, lorsqu'elle a acquis un certain degré de développement, et elle répand alors une poussière
plus ou moins abondante. C'est au moment où les
anthères s'ouvrent que commence *la floraison*, parceque c'est alors que les graines commencent à être
fécondées. En effet, des observations exactes et souvent réitérées, ont appris qu'il fallait que cette poussière s'introduisit dans l'ovaire pour que les graines
devinssent fécondes et capables de reproduire l'individu. C'est pour cette raison que les fruits ne se
nouent pas et que les vignes coulent, lorsque pendant la floraison le froid resserre les pores du stigmate, ou que des pluies abondantes entraînent trop

rapidement toutes les poussières et les empêchent
de s'introduire dans l'ovaire. — La poussière des
étamines qui n'a pas servi à la fécondation de la
graine n'est pas entièrement inutile : elle est la ma-
tière de *la cire ;* les abeilles la recueillent avec activité, la préparent dans leur estomac et s'en servent ensuite pour la construction de leur ruche.

22—Il suit de ce qui vient d'être dit que le pistil
peut être regardé comme la partie *femelle* de la fleur
et les étamines comme la partie *mâle.*

23—C'est pourquoi on appelle *fleurs bissexuelles* ou
hermaphrodites, celles qui réunissent le pistil et les
étamines.

24—*Les fleurs unisexuelles* sont celles qui ne contiennent que le pistil ou les étamines.

25—*Les fleurs mâles* ont des étamines et point de
pistil; et *les fleurs femelles* ont un pistil et point d'é-
tamines.

26—Lorsque les fleurs sont unisexuelles et qu'elles
sont portées sur le même pied, on dit qu'elles sont
monoïques : telles sont les fleurs de *melon,* de *citrouille,* etc.

27—Si, au contraire, les fleurs unisexuelles sont
portées sur des pieds différents, on dit qu'elles sont
dioïques : telles sont les fleurs du *chanvre.* Mais il est
à propos de remarquer que par un renversement de
principes assez singulier, le vulgaire appelle *chanvre mâle* celui qui produit la graine et qui est réellement femelle ; et *chanvre femelle* celui dont la fleur
ne porte que des étamines et qui est véritablement
mâle.

28—On appelle *plantes polygames* celles qui portent,
sur le même pied, des fleurs bissexuelles mêlées
avec des fleurs unisexuelles : il y a un très-petit
nombre de plantes polygames.

29—Les étamines des fleurs mâles et unisexuelles répandent une poussière très-abondante, que le vent ou les insectes transportent dans les fleurs femelles, où s'opère la fécondation de la graine. C'est pourquoi le chanvre ne produirait point de chenevis, propre à être semé, si on arrachait tous les pieds véritablement mâles, avant l'épanouissement de la fleur, et qu'il n'y eut point d'autre chanvre dans les champs voisins.

30—Les différentes pièces dont la corolle est composée se nomment *pétales;* c'est ce qu'on appelle vulgairement *les feuilles de la fleur.*

51—Une corolle *monopétale* est celle qui n'est composée que d'une seule pièce ou d'un seul pétale.

52—La corolle *polypétale* est composée de plusieurs pétales entièrement séparés les uns des autres.

 Nota. Lorsque les divisions d'une corolle monopétale sont très-profondes, il est facile de la croire polypétale : pour éviter toute erreur, il faut détacher la corolle entière, en se servant d'une épingle; si toutes les parties se tiennent, on prononcera sans hésiter qu'elle est monopétale.

55—La partie supérieure de la corolle se nomme *le limbe.*

54—Lorsque la corolle est polypétale, la partie inférieure de chaque pétale porte le nom *d'onglet,* et la partie supérieure celui de *lame.*

55—Une corolle est *régulière* lorsque toutes ses parties ou ses découpures sont égales entr'elles, ou disposées avec symétrie.

36—Elle est *irrégulière* lorsque ses divisions sont d'une forme ou d'une grandeur différente, et nullement disposées avec symétrie.

37—On dit d'une corolle monopétale qu'elle est

campanulée quand elle a la forme d'une cloche ; telles sont les fleurs de citrouille :

38—Qu'elle est *infundibuliforme* si elle ressemble à un entonnoir ; telles sont les fleurs *d'oreille-d'ours :*

39—Qu'elle est *tubulée*, lorsqu'elle se termine inférieurement par un tuyau un peu allongé, qu'on nomme tube ; telle est la fleur du *lilas*, du *jasmin :*

40—Qu'elle est *en roue* si elle ressemble à une roue, ou à la molette d'un éperon ; c'est ce qui arrive lorsque la corolle est très-aplatie, et que le tube est extrêmement court, telle est la fleur de la *pomme de terre :*

41—Qu'elle est *labiée* ou *en masque*, si étant irrégulière, son limbe se partage en deux divisions principales, l'une supérieure et l'autre inférieure, qu'on nomme *lèvres*. — Ce qui distingue la fleur *labiée* de la fleur *en masque*, c'est que la première a quatre ovaires nus au fond de la corolle, au lieu que la fleur en masque a ses ovaires renfermés dans une capsule, ou enveloppe.

42—*Un éperon* est un prolongement, plus ou moins long, qui a la forme d'une corne, et qui se trouve à la base d'une corolle monopétale ; ou à celle d'un pétale, lorsque la corolle est polypétale.

43—Une corolle polypétale irrégulière est *papillonacée* lorsqu'elle est composée d'un pétale supérieur élargi, qu'on nomme *pavillon*, ou *étendard ;* de deux pétales latéraux, qu'on nomme *ailes ;* et d'un ou deux pétales inférieurs qui ont la forme d'un bateau, et qu'on nomme *carène*.

44—On observe, dans l'intérieur de certaines fleurs, des parties distinguées de la corolle, des étamines et du pistil ; on leur donne le nom général de *nectaires*. — Le miel suinte ordinairement à travers les pores des nectaires, lorsqu'ils existent dans la fleur; c'est là que les abeilles vont le recueillir.

45—La corolle est une expansion du *liber* ou de la fine écorce : le calice, au contraire, tire son origine de la grosse écorce ; c'est par cette raison qu'il est ordinairement de couleur verte, et qu'il a plus de consistance et d'épaisseur que la corolle. Il est destiné à garantir les parties de la fructification des injures du temps et des attaques des insectes et de certains animaux, jusqu'à ce qu'elles ayent acquis leur entier développement.

46—Il y a cependant des *calices caducs*, qui tombent aussitôt que la corolle s'épanouit; tel est celui du pavot : mais la plupart des calices sont *persistants*, c'est-à-dire qu'ils accompagnent les graines jusqu'à leur parfaite maturité.

47—Un calice est dit *coloré* lorsqu'il a une autre couleur que la couleur verte.

48—Le calice est quelquefois *monophylle*, ou d'une seule pièce : d'autrefois il est composé de plusieurs feuilles ou *polyphylle*.

49—On dit qu'un calice est *strié* lorsque sa surface n'est pas unie, mais chargée de petites élévations qui s'étendent suivant sa longueur et qu'on nomme *stries*.

50—Les bords du calice sont *scarieux*, lorsqu'ils sont formés d'une substance sèche et presque transparente: tels sont ceux du *statice*, ou *gazon d'olympe*.

51—Un calice monophylle est *bifide*, *trifide*, *quadrifide*, etc. S'il a son sommet fendu en deux, trois ou quatre, etc., parties, pourvu que ces divisions ne descendent pas jusqu'à la base, car alors il serait *polyphylle*.

52—Lorsqu'à la base du calice principal on remarque un second calice qui environne le premier, on dit que le calice principal est *caliculé*; tel est celui de *l'œillet*.

53—Chaque fleur a, le plus souvent, son calice propre, et tout-à-fait détaché de celui des autres fleurs qui croissent sur le même pied : il y a néanmoins un certain nombre de plantes dont les fleurs sont renfermées dans un calice commun.

54—Ces fleurs sont *conjointes* si leurs anthères forment une gaine à travers laquelle passe le style; telles sont les fleurs *d'aster*, *de pissenlit*, *de seneçon*; etc.

55—Elles sont seulement *agrégées* si, étant réunies dans un calice commun, leurs anthères sont *libres* et non réunies en forme de gaine; telles sont les fleurs de la *scabieuse*, du *statice*.

56—Ainsi, pour que des fleurs soient conjointes, il ne suffit pas qu'elles soient renfermées dans un calice commun, ou que leurs anthères soient réunies en forme de gaine; il faut que ces deux caractères concourent à la fois : l'un ou l'autre venant à manquer, les fleurs sont regardées comme *disjointes*.

57—Le calice commun des fleurs conjointes ou agrégées est *simple* s'il n'est composé que d'un seul rang d'écailles ou de folioles; tel est le calice de la *paquerette*.

58—Il est *imbriqué* lorsque ses écailles, ou ses folioles, sont disposées sur plusieurs rangs, et se recouvrent par gradation, commes les tuiles d'un toit.

59—Il y a une espèce de calice qui porte le nom de *spathe* : c'est une enveloppe sèche et membraneuse dans laquelle les fleurs sont renfermées avant leur épanouissement, et qui s'ouvre par le côté dans le temps de la floraison : les fleurs *d'oignon*, *de narcisse*, etc., sont renfermées dans une spathe avant qu'elle s'épanouissent.

2.

60—Il est très-aisé de distinguer la corolle et le calice lorsqu'une fleur réunit l'une et l'autre de ces
enveloppes; mais si la fleur n'en a qu'une, est-ce
le calice qui manque ou la corolle? Les auteurs n'é-
tant pas d'accord à ce sujet, M. de Candolle a tran-
ché la question en la nommant *périgone*.

61—J'appelle *complètes* les fleurs qui ont un calice
et une corolle, et *incomplètes* celles auxquelles il manque ou le calice ou la corolle.

62—La queue d'une fleur ou le support qui l'attache à la tige, se nomme *pédoncule*, par opposition
à la queue d'une feuille qu'on nomme *pétiole*.

63—Le pédoncule est *simple* lorsqu'il n'a aucune
ramification et qu'il ne porte qu'une fleur : il est
composé ou *pluriflore* s'il se sous-divise et qu'il porte
plusieurs fleurs.

64—Les fleurs sont *sessiles* lorsqu'elles n'ont point
de pédoncule et qu'elles portent immédiatement
sur la tige.

65—Les fleurs et les feuilles sont *alternes* si elles
sont disposées sur différents côtés de la tige, l'une
plus haut et l'autre plus bas.

66—Elles sont *opposées* si elles sont attachées à la tige
vis-à-vis l'une de l'autre.

67—Elles sont *verticillées* lorsqu'elles forment un anneau autour de la tige.

68—Les fleurs *terminales* sont celles qui terminent
tout-à-fait la tige et les rameaux.

69—Les fleurs *axillaires* sont celles qui naissent dans
les aisselles des feuilles, c'est-à-dire entre la tige et
les feuilles.

70—Les fleurs *en épi* sont celles qui sont réunies en
grand nombre autour d'un axe commun assez
allongé.

71—L'épi est *unilatéral* si toutes les fleurs sont tournées du même côté.

72—L'épi prend le nom de *chaton* lorsqu'il imite en quelque sorte la queue d'un chat, et qu'il est environné dans toute sa longueur d'un grand nombre de petites fleurs, presque toujours unisexuelles ; ces fleurs sont ordinairement dépourvues de calice et de corolle, mais le chaton est garni d'écailles qui y suppléent.

73—Les fleurs *en tête* sont disposées sur un épi fort court, assez gros, d'une forme arrondie, et presque toujours terminal.

74—Les fleurs *en grappe* sont celles dont le pédoncule commun est dans une direction inclinée ou pendante, et dont les pédoncules particuliers partent de différents points pour arriver à des hauteurs différentes.

75—*Le bouquet* ne diffère de la grappe que par la direction du pédoncule commun qui est toujours redressé.

76—Les fleurs *en panicule* sont celles qui sont portées sur plusieurs pédoncules dont les ramifications sont nombreuses et très-diversifiées.

77—Les fleurs *en corymbe* sont celles dont les pédoncules sont redressés, s'insèrent sur différents points de la tige, et cependant arrivent à la même hauteur.

78—Les fleurs *en ombelle* sont celles dont les pédoncules s'insèrent en un même point, comme dans un centre commun, et s'élèvent tous à la même hauteur.

79—Presque toujours chaque pédoncule de l'ombelle se subdivise en une petite ombelle, qu'on nomme *ombellule*.

80—A la base de l'ombelle principale et à celle de

chaque ombellule, on voit souvent plusieurs petites feuilles disposées en rond, en forme de *collerette*.

81—On nomme *collerette universelle* celle qui environne la base de l'ombelle principale, et *collerette partielle* celle qui est située à la base de chaque ombellule.

82—Les fleurs des plantes ont toujours pour base l'extrémité de chaque pédoncule particulier; mais il arrive quelquefois que l'ovaire porte seul immédiatement sur l'extrémité du pédoncule, et que les autres parties de la fleur sont attachées à la partie supérieure de l'ovaire : on dit alors que *l'ovaire est sous la corolle.*

83—Au contraire, *l'ovaire est dans la corolle* lorsque la corolle et le calice, s'il y en a un, environnent l'ovaire, mais ne sont pas attachés à son extrémité supérieure.

84—On observe dans certaines fleurs, par exemple dans celle du *fraisier*, de la *rose*, etc., que les étamines et la corolle ne sont portés ni sur le pédoncule ni sur l'ovaire, mais qu'elles sont *insérées ou attachées sur le calice*; lorsqu'on a quelque doute sur l'existence de ce caractère, on détache le calice de la fleur; s'il tombe sans entraîner les pétales, on sera assuré qu'ils n'y étaient pas insérés.

85—Dans les *fleurs conjointes*, l'extrémité supérieure du pédoncule s'élargit, et sert de base commune à toutes les petites fleurs qui sont réunies dans le calice commun : cette extrémité du pédoncule prend alors le nom de *réceptacle*, et chaque fleur celui de *fleuron* ou de *demi-fleuron.*

Le *fleuron* est une petite corolle tubulée qui est seulement découpée à son extrémité supérieure. Le *demi-fleuron* est une petite corolle roulée en cornet à son extrémité inférieure, et qui s'élargit aussitôt en languette.

On nomme *flosculeuses* les fleurs composées de fleurons : *semi-flosculeuses* celles qui sont composées de demi-fleurons ; et *radiées* celles qui sont environnées d'une couronne de demi-fleurons, et dont le milieu ou le *disque* est composé de fleurons.

86—*Le réceptacle est nu*, ou simplement *alvéolé*, lorsqu'il ne porte que les ovaires, qui y sont implantés dans de petits trous ou de petits alvéoles.

87—Il est chargé de *poils* ou de *paillettes*, lorsqu'il y a des poils ou des paillettes disposés entre les fleurs.

88—*Une paillette* est une lame très-mince et presque toujours d'une substance sèche et transparente.

89—Pour connaître certainement si un réceptacle est nu, ou s'il est chargé de poils ou de paillettes, il faut en détacher toutes les graines ; s'il y a des poils ou des paillettes sur le réceptacle, on les verra alors à découvert.

90—Il y a quelques plantes dont les étamines et le pistil n'ont aucune enveloppe, et sont absolument *nues*.

91—Il y en a d'autres qui n'ont à la vérité ni calice ni corolle proprement dits, mais elles sont séparées par des paillettes toujours redressées, même au moment de la floraison ; on a donné à ces paillettes le nom de *balles*, et aux fleurs qui les portent celui de *glumacées* ; telles sont les fleurs de *froment*, de *seigle*, et généralement de toutes les plantes qui leur ressemblent et qu'on nomme *graminées*.

92—Si on excepte les graminées et un petit nombre d'autres plantes dont les semences sont absolument *nues*, toutes les autres ont leurs graines renfermées dans une enveloppe, qui porte généralement le nom de *péricarpe*.

2*

93—L'ensemble du péricarpe et de la graine est ce qu'on appelle *le fruit* de la plante.

94—Il est *monosperme* s'il ne contient qu'une seule graine ou semence; et *polysperme* s'il en contient plusieurs.

95—On donne au péricarpe le nom de *capsule*, à moins qu'il ne soit du nombre de ceux auxquels les botanistes ont donné un nom particulier.

96—*La capsule* est une espèce de boîte composée à l'extérieur de plusieurs pièces ou panneaux, qu'on appelle *valves*.

97—Elle est *univalve* si elle est d'une seule pièce; elle est *bivalve, trivalve,* etc., si elle a deux, trois, etc., valves. — Il est difficile de connaître sûrement le nombre des valves avant que les semences soient mûres, et que la capsule se soit ouverte d'elle-même.

98—L'intérieur de la capsule se partage souvent en plusieurs cavités qu'on nomme *loges.*

99—Toutes les loges sont séparées par autant de *cloisons,* qui s'étendent ordinairement du centre vers la circonférence.

100—La capsule est *uniloculaire* lorsque sa cavité n'est partagée par aucune cloison; elle est *biloculaire, triloculaire,* etc., si elle est partagée en deux ou trois loges, etc.

101—*La silique* est un péricarpe composé de deux panneaux réunis par deux *sutures,* ou jointures longitudinales, à chacune desquelles les semences sont attachées. Les graines des plantes *crucifères* sont renfermées dans des siliques.

102—Les sutures s'élargissent souvent dans l'intérieur de la silique et y forment une *cloison* entière qui porte les semences : cette cloison est dite *parallèle aux valves* lorsqu'elle s'étend d'un des côtés tranchants de la silique au côté tranchant opposé : elle est *contraire aux valves* si elle coupe la silique dans son épaisseur et non dans sa largeur.

103—*La gousse, ou légume,* est semblable à la silique, excepté que dans la gousse les semences ne sont attachées qu'à une suture. Les semences des fleurs *papillonacées* sont toujours renfermées dans des gousses ou légumes ; c'est pour cette raison qu'on appelle *plantes légumineuses* celles qui ont une corolle papillonacée.

104—Les deux panneaux de la gousse se nomment *cosses.*

105—Les siliques ou les gousses sont *noueuses ou articulées* lorsqu'elles sont alternativement renflées et rétrécies, comme si on les avait liées avec un fil.

106—*Le follicule ou la coque* est un péricarpe renflé qui s'ouvre longitudinalement d'un seul côté. Les graines ne sont jamais adhérentes à la coque, mais à une colonne qui s'élève dans son milieu.

107—*Le fruit à noyau* est un péricarpe double, composé à l'extérieur d'une pulpe, ou enveloppe charnue, plus ou moins succulente, et à l'intérieur d'une petite boîte ligneuse connue sous le nom de *noyau*, dans laquelle est renfermée la semence, qu'on nomme *amande.*

108—*Le fruit à pépins* est composé d'une pulpe charnue et solide, divisée vers le centre par des cloisons membraneuses, en plusieurs loges qui contiennent les semences, qu'on nomme *pépins.*

109—*La baie* est un fruit de forme ronde ou ovale, qui contient une ou plusieurs semences au milieu d'une pulpe succulente qui devient molle dans sa maturité.

110—On dit d'une baie, ou d'un fruit, qu'ils sont

ombiliqués lorsque dans leur partie supérieure on voit une petite cavité sur les bords de laquelle on distingue encore les débris du calice de la fleur; cet *ombilic* se nomme *œil* dans les poires et les pommes; son existence prouve évidemment que l'ovaire était sous la corolle.

111—*Le cône* est composé d'écailles ligneuses attachées par leur base à un axe commun, et qui se recouvrent les unes les autres par gradation. Les semences sont placées entre ces écailles, qui leur servent d'enveloppe jusqu'à leur parfaite maturité; car les écailles du cône ne s'ouvrent que lorsque les graines sont mûres.

112—Toutes les enveloppes que je viens de décrire sont destinées à préserver les semences des injures de l'air, à les garantir des attaques des animaux et à leur transmettre les sucs nourriciers qui doivent les conduire à une parfaite maturité : lorsqu'elles l'ont acquise, les fruits se détachent des arbres élevés; une partie est abandonnée à l'homme et aux animaux pour leur nourriture; une autre partie, en se pourrissant, laisse les semences à découvert : ces semences se trouvent peu-à-peu couvertes de terre par les pluies abondantes de l'hiver et par le secours des animaux qui les foulent aux pieds, de manière qu'au printemps elles sont en état d'enrichir la terre de nouvelles productions.

113—Les capsules se détachent rarement des plantes peu élevées qui les portent; mais en s'ouvrant elles laissent tomber les graines, que le vent disperse à son gré.

114—*Un observateur attentif ne saurait trop admirer les moyens variés que la Providence emploie pour disséminer les graines sur toute la surface de la terre. Il y a des* capsules qui s'ouvrent avec une élasticité qui chasse les graines dans les environs : telles sont celles de la *balsamine*.

115—Il y a des semences et des capsules garnies de *crochets* ou d'*hameçons*, par le moyen desquels elles s'attachent aux poils des animaux, qui se chargent de les transporter à des distances souvent considérables.

116—Je pourrais parler aussi des graines qui surnagent dans l'eau et qui sont entraînées par les torrents et les rivières; *mais ce qui mérite une attention particulière, ce sont les ailes et les aigrettes* que portent un grand nombre de semences et qui donnent au vent la plus grande facilité pour les transporter au loin.

117—On appelle *aile* une membrane mince et saillante qui accompagne les graines de plusieurs plantes, par exemple celles de l'*orme*.

118—*Une aigrette* est un panache, ou une espèce de plumet, qui termine un grand nombre de semences, par exemple celles du *pissenlit*.

119—L'aigrette est *simple* lorsque les poils qui la composent ne sont pas rameux :

120—Elle est *plumeuse* lorsque ses poils ont de chaque côté des espèces de barbes semblables à celles d'une plume :

121—Elle est *sessile* lorsque ses poils portent immédiatement sur la graine :

122—Elle est *pédiculée* lorsque ses poils sont portés sur un filet ou un *pédicule* particulier.

125—Pour se former une idée de la manière dont les plantes germent dans la terre, il faut observer que chaque *semence* est couverte d'une enveloppe membraneuse, qu'on nomme *la tunique propre*.

124—Cette tunique renferme une substance chår-
nue qu'on peut ordinairement réduire en farine :
cette substance ne forme qu'un corps dans plusieurs
semences, par exemple dans celle du froment; mais
le plus souvent elle est partagée en deux *lobes ou cotylédons* bien distincts, et appliqués l'un sur l'autre;
c'est ce qu'on peut observer dans *les amandes, les
haricots*, etc.

125—De là, la division des plantes en *monocotylé-
dones*, dont les semences n'ont qu'un *cotylédon*; et
dicotylédones, dont les semences ont deux cotylédons.

126—Les cotylédons sont traversés par une infinité
de petits vaisseaux qui aboutissent au vrai *germe* de
la plante, qu'on nomme *la plantule :* cette plantule
est très-remarquable dans *une fève, un haricot*, etc.,
elle est composée de deux parties principales, *la radicule* et *la plumule*.

127—*La radicule* est le rudiment de la racine; sa
forme approche de celle d'un clou.

128—*La plumule* est le rudiment de la tige; on lui
a donné le nom qu'elle porte parcequ'elle est terminée par un petit rameau assez semblable à une
plume.

129—Lorsque les graines ont séjourné dans la terre
pendant le temps suffisant pour leur développement,
les cotylédons se gonflent, en s'imbibant des parties aqueuses qui les environnent et des sucs nourriciers qu'elles entraînent avec elles. — Ces sucs
nourriciers s'épurent et s'affinent en passant à travers la substance des cotylédons, qui fournissent
ainsi à la plantule une nourriture légère et délicate.
—Bientôt la radicule s'étend et sort par une petite
ouverture pratiquée à la tunique propre de la semence.

Les cotylédons continuant à se gonfler, font cre-
ver cette tunique ; la plumule monte peu-à-peu et
sort enfin de terre, accompagnée des cotylédons ou
des feuilles séminales, qui la tiennent comme em-
paquetée.

150—On appelle *feuilles séminales* celles qui accompagnent la plante lorsqu'elle sort de terre. Ces feuilles ont ordinairement une forme très-différente de
celle des autres feuilles de la plante.

151—Les cotylédons et les feuilles séminales se dessèchent aussitôt que la plante peut recevoir de la
racine avec assez d'abondance les sucs qui lui sont
nécessaires : peu-à-peu la racine s'étend et s'enfonce
dans la terre ; la tige s'élève, les feuilles se développent ; quelque temps après les fleurs s'épanouissent,
les fruits grossissent et parviennent à leur maturité.
A cette époque, les plantes annuelles périssent absolument ; les plantes vivaces perdent leurs tiges ;
les arbres et les arbrisseaux se dépouillent de leurs
feuilles, jusqu'à ce qu'au printemps suivant ils se
parent d'une nouvelle verdure.

152—On voit, par ce qui vient d'être dit, que les
plantes annuelles sont celles qui périssent tous les
ans ; que les *plantes vivaces* sont celles dont les racines subsistent pendant plusieurs années, quoique
leurs tiges périssent tous les ans : au lieu que les
arbres et les arbrisseaux conservent leurs tiges et
leurs racines pendant plusieurs années.

On peut encore distinguer une quatrième espèce
de plantes, savoir : *les bisannuelles*, qui ne fleurissent
que la seconde année, à la fin de laquelle toute la
plante meurt.

153—La durée des plantes *annuelles* est ordinairement indiquée par le signe qui, dans les ouvrages

d'astronomie, désigne *le Soleil*, dont la révolution est d'un an; celle des plantes *bisannuelles*, par le signe qui désigne *Mars*, dont la révolution est de deux ans; celle des plantes *vivaces*, par le signe qui désigne *Jupiter*, dont la révolution est de douze ans; et celle des arbres et arbrisseaux, par le signe qui désigne *Saturne*, dont la révolution est de trente ans.

134—Il y a des plantes dont les semences n'ont aucun cotylédon, ou au moins dont les semences sont si difficiles à observer, qu'on n'a pas encore pu distinguer si elles avaient des cotylédons; on les nomme pour cette raison, *plantes acotylédones*.

135—Toutes ces plantes n'ont ni étamines ni pistils proprement dits, quoiqu'elles portent souvent des organes extérieurs qui semblent concourir à la fructification.—Le défaut de pistils et d'étamines a fait donner à ces plantes le nom de *cryptogames*, ou *à fleurs indistinctes*; tels sont *les champignons, les mousses, les lichens*, etc.—On croit que leurs graines ne sont pas de véritables semences, mais de petites plantes, entièrement nues, qui ne diffèrent de la plante adulte que par la grandeur : c'est au moins ce que *Linnée* assure des mousses.

136—Tout le monde sait que *la racine* est cette partie de la plante qui s'enfonce dans la terre pour attirer les sucs qui sont nécessaires à sa nutrition et à son accroissement.

137—Il y a cependant des plantes *parasites* qui ne touchent point du tout à la terre, mais qui s'attachent à d'autres plantes, aux dépens desquelles elles se nourrissent : tel est *le gui*.

138—Il y a même des plantes qui croissent sur les corps les plus durs, par exemple sur les pierres : telles sont *les mousses, les lichens*, etc.—Ces plantes tirent leur principale nourriture des vapeurs répandues dans l'air.

139—L'extrémité supérieure de la racine se nomme *le collet;* c'est de là que partent les feuilles et la tige.

140—Généralement parlant, toutes les racines sont *fibreuses*, c'est-à-dire composées de plusieurs jets, longs, filamenteux ou chevelus; mais un grand nombre de racines ne sont pas seulement fibreuses, elles sont encore *tubéreuses* ou *bulbeuses.*

141—*Une tubérosité* est un corps charnu, arrondi et solide, d'où partent plusieurs racines fibreuses; telle est la racine qu'on nomme *pomme de terre.*

142—S'il y a plusieurs tubérosités séparées par des nœuds ou par des filets déliés, on dit que la racine est *noueuse.*

143—Elle est *fasciculée* si les tubérosités partent toutes du collet de la racine et qu'elles soient fort rapprochées.

144—Une racine est *palmée* si les tubérosités qui partent du collet sont écartées et très-ouvertes.

145—Une racine *fusiforme* est celle qui est fort épaisse, allongée et assez semblable à un fuseau; telle est la racine du *navet*, de la *carotte.* La racine fusiforme tient le milieu entre la racine fibreuse et la racine tubéreuse.

146—Il y a des racines *pivotantes* qui s'enfoncent en terre presque perpendiculairement; et d'autres qui sont *traçantes*, c'est-à-dire qui s'étendent au loin dans une direction presque horizontale et qui pénètrent peu avant dans la terre; telle est la racine du *cerisier.*

147—Une racine *bulbeuse* est celle qui porte à son collet un corps épais, arrondi, d'une substance tendre et succulente, qu'on nomme *bulbe* ou *oignon.*

148—*La bulbe* paraît appartenir plutôt à la tige qu'à

3.

la racine ; cependant, comme elle est presque toujours enfoncée en terre, l'usage a voulu qu'on la considérât comme une espèce de racine.

149—Il y a des bulbes d'une substance charnue et solide ; tel est l'oignon de la *tulipe :* — d'autres sont composées de plusieurs membranes détachées qui ressemblent à des écailles ; tel est l'oignon du *lys ;* —d'autres sont composées de plusieurs *tuniques* enveloppées les unes dans les autres ; tel est *l'oignon* qui sert à la cuisine.

150—*La tige* est cette partie de la plante qui s'élève du dessus de la terre et qui soutient ordinairement les feuilles, les fleurs et les branches.

151—La tige des arbres se nomme *tronc :* elle est composée de plusieurs parties qu'il est intéressant de connaître, savoir : 1° de l'épiderme,—2° de l'écorce proprement dite,—3° de l'aubier et du bois, — 4° de la moëlle.

152—*L'épiderme* est l'enveloppe qui couvre extérieurement l'écorce ; elle est quelquefois lisse et d'autres fois toute crevassée.

153—*L'écorce* proprement dite est assez épaisse ; sa partie intérieure se nomme *la fine écorce* ou *le liber ;* on s'en servait anciennement pour écrire, comme aujourd'hui du papier.—La fine écorce est composée de plusieurs couches concentriques ; chaque année il s'en détache une qui se réunit d'abord à l'aubier et successivement au bois. On distingue facilement toutes ces couches lorsqu'on coupe un arbre en travers ; et si l'arbre a été coupé à fleur de terre, le nombre de ces couches fait connaître combien l'arbre avait d'années lorsqu'on l'a abattu.

154—*Le bois* est une masse de fibres devenues compactes et très-dures par le resserrement continuel

des vaisseaux de la plante, qui y sont presqu'entièrement oblitérés. Ce resserrement est produit par
les couches qui se détachent chaque année du *liber*
et qui compriment de plus en plus la substance du
bois : c'est pour cette raison que les couches du bois
sont d'autant plus dures qu'elles approchent plus
du cœur de l'arbre ; au contraire, les couches les
plus voisines de l'écorce n'ont qu'une dureté et une
solidité des plus médiocres : elles forment ce qu'on
nomme *l'aubier*.

155—*La moëlle* occupe le centre du corps ligneux ;
elle est composée de vaisseaux très-lâches et *d'utri-
cules*, ou petites cellules assez larges, qui ne se
resserrent et ne se dessèchent que dans la vieillesse
de la plante.

156—C'est par les vaisseaux nombreux répandus
dans l'écorce et surtout dans la fine-écorce, et par
ceux qui ne sont pas encore oblitérés dans la moëlle,
le bois et l'aubier, que la sève monte et descend continuellement : il n'est donc point étonnant qu'un
arbre meure promptement si on le pèle, ou même
si on en détache un anneau entier, qui renferme
l'écorce et la fine écorce, car alors la communica-
tion entre la racine et la partie supérieure de l'arbre se trouve presque entièrement interrompue.

157—Les tiges des plantes soutiennent ordinairement les feuilles et les fleurs : il y a cependant des
plantes dont la tige est dépourvue de feuilles et ne
porte que les fleurs ; telle est celle de la *primevère*,
de la *jacinthe*, du *pissenlit*, etc. Ces sortes de tiges
se nomment des *hampes*.

158—Lorsqu'il sort de la base de la tige, ou du collet de la racine, des rejets rampants qui s'étendent
au loin sur la terre, s'y attachent par des toupets

de racines et reproduisent ainsi de nouvelles plantes, on dit que ces tiges sont *stolonifères ou traçantes;*
telles sont celles du *fraisier*.

159—La tige des plantes graminées se nomme
chaume : c'est un tuyau creux ou fistuleux, garni
presque toujours de plusieurs *nœuds ou articulations*.

160—Il y a des tiges *simples* qui n'ont point de
branches.

161—Il y en a de *rameuses* qui se subdivisent en
plusieurs branches ou rameaux :

162—Il y en a de *droites;* il y en a de *couchées*, qui
sont trop faibles pour se soutenir redressées.

163—Plusieurs tiges couchées sont *rampantes;* ce
sont celles qui poussent des racines de distance en
distance.

164—D'autres tiges couchées sont *sarmenteuses*, c'est-
à-dire qu'elles traînent sur la terre lorsqu'elles sont
isolées, mais elles s'élèvent en s'attachant à d'autres corps, si elles en rencontrent dans leur voisinage.

165—On nomme *radicantes* les plantes sarmenteuses
qui s'attachent aux corps voisins par des racines
qu'elles produisent dans toute leur longueur; tel
est *le lierre*.

166—Si elles s'y attachent par des *vrilles*, ou par
les pétioles tortillés de leurs feuilles, on les appelle
simplement *grimpantes;* telle est *la vigne*.

167—Une tige *herbacée* est celle dont la substance
n'est pas très-dure, et qui ne subsiste qu'un an.

168—Une tige *ligneuse* est celle qui subsiste plusieurs
années et dont la substance est très-dure, et en tout
semblable à celle du bois.

169—On dit d'une tige qu'elle est *fistuleuse*, lorsqu'elle est creuse :

170—Qu'elle est *solide*, lorsqu'elle est tout-à-fait pleine :

171—Qu'elle est *articulée*, lorsqu'elle a plusieurs nœuds :

172—Qu'elle est *ailée*, lorsqu'elle est garnie dans sa longueur de membranes saillantes qui paraissent être un prolongement des feuilles :

173—Qu'elle est *comprimée*, lorsqu'elle est aplatie des deux côtés dans toute sa longueur :

174—Qu'elle est *anguleuse*, lorsqu'elle a dans sa longueur plus de deux angles saillants :

175—Qu'elle est *triangulaire*, *quadrangulaire*, etc., lorsqu'elle a trois ou quatre angles saillants, etc.

176—La superficie des tiges est *lisse*, si elle est partout unie et égale.

177—Elle est *striée* si elle est chargée de petites côtes nombreuses, saillantes et rapprochées, qu'on nomme *stries*.

178—Elle est *sillonnée*, si elle a des excavations longitudinales un peu profondes et assez élargies.

179—La tige ou les feuilles sont *glabres* si elles n'ont ni poils ni duvet.

180—Lorsque la tige ou les feuilles sont couvertes de poils, elles sont *pubescentes*, si les poils sont mous et fort courts :

181—Elles sont *cotonneuses*, si les poils forment une espèce de tissu cotonneux :

182—Elles sont *velues*, si les poils sont longs et qu'ils ne soient pas mous :

183—Elles sont *rudes ou hérissées*, si les poils sont très-rudes et s'ils rendent la tige ou les feuilles âpres au toucher; enfin les feuilles sont *ciliées*, si elles ont des poils disposés sur leur contour.

184—La tige est *accrochante*, si les poils dont elle

3*

est couverte sont très-durs et s'ils ont en même temps leur extrémité courbée en manière d'hameçon.

185—On regarde *les poils* comme des vaisseaux excrétoires, par lesquels la plante se décharge des liqueurs qui lui sont superflues.

186—On doit dire la même chose des *glandes*, qui sont des corps vésiculeux, arrondis ou ovales, disséminés souvent sur les feuilles et sur les autres parties de la plante.

187—Enfin il y a des tiges qui sont garnies *d'aiguillons*, ou *d'épines*.

188—*Les aiguillons et les épines* sont des corps durs et très-pointus. Toute la différence qui se trouve entre les uns et les autres, c'est que l'aiguillon ne tient qu'à l'écorce, au lieu que l'épine naît dans la substance même du bois.—*Les rosiers et les ronces* portent des aiguillons; *l'aubépine*, au contraire, porte de vraies épines.

189—*Les feuilles* en servant d'ornement aux plantes contribuent encore à leur végétation et à leur conservation. C'est à la surface des feuilles que répondent la plupart des *trachées*, ou vaisseaux destinés à introduire l'air dans les plantes.—Cet air, par ses mouvements alternatifs de condensation et de raréfaction, doit être regardé comme la principale cause du mouvement de la sève.—C'est aussi par la surface supérieure des feuilles que la plante se décharge des liqueurs qui lui sont inutiles ou nuisibles; de là ce suc visqueux qui couvre en été les feuilles d'un grand nombre d'arbres.—Enfin, il est constant par quantité d'expériences, que les feuilles absorbent par leur surface inférieure une partie des sucs nourriciers qui nagent dans l'air ou qui s'élèvent de la terre.—Pour rendre les feuilles propres à cette fonction, *la Providence* a donné à leur surface inférieure un tissu plus lâche et beaucoup moins serré que celui de la surface supérieure. — Il suit de ce qui vient d'être dit, que les feuilles ne sont guère moins utiles aux plantes que les racines ; c'est pourquoi les fruits ne peuvent acquérir une parfaite maturité et les arbres meurent souvent, lorsque les insectes ou l'injure du temps ont fait tomber leurs feuilles avant l'automne.

190—Il y a des feuilles *radicales;* ce sont celles qui partent immédiatement du collet de la racine.

191—Il y en a de *caulinaires*, c'est-à-dire qui sont attachées à la tige.

192—Les feuilles situées dans le voisinage des fleurs se nomment *bractées* ou *feuilles florales;* elles ont ordinairement une couleur ou une forme différente des autres feuilles.

193—La plupart des feuilles sont *caduques*, c'est-à-dire qu'elles tombent tous les ans.

194—Il y en a un petit nombre qui sont *persistantes*, c'est-à-dire qui persistent sur la plante pendant tout l'hiver.

195—Les feuilles *entières* sont celles dont les bords n'ont aucune dentelure.

196—Les feuilles sont *simplement dentées* lorsque leurs bords sont garnis de dents et que ces dents ne regardent pas le sommet de la feuille.

197—Elles sont *dentées en scie* lorsque les dents regardent le sommet de la feuille.

198—Elles sont *crénelées* si leurs bords ont des *crénelures*, c'est-à-dire des dentelures arrondies et obtuses.

199—La queue d'une feuille se nomme *pétiole*.

200—La feuille n'est qu'un épanouissement du pétiole et une expansion de l'écorce de la tige composée de deux couches, l'une supérieure, l'autre
inférieure, entre lesquelles on observe : 1° un tissu
cellulaire, tendre et spongieux, qu'on nomme *parenchyme ;*—et 2° un prolongement des vaisseaux de
la plante qui forment ses nervures.

201—Une feuille est *veinée* lorsque ses nervures sont
peu saillantes et extrêmement ramifiées.—Elle est
ridée lorsque les portions comprises entre les ramifications des nervures sont élevées et forment des
rides, ou de petites éminences très-nombreuses.

202—Elle est *nerveuse* lorsque ses nervures sont très-
saillantes, et qu'elles partent de la base de la feuille;
telles sont les feuilles de *plantain.*

203—Ordinairement le pétiole s'insère sur les bords
de la feuille : il y a cependant quelques feuilles
dont le pétiole s'insère sur le milieu de leur surface
inférieure; on leur donne le nom de feuilles *ombi-
liquées;* telles sont les feuilles de la *capucine.*

204—Les feuilles *sessiles* sont celles qui n'ont pas
de pétiole.

205—Les feuilles sont *engainées* lorsque leur base
ou leur pétiole forme une espèce de tuyau qui environne la tige en forme de gaine; telles sont les
feuilles des *graminées.*

206—Elles sont *amplexicaules* lorsqu'elles embrassent la tige par leur base.

207—Elles sont *perfoliées* lorsque la tige traverse les
feuilles et semble les enfiler; telles sont les feuilles
supérieures du *chèvrefeuille des jardins.*

208—Elles sont *décurrentes* lorsque leur base se pro-
longe sur la tige ou sur les rameaux et qu'elle y
forme une saillie considérable qui ressemble à une
aile.

209—Elles sont *connées*, lorsqu'étant opposées elles sont tellement réunies par leur base, qu'elles semblent ne former qu'une seule feuille; telles sont les feuilles *d'œillet*.

210—Une feuille est *simple* lorsque son pétiole ne porte qu'une seule feuille.

211—Elle est *composée* lorsque le pétiole porte plusieurs feuilles qu'on nomme *folioles*, pour les distinguer de la feuille entière et proprement dite, qui renferme toutes les folioles et toutes les ramifications du pétiole.

212—Les feuilles dont les échancrures ou les divisions se touchent par leur base, se rangent toujours dans la classe des feuilles simples.

213—Les feuilles simples sont *cordiformes* ou en cœur, si elles ont une échancrure à l'insertion du pétiole et qu'elles soient pointues à l'extrémité opposée.

214—Elles sont *réniformes*, ou en rein, si étant échancrées à l'insertion du pétiole, elles sont arrondies à l'extrémité opposée.

215—Elle sont *oreillées* si elles ont à leur base deux appendices qu'on nomme *oreillettes*.

216—Elles sont *sinuées* si elles ont dans leurs bords plusieurs échancrures profondes.

217—Elles sont *lobées* si elles sont fendues en plusieurs parties dont les extrémités sont arrondies;—telles sont les feuilles de *la vigne*.

218—Elles sont *lyrées* ou découpées en lyre si elles ont latéralement plusieurs divisions profondes, écartées, élargies à leur base, pointues à leur sommet, et qui vont en diminuant de grandeur vers la partie inférieure de la feuille; — telles sont les feuilles du *pissenlit*.

219—Elles sont *pinnatifides* lorsqu'elles ont de chaque côté des divisions assez profondes, disposées en manière d'ailes, mais qui ne sont pas entièrement séparées et qui se touchent par leur base.

220—Elles sont *bifides*, *trifides*, et généralement *multifides*, lorsqu'elles sont partagées en deux, en trois ou en plusieurs lanières.

221—Elles sont *palmées* si les divisions de la feuille imitent une main ouverte.

222—Elles sont *laciniées* lorsque leurs premières divisions, ou découpures, sont elles-mêmes une ou plusieurs fois divisées.

223—Les feuilles simples tirent souvent leurs noms des objets auxquels elles ressemblent : de là les feuilles *rondes*, qui ressemblent à un cercle.

224—Les feuilles *ovales*, qui ressemblent à un ovale ou à une ellipse.

225—Les feuilles *deltoïdes*, qui ressemblent à la lettre grecque qu'on nomme *delta* et qui a la forme d'un triangle équilatéral.

226—Les feuilles *rhomboïdales*, qui ressemblent à un rhombe ou à un losange.

227—Les feuilles *lancéolées*, qui ressemblent à un fer de lance, c'est-à-dire qui sont pointues aux deux extrémités et élargies dans le milieu.

228—Les feuilles *hastées*, qui ressemblent à une hallebarde, c'est-à-dire qui se terminent en pointe à leur extrémité supérieure et dont la base est élargie et garnie de deux oreillettes.

229—Les feuilles *cunéiformes*, qui ressemblent à un coin.

230—Les feuilles *spatulées*, qui ressemblent à une spatule, c'est-à-dire qui sont plus larges à leur extrémité supérieure qu'à leur base.

231—Les feuilles *sagittées*, qui ressemblent à une flèche.

232—Les feuilles *capillaires*, qui sont presqu'aussi menues qu'un cheveu ou un brin de fil.

233—Les feuilles *linéaires*, qui sont longues et étroites comme une ligne droite, mais qui sont pointues à leur extrémité.

234—Les feuilles composées sont *binées*, *ternées*, *quaternées*, *quinées*, etc., lorsque leur pétiole porte deux, trois, quatre ou cinq folioles, etc.

235—En général, lorsque le nombre des folioles surpasse quatre, et qu'elles s'insèrent toutes dans le même point, on dit que la feuille est *digitée*.

236—Il y a très-peu de feuilles *pédiaires;* ce sont celles dont le pétiole a deux divisions principales, sur le côté intérieur desquelles il naît plusieurs folioles.

237—Les feuilles *ailées ou pinnées* sont celles dont les folioles sont rangées de deux côtés, le long d'un pétiole commun, comme les barbes d'une plume; telles sont les feuilles de *pimprenelle*.

238—Les feuilles sont *ailées avec interruption*, lorsque leurs folioles sont alternativement grandes et petites.

239—Elles sont *ailées avec une impaire*, lorsqu'elles sont terminées par une foliole impaire.

240—Si le pétiole d'une feuille composée se divise lui-même en plusieurs pétioles plus petits, auxquels les folioles sont attachées, on dit que cette feuille est *recomposée*, ou deux fois composée.

241—Si les premières subdivisions du pétiole soutiennent encore d'autres pétioles qui portent les folioles, la feuille est *surcomposée*, ou plusieurs fois composée.

242—Une feuille *deux fois ailée*, *ou bipinnée*, est celle dont le pétiole principal soutient de chaque côté d'autres pétioles, auxquels sont attachées des folioles disposées en manière d'ailes, c'est-à-dire comme les barbes d'une plume.

243—Une feuille est *tripinnée ou trois fois ailée*, lorsque les premières subdivisions du pétiole soutiennent de chaque côté d'autres pétioles qui portent eux-mêmes des feuilles ailées ; telles sont les feuilles du *cerfeuil*, de la *carotte*, etc.

244—Les feuilles *bigéminées* sont celles dont le pétiole se bifurque et porte deux folioles à l'extrémité de chaque bifurcation.

245—Les feuilles *biternées* sont celles dont le pétiole se divise en trois parties qui portent chacune trois folioles.

246—Les *stipules* sont de petites folioles, ou des écailles, qu'on observe souvent à la base des pétioles.

247—*La vrille* est une production filamenteuse, presque toujours roulée en spirale, qui croît souvent à l'extrémité du pétiole, et à l'aide de laquelle la plante s'attache aux corps voisins.

248—Les feuilles et les fleurs des arbres sont renfermées pendant l'hiver dans des *boutons;* — elles y sont pliées de plusieurs manières différentes, mais toujours *avec un art merveilleux qu'on ne saurait assez admirer !*—Elles y sont aussi recouvertes de plusieurs écailles qui les garantissent des impressions du froid et de la gelée, et qui tombent au printemps, à mesure que les feuilles et les fleurs se développent. — *En Amérique*, les feuilles des arbres ne sont pas renfermées dans des boutons, parcequ'il n'y a point de gelées à craindre pour elles.

249—Les feuilles des *arbrisseaux* ne sont jamais renfermées dans des boutons; c'est par ce caractère qu'en Europe on distingue sûrement les arbrisseaux des arbres, auxquels ils ressemblent beaucoup par leur substance ligneuse.

250 — *Les sous-arbrisseaux* ne diffèrent des arbrisseaux que par la différence de grandeur.

251 — *Dieu* en créant les plantes, leur a donné la faculté de porter des semences capables de reproduire d'autres plantes tout-à-fait semblables; leur réunion forme ce que les botanistes appellent une *espèce*.

252 — Quoique les individus d'une même espèce se ressemblent dans toutes leurs parties essentielles, cependant il y a souvent entr'elles des différences accidentelles : les plantes qui ont ces différences accidentelles se nomment des *variétés*.

253 — *Les variétés* sont souvent occasionnées par la fertilité ou la stérilité du sol, et par le concours de certaines circonstances qu'il est impossible de déterminer. Elles consistent principalement dans la grandeur des parties de la plante, dans la couleur de ses pétales, dans la quantité plus ou moins grande de poils dont ses feuilles sont couvertes, dans le défaut d'épines, etc.; les fleurs *doubles, semi-doubles et prolifères* sont aussi des variétés de la fleur simple.

254 — *Une fleur double* est celle dans laquelle une abondance de sève s'est portée dans les étamines et dans les styles, auxquels elle a donné une étendue et un développement qui leur a fait prendre la forme de pétales, etc.

255 — *Une fleur semi-double* est celle qui a conservé un certain nombre d'étamines et de styles dans leur état naturel, au lieu que dans la fleur parfaite-

4.

ment double toutes les étamines sont converties en pétales ; d'où il suit qu'une fleur double est nécessairement stérile , au lieu que les fleurs semi-doubles peuvent produire des semences fertiles.

256 — *Une fleur est prolifère* lorsque de son centre il sort une seconde fleur ou une touffe de feuilles ; ou lorsque le même calice renferme plusieurs fleurs qui se développent sucessivement ; ou lorsque les tiges produisent, au lieu de fleurs, des bulbes qui poussent des feuilles comme si elles étaient plantées en terre.

257 — Il est difficile de se procurer des fleurs doubles, car souvent deux cents graines qu'on aura semées produisent à peine deux ou trois fleurs doubles.

258 — On doit regarder comme des *espèces constantes* les plantes qu'on observe tous les ans en grand nombre, et toujours les mêmes, dans les différents terrains qui les produisent naturellement.

259 — Pour faciliter la connaissance des plantes, les botanistes ont distribué les espèces en divers groupes, qu'ils ont nommés *genres.*

Chaque genre comprend les plantes qui se ressemblent dans un grand nombre de leurs parties, surtout dans celles de la fructification, mais qui diffèrent dans plusieurs autres moins essentielles.

260 — *Linnée*, l'un des plus grands botanistes connus, a rendu un service important à ceux qui étudient la botanique, en désignant les plantes par deux noms, l'un *générique*, qui est celui du genre, et l'autre *spécifique*, qui est celui de l'espèce : avant lui, il fallait une phrase entière pour désigner une plante.

261 — Tous les botanistes partagent les plantes en genres et en espèces : mais il y en a qui ont encore établi plusieurs autres divisions plus générales , telles que *les classes, les ordres, les familles,* etc.

262—. Les auteurs qui traitent des plantes les disposent ordinairement suivant une *méthode* ou un
système propre à faciliter l'étude de la botanique ;
d'autres les ont classées suivant leur *ordre naturel.*

263 — *Un système*, en botanique, est un arrangement
des plantes fondé partout sur les mêmes principes et
sur les caractères qu'offre une seule partie de la
plante, ou du moins un très-petit nombre de parties qui ont entr'elles un rapport marqué; par exemple, sur les organes de la fructification.

264 — *Une méthode* est une disposition des plantes
fondée sur des principes moins fixes et sur des caractères pris dans toutes les différentes parties de
la plante.

265 — *L'ordre naturel* est celui dans lequel on voit
rapprochées les plantes qui ont entr'elles le plus
d'affinité, c'est-à-dire qui se ressemblent par un
plus grand nombre de caractères.

266 — Cette belle disposition, qui unit ensemble
toutes les plantes par des liens imperceptibles, plaît
infiniment à l'esprit, et suppose dans celui qui en
est l'auteur des connaissances très-approfondies et
très-bien combinées : aussi est-elle le chef-d'œuvre
d'un botaniste. C'est cet ordre qu'on doit suivre
dans les jardins botaniques, dans la confection d'un
herbier, et généralement dans tous les livres où l'on
se propose de parler à des savants.

267 — Dubois lui-même, quoiqu'il n'écrivait pas
pour des savants, a disposé ses plantes dans l'ordre
naturel publié par Antoine-Laurent de Jussieu ;
mais cette disposition a été modifiée depuis, par
MM. de Candolle, Loiseleur-Deslongchamps, Mar-
quis et beaucoup d'autres, en sorte qu'aujourd'hui
c'est un véritable dédale.—J'ai donc préféré l'ordre

alphabétique, qui est le plus simple et le plus facile
pour les recherches; mais on trouvera après la 24ᵉ
analyse un tableau synoptique des familles naturelles, d'après la flore française de MM. de Lamarck
et de Candolle, — et j'ai indiqué, en outre, après
le nom de chaque genre, dans la 2ᵉ partie de cet
ouvrage, la famille dont ce genre fait partie.—Chacun pourra au reste modifier ce tableau comme il
l'entendra, conformément à ce qu'on appelle le
progrès des sciences et qui n'en est peut-être que
le chaos, car ce sont des changements continuels,
ainsi que la multiplicité des synonymes et l'emploi
exagéré des langues étrangères, qui ont rebuté la
plupart des personnes qui ont voulu s'adonner à
l'étude de la botanique.

TABLE ALPHABÉTIQUE

Des principaux termes dont on se sert en botanique, et qu'on vient de définir.

4*

PLANTES

DE L'INTÉRIEUR DE LA FRANCE.

ANALYSE DES GENRES.

ANALYSE GÉNÉRALE, ou PREMIÈRE.

1. Fleurs distinctes 3
Elles ont un pistil, ou des étamines.

2. Fleurs indistinctes .... 24ᵉ *analyse.*
Ce sont celles qui n'ont ni étamines ni pistil
proprement dits, quoiqu'elles ayent souvent
des organes extérieurs qui semblent concourir à la fructification.

3. Fleurs disjointes ....,,.......,, 5
Les fleurs sont disjointes : 1° toutes les fois
qu'elles ont une corolle polypétale; 2° lorsqu'elles ne sont pas réunies en grand nombre
dans un calice commun; et 3° lorsque les anthères de leurs étamines sont libres et nullement réunies en forme de gaine.

4. Fleurs conjointes ....,......... 25
Ces fleurs ont une corolle monopétale, sont
réunies en grand nombre dans un calice commun, et les anthères de leurs étamines sont
réunies de manière à former une gaine, à travers laquelle passe le style; telles sont les fleurs
de *pissenlit,* de *seneçon,* de *pâquerette,* etc.

5. Fleurs bissexuelles 7
Ayant à la fois un pistil et des étamines.

6. Fleurs unisexuelles 23
Auxquelles il manque ou le pistil, ou les étamines,

7. **Fleurs ayant un calice ou une corolle, ou l'un et l'autre**.......................... 9

8. **Fleurs nues**................ 17ᵉ *analyse.*
Ou glumacées............... 18ᵉ *analyse.*
Les fleurs *nues* sont celles dont le pistil et les étamines n'ont aucune espèce d'enveloppe.
Les fleurs *glumacées* sont séparées par des paillettes sèches et toujours redressées, qu'on nomme *balles* et qui tiennent lieu de calice et de corolle.

———

9. **Ovaire dans la corolle**............... 11
La corolle environne l'ovaire, mais elle n'est pas attachée à son extrémité supérieure. On donne le nom *d'ovaire* à la partie inférieure du pistil, parcequ'elle doit renfermer les graines, qu'on regarde comme les œufs de la plante.

10. **Ovaire sous la corolle**............... 21
La corolle est attachée à la partie supérieure de l'ovaire, de manière que cet ovaire se trouve placé entre la corolle et l'extrémité du pédoncule.

———

11. **Fleurs complètes**.................... 13
Ayant un calice et une corolle.

12. **Fleurs incomplètes**.......... 12ᵉ *analyse.*
Auxquelles il manque ou le calice, ou la corolle.

———

13. **Dix étamines, ou moins**............. 15

14. **Onze étamines, ou plus**............. 19

———

15. **Corolle monopétale**................. 17
C'est-à-dire d'une seule pièce.

16. **Corolle polypétale**........... 7ᵉ *analyse.*
C'est-à-dire de plusieurs pièces.

———

17. **Corolle régulière**............ 2ᵉ *analyse.*
Dont toutes les découpures sont égales et par-
faitement semblables.
18. **Corolle irrégulière**........... 4ᵉ *analyse.*
Dont les découpures sont inégales.

19. **Pétales insérés sur le calice**... 10ᵉ *analyse.*
On ne peut détacher le calice sans faire tomber les pétales.
20. **Pétales non insérés sur le calice.** 11ᵉ *analyse.*
Le calice enveloppe les pétales, mais il ne les
porte pas.

21. **Corolle monopétale**......... 14ᵉ *analyse.*
22. **Corolle polypétale**.......... 15ᵉ *analyse.*

23. **Fleurs monoïques**........... 19ᵉ *analyse.*
On voit sur le même pied deux sortes de fleurs,
les unes mâles et les autres femelles ; telles
sont les fleurs de *noyer*, de *melon*.
24. **Fleurs dioïques**............. 20ᵉ *analyse.*
Les fleurs mâles et les fleurs femelles sont portées sur des pieds différents ; telles sont les fleurs
de *chanvre*.

25. **Fleurettes de même sorte**........... 27
Toutes les fleurettes sont des fleurons ou des
demi-fleurons.
Un fleuron est une petite corolle tubulée qui
n'est découpée qu'à son extrémité supérieure ;
telles sont les fleurettes du *seneçon*, du *bleuet*, etc.
Un demi-fleuron est une petite corolle dont l'extrémité inférieure est roulée en cornet et qui
s'élargit aussitôt en languette ; telles sont les
fleurettes du *pissenlit*.
26. **Fleurettes de deux sortes**..... 23ᵉ *analyse.*
Le disque ou le milieu de ces fleurs est garni
de fleurons, et la circonférence de demi-fleurons, ce qui donne à ces fleurs la forme d'un
soleil environné de rayons ; telles sont les fleurs
de *pâquerette*.   5.

27. **Fleurs flosculeuses**........... 21ᵉ *analyse.*
C'est-à-dire composées de fleurons.
28. **Fleurs semi-flosculeuses** ..... 22ᵉ *analyse.*
C'est-à-dire composées de demi-fleurons.

DEUXIÈME ANALYSE.

Plantes qui ont les fleurs complètes, la corolle monopétale et régulière, l'ovaire dans la corolle, et 10 étamines ou moins,

TROISIÈME ANALYSE.

Plantes Borraginées.

Les plantes *borraginées* se nomment ainsi parcequ'elles ont beaucoup de rapport avec la *bourrache* : elles ont une corolle monopétale régulière, cinq étamines et quatre ovaires nus au fond de la corolle ; leurs feuilles sont ordinairement couvertes de longs poils, qui les rendent rudes au toucher, et qui leur ont fait donner, par Linnée, le nom d'*asperifoliæ* (en français, *feuilles rudes*).

QUATRIÈME ANALYSE.

Plantes qui ont les fleurs complètes, la corolle monopétale et irrégulière, l'ovaire dans la corolle et dix étamines ou moins.

CINQUIÈME ANALYSE.

Plantes qui ont les fleurs en masque.

Les fleurs en masque ont : 1° une corolle monopétale irrégulière, formant deux lèvres bien distinctes, et ressemblant souvent à un mufle de veau ;
— 2° quatre étamines, dont deux plus longues et
deux plus courtes ; — 3° un seul ovaire qui renferme
les graines ; c'est par ce dernier caractère qu'elles
diffèrent des labiées, qui ont quatre ovaires nus au
fond de la corolle.

1. Tiges garnies de feuilles vertes...........3
2. Tiges nues, ou garnies de feuilles qui paraissent toujours noirâtres et desséchées 28

3. Corolle très-courte, renflée et presque globuleuse. 5
4. Corolle allongée et nullement globuleuse.. 6

5. SCROPHULAIRE. — *Scrophularia.*

6. Feuilles entières, ou dentées, ou seulement incisées....................................8
7. Feuilles ailées, ou pinnatifides...........24

8. Corolle ayant à sa base une bosse saillante ou un éperon......................10
9. Corolle n'ayant à sa base ni bosse saillante ni éperon.............................14

10. Corolle terminée par une bosse saillante. 12
11. Corolle terminée par un éperon...........13

12. MUFLIER. — *Antirrhinum,*
13. LINAIRE. — *Linaria.*

14. Corolle fort grande et campanulée.........16
15. Corolle médiocre et non campanulée 17

16. DIGITALE. — *Digitalis.*

17. Calice ventru et aplati sur les côtés......19
18. Calice simplement tubulé et arrondi.....20

19. RHINANTHE. — *Rhinanthus.*

20. Corolle ouverte, dont la lèvre supérieure n'a pas ses bords repliés : anthères bifides....22
21. Corolle presque fermée, dont la lèvre supérieure a ses bords repliés...............23

SIXIÈME ANALYSE.

Plantes Labiées.

Les plantes *labiées* ont : 1° une corolle monopétale irrégulière, qui forme deux lèvres (quelquefois cependant la lèvre supérieure manque); 2° quatre étamines, dont deux plus longues et deux plus courtes ; — 5° un style terminé par un stigmate bifide ;—et 4° quatre ovaires nus au fond de la corolle. Ces plantes sont en général odorantes, toniques, aromatiques, cordiales et stomachiques.—Les fleurs sont presque toujours disposées en anneau autour de la tige, ce qui les a fait nommer, par plusieurs botanistes, *plantes verticillées.*

6.

19. BRUNELLE. — *Brunella.*
20. CLINOPODE. — *Clinopodium.*
21. ORIGAN. — *Origanum.*
22. BÉTOINE. — *Betonica.*
23. THYM. — *Thymus.*

24. Pédoncules pluriflores 26
25. Pédoncules chargés d'une seule fleur. 43

26. Feuilles élargies, dentées ou crénelées. 28
27. Feuilles linéaires et entières. 42

28. Entrée du calice fermée par des poils pendant
    la maturation des graines. 30
29. Entrée du calice ouverte pendant la matura-
    tion des graines. 31

30. MÉLISSE. — *Melissa.*

31. Fleurs disposées en épis pédonculés, axillaires
    et terminaux. 33
32. Fleurs axillaires, ou disposées en verticilles. 34

33. NÉPÉTA. — *Nepeta.*

34. Verticilles très-denses et composés d'un grand
    nombre de fleurs. 36
35. Verticilles ayant au plus 6 ou 8 fleurs, et sou-
    vent moins. 41

36. Verticilles incomplets. 38
37. Verticilles complets 39

38. BALLOTE. — *Ballota.*

39. Feuilles crénelées. 22
40. Feuilles entières, ou dentées, ou laciniées, 15

41. GLÉCHOME. — *Glechoma.*

42. HYSOPE. — *Hyssopus.*

51. MÉLITTE. — *Melittis.*

56. EPIAIRE. — *Stachys.*

59. GALÉOPSIS. — *Galeopsis.*

SEPTIÈME ANALYSE.

**Plantes qui ont des fleurs complètes et po-
lypétales, moins de onze étamines, et
l'ovaire dans la corolle.**

28. GYPSOPHILE. — *Gypsophila.*
29. SAPONAIRE. — *Saponaria.*
30. SAXIFRAGE. — *Saxifraga.*

35. VIGNE. — *Vitis.*

40. MARRONNIER. — *Æsculus.*
41. ÉRABLE. — *Acer.*
42. VINETTIER. — *Berberis.*

144. CRASSULE. — *Crassula.*
145. SÉDUM. — *Sedum.*

---

148. RENONCULE. — *Ranunculus.*
149. RATONCULE. — *Myosurus.*

---

152. BUTOME. — *Butomus.*

---

155. FLUTEAU. — *Alisma.*
156. PLANTAIN D'EAU, *Dub.* (Voyez *Fluteau.*)

HUITIÈME ANALYSE.

Plantes crucifères.

Les plantes crucifères ont : 1° un calice de quatre pièces ; — 2° une corolle régulière composée de
quatre pétales disposés en croix, ce qui leur a fait
donner le nom qu'elles portent ; — 3° six étamines,
dont deux plus courtes que les quatre autres ; — et
4° un ovaire terminé par un seul style ; on donne à
cet ovaire le nom de *silique.*

La plupart de ces plantes sont âcres et anti-scorbutiques.

72   8ᵉ ANALYSE.

1. Silique dont la longueur n'est jamais quatre fois plus grande que la largeur............. 3
2. Silique dont la longueur surpasse toujours quatre fois la largeur.................... 25

3. Fleurs blanches...................... 5
4. Fleurs d'un jaune plus ou moins foncé.... 15

5. Silique très-comprimée et dont les bords n'ont aucune aspérité sensible................ 7
6. Silique renflée, ou dont les bords sont chargés d'aspérités........................ 14

7. Silique sans échancrure sensible à son sommet............................. 9
8. Silique échancrée à son sommet........ 13

9. Tige presque nue, n'ayant jamais 6 pouces de haut............................ 11
10. Tige très-feuillée, ayant toujours plus de 6 pouces de haut....................... 12

11. DRAVE. — *Draba.*
12. PASSERAGE. — *Lepidium.*
13. TABOURET. — *Thalspi.*
14. CRANSON. — *Cochlearia.*

15. Silique très-comprimée............... 17
16. Silique renflée.................... 21

17. Feuilles pubescentes, ou un peu rudes : tiges n'ayant jamais plus de huit pouces........ 19
18. Feuilles très-lisses : tige ayant plus d'un pied. 20

19. ALYSSON. — *Alyssum.*
20. PASTEL. — *Isatis.*

7.

43. ARABETTE. — *Arabis.*
44. CRESSON. — *Cardamine et Sisymbrium.*

49. MOUTARDE. — *Sinapis.*

54. GIROFLÉE. — *Cheiranthus.*

NEUVIÈME ANALYSE.

Plantes légumineuses.

Les plantes *légumineuses*, ou *papillonacées*, ont : 1° un calice monophylle, c'est-à-dire d'une seule pièce; — 2° une corolle polypétale irrégulière, qu'on nomme *papillonacée*, parcequ'elle imite en quelque

sorte un papillon ; — 3° dix étamines, dont les filets, excepté un, se réunissent en forme de gaine
autour de l'ovaire, qui se change en une *gousse* ou
un *légume*.

Une corolle papillonacée est composée d'un pétale
supérieur, qu'on nomme le *pavillon* ou l'*étendard ;*
de deux pétales latéraux, qu'on nomme *ailes ;* et
d'un ou deux pétales inférieurs qui portent le nom
de *carène,* parcequ'ils ont quelque ressemblance
avec la carène d'un vaisseau.

Les plantes légumineuses fournissent aux bestiaux un excellent fourrage ; la plupart de leurs semences sont farineuses : il y en a plusieurs dont
l'homme se sert pour sa nourriture.

11. FÈVE. — *Faba.*
12. OROBE. — *Orobus.*
13. VESCE. — *Vicia.*
14. ERS. — *Ervum.*

15. Stipules nulles ou sagittées, et moins grandes que les folioles.................... 17
16. Stipules arrondies et plus grandes que les folioles........................ 18

17. GESSE. — *Lathyrus.*
18. POIS. — *Pisum.*

19. Feuilles simples, ou ternées, ou composées de cinq folioles, dont deux s'insèrent auprès de la tige comme des stipules.............. 21
20. Feuilles digitées ou ailées.............. 47

21. Tige herbacée...................... 23
22. Tige ligneuse...................... 44

23. Feuilles très-simples et nullement dentées. 25
24. Feuilles ternées, ou simples avec des dentelures en leurs bords................... 28

25. Fleurs jaunes...................... 27
26. Fleurs rouges..................... 17

27. GENET. — *Genista.*

28. Tige grimpante : carène des fleurs roulée en spirale......................... 30
29. Tige non grimpante : carène des fleurs droite et non roulée en spirale............... 31

30. HARICOT. — *Phaseolus.*

31. Légume droit et non contourné......... 33
32. Légume contourné, faisant souvent sur lui-même une ou plusieurs révolutions............ 43

7*

DIXIÈME ANALYSE.

Plantes qui ont plus de dix étamines, et les pétales insérés sur le calice.

⚫

ONZIÈME ANALYSE.

**Plantes qui ont des fleurs complètes, l'o-
vaire dans la corolle, plus de dix étamines, et les pétales non insérés sur le
calice.**

DOUZIÈME ANALYSE.

Plantes qui ont les fleurs incomplètes, et l'ovaire dans la corolle.

84. NIGELLE. — *Nigella.*
85. HELLÉBORE. — *Helleborus.*
86. ANCOLIE. — *Aquilegia.*

95. PAVOT. — *Papaver.*
96. CHÉLIDOINE. — *Chelidonium.*

99. ANÉMONE. — *Anemone.*

102. PIGAMON. — *Thalictrum.*
103. RENONCULE. — *Ranunculus.*
104. POPULAGE. — *Caltha.*
105. CLÉMATITE. — *Clematis.*
106. DAUPHINELLE. — *Delphinium.*
107. GOUET. — *Arum.*

TREIZIÈME ANALYSE.

Plantes liliacées.

Les plantes *liliacées* ont presque toutes une racine bulbeuse ou tubéreuse; des feuilles radicales ou alternes à nervures parallèles et engaînées à leur base; une corolle à six divisions plus ou moins profondes; six étamines et un ovaire triloculaire : ces deux derniers caractères souffrent cependant quelques exceptions. On a réuni dans cette analyse les orchidées aux liliacées, parceque ces plantes ont entr'elles beaucoup d'affinité.

S*

QUATORZIÈME ANALYSE.

Plantes qui ont une corolle monopétale, et l'ovaire sous la corolle.

QUINZIÈME ANALYSE.

Plantes qui ont la corolle polypétale, et l'ovaire sous la corolle.

SEIZIÈME ANALYSE.

Plantes ombellifères.

Les plantes *ombellifères* ont une corolle composée de cinq pétales souvent inégaux ; cinq étamines, deux styles et deux ovaires placés sous la corolle. — Ces ovaires ne se séparent qu'après avoir acquis une parfaite maturité ; jusqu'à cette époque ils sont tellement rapprochés qu'ils paraissent n'en former qu'un seul.

Les fleurs de ces plantes sont presque toujours portées sur des pédoncules qui s'insèrent en un point commun, en forme *d'ombelle;* c'est ce qui leur a fait donner le nom de plantes *ombellifères.* — Chaque pédoncule de l'ombelle se divise ordinairement en une petite ombelle qu'on nomme *ombellule.* — A la base de l'ombelle principale et à celle de chaque ombellule, on observe fréquemment plusieurs petites feuilles disposées en rond, dont la réunion se nomme *collerette.* On appelle *collerette universelle* celle qui est placée à la base de l'ombelle principale; et *collerette partielle* celle qui est située à la base de chaque ombellule.

Nota. Il est difficile d'analyser sûrement les plantes ombellifères sans avoir sous les yeux des graines qui ayent déjà acquis une partie de leur grosseur, parcequ'on a été obligé d'employer fréquemment des caractères tirés de la forme des graines : ceux qu'on aurait pu tirer des collerettes sont sujets à trop d'exceptions : ceux que fournissent les pétales sont trop difficiles à observer et ceux qu'on aurait pu tirer de la forme des feuilles sont souvent trop peu sensibles, parcequ'un grand nombre de plantes ombellifères ont des feuilles qui se ressemblent beaucoup.

1. Feuilles n'étant jamais ailées.............. 3
2. Feuilles une ou plusieurs fois ailées....... 10

3. Feuilles très-entières, ou seulement crénelées.................................... 5
4. Feuilles palmées, ou profondément lobées.. 9

5. Fleurs blanches......................... 7
6. Fleurs jaunes........................... 8

7. HYDROCOTYLE. — *Hydrocotyle.*
8. BUPLÈVRE. — *Buplevrum.*
9. SANICLE. — *Sanicula.*

48. BOUCAGE. — *Pimpinella.*
49. PODAGRAIRE, *Dub.* (V. *Égopode des goutteux.*)
50. PERSIL, *Dub.* (Voyez *Ache odorante.*)

55. CERFEUIL. — *Chærophyllum.*

60. BERLE. — *Sium.*
61. SISON, *Dub.* (Voyez *Berle*, nᵒˢ 7, 9, 10 et 11.)

9*

86. CIGUË. — *Cicuta.*
87. ÉTHUSE. — *Æthusa.*

88. Toutes les folioles des feuilles linéaires 90
89. Toutes les feuilles, ou au moins les inférieures, ayant leurs folioles élargies.............. 91

90. SÉSÉLI. — *Seseli.*
91. CICUTAIRE. — *Cicutaria.*

DIX-SEPTIÈME ANALYSE.

Plantes qui ont des fleurs bissexuelles et nues, c'est-à-dire dépourvues de calice et de corolle, et dont les étamines n'ont aucune enveloppe.

1. Tige herbacée......................... 3
2. Tige ligneuse......................... 7

3. Feuilles simples....................... 5
4. Feuilles ailées 6

5. GOUET. — *Arum.*
6. PIGAMON. — *Thalictrum.*
7. FRÊNE. — *Fraxinus.*

DIX-HUITIÈME ANALYSE.

Plantes graminées.

Les plantes *graminées*, ou *glumacées*, sont celles qui ont les parties de la fructification renfermées dans des enveloppes cartilagineuses et redressées,

qu'on nomme *balles* ou *glumes* : leur ovaire est nu
et sans enveloppe. Ces plantes ont le plus souvent
trois étamines et deux styles. La tige des graminées
est presque toujours garnie d'articulations, et se
nomme *chaume* : leurs feuilles sont linéaires, ont des
nervures parallèles et embrassent la tige par une
gaine. Les balles qui enveloppent immédiatement
les étamines et les styles se nomment *balles florales* :
les extérieures se nomment *balles calicinales;* elles
sont souvent terminées par des filets qu'on nomme
barbes. — Les balles calicinales sont *uniflores* lorsqu'elles ne renferment qu'une semence, et *pluriflores* lorsque plusieurs fleurs sont réunies en forme
d'épillets sur un pédoncule commun. Alors les deux
balles qui sont à la base de chaque épillet servent
de calice commun à toutes les fleurs de l'épillet. —
Un *épi* est formé par plusieurs fleurs resserrées autour d'un axe commun; soit que ces fleurs soient solitaires ou réunies en épillets. — *Une panicule* est composée de plusieurs pédoncules qui partent de différents points de la tige, pour soutenir des fleurs ou
des épillets qui ne sont pas resserrés autour d'un
axe commun. — On dit que les épillets sont *fasci-
culés* lorsqu'ils sont serrés, sensiblement sessiles,
et qu'ils s'insèrent dans un même point de la tige
sans la terminer : s'ils la terminaient, ils forme-
raient *une tête.* — Si des épillets qui terminent la
tige sont sessiles, et lâches ou ouverts, ils sont *di-
gités :* s'ils ont des pédoncules assez longs, ils forment *une ombelle.* — Presque toutes les plantes graminées fournissent aux animaux un excellent fourrage.

ADDITIONS.

1. Genre TRAGUS. — *Tragus.*

La glume ou balle extérieure, est uniflore, à une seule valve ovale-convexe, aigüe, raide, munie en dehors d'aspérités crochues ; la balle florale est à deux valves inégales.

Les fleurs sont disposées en panicule semblable à un épi allongé.

2. Genre CALAMAGROSTIS. — *Calamagrostis*.

Ce genre diffère des agrostis, parceque la balle est couverte soit à sa base, soit sur toute sa surface, de poils longs et soyeux ; il se distingue des roseaux par ses épillets uniflores.

Les fleurs sont en panicule serrée ou étalée ; le port de ces plantes est souvent semblable à celui des roseaux.

3. Genre STIPE. — *Stipa*.

La glume est à deux valves acérées ; la balle est à deux valves, dont l'extérieure porte au sommet une arête extrêmement longue, articulée à sa base.

Les fleurs sont en panicule.

4. Genre ÉGILOPE. — *Ægilops*.

La glume est à deux valves coriaces, dont l'extérieure se divise au sommet en 3 à 5 barbes raides ; elle renferme 3 fleurs, dont celle du milieu est mâle : les balles sont à 2 valves, dont l'extérieure se divise au sommet en 3 ou 4 barbes.

Les fleurs sont en épi et à demi-enfoncées dans les concavités de l'axe.

DIX-NEUVIÈME ANALYSE.

Plantes qui ont des fleurs unisexuelles monoïques.

Les plantes à fleurs *monoïques* sont celles qui portent sur le même pied deux sortes de fleurs, les unes mâles, qui ont des étamines sans avoir de pistil ; et les autres femelles, qui ont un pistil sans avoir d'étamines.

1. Tige herbacée......................... 3
2 Tige ligneuse......................... 57

3. Feuilles embrassant la tige par une gaine... 5
4. Feuilles n'ayant point de gaine à leur base. 12

5. Fleurs disposées en épis plus ou moins allongés.................................. 17
6. Fleurs disposées en boule.............. 11

7. Épis garnis de poils abondants de couleur
   brune............................... 9
8. Épis glabres, ou velus, mais nullement garnis
   de poils abondants de couleur brune...... 10

9. MASSETTE. — *Typha.*
10. CAREX. — *Carex.*
11. RUBANIER. — *Sparganium.*

12. Fleurs flottantes à la surface de l'eau sans s'y
    enfoncer et sans s'élever au-dessus....... 14
13. Plantes terrestres ou enfoncées dans l'eau.. 15

14. LENTICULE. — *Lemna.*

15. Tige nue............................. 17
16. Tige garnie de feuilles................. 21

17. Feuilles étroites et presque linéaires....... 19
18. Feuilles triangulaires et en forme de flèche. 20

19. LITTORELLE. — *Littorella.*
20. SAGITTAIRE. — *Sagittaria.*

21. Feuilles alternes...................... 23
22. Feuilles opposées ou verticillées.......... 39

23. Feuilles simples...................... 25
24. Feuilles ailées....................... 38

VINGTIÈME ANALYSE.

Plantes qui ont des fleurs unisexuelles dioïques.

Les plantes à fleurs *dioïques* sont celles qui por-

tent sur des pieds différents, des fleurs ou toutes
mâles, c'est-à-dire sans pistil; ou toutes femelles,
c'est-à-dire sans étamines.

1. Tige sarmenteuse ou grimpante............ 3
2. Herbe, ou arbre, dont la tige n'est ni sarmenteuse ni grimpante..................... 10

5. Feuilles découpées, palmées ou digitées.... 5
4. Feuilles simples et très-entières........... 9

5. Feuilles opposées....................... 7
6. Feuilles alternes....................... 8

7. HOUBLON. — *Humulus.*
8. BRYONE. — *Bryonia.*
9. TAMME. — *Tamus.*

10. Tige herbacée et non parasite............ 12
11. Tige ligneuse ou parasite............... 34

12. Feuilles filiformes..................... 14
15. Feuilles élargies...................... 15

14. ASPERGE. — *Asparagus.*

15. Plantes aquatiques, dont les tiges sont enfon-
    cées dans l'eau et dont les feuilles nagent à la
    surface............................. 17
16. Plantes terrestres, dont les tiges ne sont point
    enfoncées dans l'eau................... 18

17. HYDROCHARIS. — *Hydrocharis.*

18. Toutes les feuilles, ou la plupart des feuilles,
    opposées........................... 20
19. Toutes les feuilles alternes.............. 33

20. Feuilles simples...................... 22
21. Feuilles digitées ou ailées............... 29

VINGT-UNIÈME ANALYSE.

Plantes à fleurs *flosculeuses.*

Les fleurs *flosculeuses* sont composées de plusieurs
fleurons attachés à un même réceptacle et renfermés dans un calice commun : leurs étamines, au

nombre de cinq, se réunissent par leurs anthères et forment une gaine à travers laquelle passe le style, qui est terminé par un stigmate bifide.

Un fleuron est une petite corolle tubulée qui n'est découpée qu'à son extrémité supérieure. Ces découpures sont souvent très-peu sensibles; quelquefois cependant elles sont assez profondes. Il y a des fleurons *hermaphrodites* ou *bissexuels* qui ont des étamines et un pistil : il y en a de *stériles* qui n'ont ni pistil ni étamines; il y en a de *mâles* qui ont des étamines sans avoir de pistil; enfin il y en a de *femelles* qui ont un pistil sans avoir d'étamines.

14. CARTHAME. — *Carthamus.*

15. CIRSE. — *Cirsium.*

16. CHARDON. — *Carduus.*

17. ONOPORDONE. — *Onopordum.*

18. CHAUSSETRAPPE, *Dub.* (Voyez *Centaurée* [*chaussetrappe.*)

---

19. Réceptacle chargé de poils ou de paillettes. 21

20. Réceptacle nu et seulement garni d'alvéoles. 40

---

21. Semences nues et sans enveloppe......... 23

22. Semences renfermées dans une capsule garnie de pointes raides...................... 39

---

23. Fleurons extérieurs n'ayant ni styles ni étamines............................... 25

24. Tous les fleurons ayant un style et des étamines............................... 32

---

25. Écailles du calice ciliées ou pectinées, c'est-à-dire découpées comme les dents d'un peigne. 27

26. Écailles du calice seulement scarieuses et sèches à leur extrémité et sur leurs bords........ 31

---

27. Fleurs bleues.......................... 29

28. Fleurs rouges......................... 30

---

29. BLEUET, *Dub.* (Voyez *Centaurée bleuet.*)

30. CENTAURÉE. — *Centaurea.*

31. RAPONTIC, *Dub.* (Voyez *Centaurée jacée.*)

---

32. Écailles du calice terminées par une pointe courbée et crochue.................... 34

33. Écailles du calice non terminées par une pointe crochue............................ 35

---

34. BARDANE. — *Lappa.*

35. Semences chargées d'une aigrette de poils. 57
36. Semences nues, ou seulement terminées par deux dents........................ 38

_____

37. SARRÈTE. — *Serratula.*
38. BIDENT. — *Bidens.*
39. LAMPOURDE. — *Xanthium.*

40. Feuilles nulles ou entières, ou seulement an- guleuses........................ 42
41. Feuilles multifides, laciniées ou ailées.... 58

_____

42. Tiges garnies de feuilles : les fleurs paraissent après le développement des feuilles....... 44
43. Tiges garnies d'écailles : les fleurs paraissent avant le développement des feuilles....... 57

_____

44. Tiges et feuilles très-blanches et cotonneuses. 46
45. Tiges ou feuilles n'étant ni très-blanches ni co- tonneuses............................ 53

_____

46. Folioles du calice redressées et n'étant pas re- pliées sur les ovaires................... 48
47. Folioles du calice repliées sur les ovaires, qu'elles couvrent presque entièrement............ 52

_____

48. Calice dont les folioles forment un corps angu- leux et pointu........................ 50
49. Calice dont les folioles forment un corps ar- rondi et obtus........................ 51

_____

50. COTONNIÈRE, *Dub.* (Voyez *Gnaphale.*)
51. GNAPHALE. — *Gnaphalium.*
52. MICROPE. — *Micropus.*

_____

53. Feuilles linéaires..................... 55
54. Feuilles ovales lancéolées.............. 56

_____

11.

55. CHRYSOCOME. — *Chrysocoma.*

56. CONYSE. — *Conyza.*

57. TUSSILAGE. — *Tussilago.*

58. Calice oblong : feuilles n'étant pas deux fois
     ailées.................................. 60
59. Calice court et hémisphérique : feuilles infé-
     rieures deux fois ailées................ 67

60. Calice imbriqué : les écailles se recouvrent par
     gradation.............................. 62
61. Calice caliculé : un rang d'écailles à la base d'un
     calice simple.......................... 66

62. Fleurs rouges disposées en corymbe....... 64
63. Fleurs blanches ou verdâtres, disposées en grap-
     pes ou en épis......................... 65

64. EUPATOIRE. — *Eupatorium.*

65. ARMOISE. — *Artemisia.*

66. SENEÇON. — *Senecio.*

67. TANAISIE. — *Tanacetum.*

VINGT-DEUXIÈME ANALYSE.

Plantes semi-flosculeuses, ou chicoracées.

Les plantes *chicoracées* sont ainsi appelées parcequ'elles ont beaucoup de rapport avec la chicorée :
on les nomme aussi *semi-flosculeuses*, parceque leurs
fleurs sont composées de demi-fleurons réunis dans
un calice commun.

Un *demi-fleuron* est une petite corolle roulée en
cornet à son extrémité inférieure, et qui s'élargit
aussitôt en languette. Les demi-fleurons des plantes
chicoracées sont bissexuels ou hermaphrodites : ils
ont cinq étamines réunies par leurs anthères en

forme de gaine ; un style terminé par un stigmate bifide, et un ovaire presque toujours surmonté par une aigrette de poils.

Ces plantes répandent un suc laiteux, lorsqu'on les coupe près la racine.

1. Semences terminées par une aigrette de poils. 3
2. Semences nues et sans aigrette........... 40

3. Réceptacle nu 5
4. Réceptacle chargé de poils ou de paillettes. 36

5. Tige très-simple, nue et sans rejets rampants. 7
6. Tige branchue, ou feuillée, ou pluriflore, ou ayant à sa base des rejets rampants....... 11

7. Toutes les folioles du calice, excepté les intérieures, très-ouvertes et réfléchies........ 9
8. Toutes les folioles du calice redressées..... 10

9. PISSENLIT. — *Taraxacum.*
10. LIONDENT. — *Leontodon.*

11. Calice ayant à sa base un autre petit calice, ou ayant ses folioles d'inégale longueur....... 13
12. Calice simple, dont toutes les folioles sont d'égale longueur......................... 35

13. Calice caliculé, c'est-à-dire ayant à sa base un rang d'écailles ou de folioles............. 15
14. Calice imbriqué, c'est-à-dire dont les écailles se recouvrent par gradation.............. 25

15. Calice ne renfermant pas plus de dix fleurs. 17
16. Calice renfermant plus de dix fleurs...... 21

17. Calice ne renfermant que quatre, cinq ou six fleurs.................................. 19
18. Calice renfermant huit à dix fleurs....... 20

19. PRÉNANTHE, *Dub.* (V. *Chondrille des murs.*)
20. CHONDRILLE. — *Chondrilla.*

---

21. Toutes les feuilles entières................. 23
22. Toutes les feuilles, ou au moins les inférieures, pinnatifides........................... 24

23. PICRIDE. — *Picris.*
24. CRÉPIDE. — *Crepis.*

---

25. Semences à aigrette pédiculée ou plumeuse : écailles du calice scarieuses en leurs bords. 27
26. Semences à aigrette sessile et très-simple : écailles du calice non scarieuses en leurs bords. 31

---

27. Fleurs solitaires, ou portées sur de longs pédoncules................................ 29
28. Fleurs en corymbe, ou en grappe........... 30

29. SCORZONÈRE. — *Scorzonera.*
30. LAITUE. — *Lactuca.*

---

31. Feuilles laciniées, ou en lyre, ou garnies de cils légèrement épineux : calice très-ventru à sa base.................................. 33
32. Feuilles simples entières, ou profondément dentées, et dépourvues de cils épineux : calice peu ou point ventru à sa base................. 34

33. LAITRON. — *Sonchus.*
34. ÉPERVIÈRE. — *Hieracium.*
35. SALSIFIX. — *Tragopogon.*

---

36. Réceptacle chargé de poils............... 38
37. Réceptacle chargé de paillettes........... 39

38. ANDRYALE. — *Andryala.*
39. PORCELLE. — *Hypochœris.*

VINGT-TROISIÈME ANALYSE.

Plantes à fleurs radiées.

Les fleurs *radiées* sont composées d'une grande quantité de fleurons qui occupent le milieu ou le *disque* de la fleur, et de demi-fleurons plus ou moins nombreux qui forment vers la circonférence une couronne de rayons souvent très-agréable à la vue. Ces demi-fleurons sont ordinairement femelles, c'est-à-dire qu'ils ont un pistil et point d'anthères : quelquefois ils sont stériles.

Un fleuron est une petite corolle tubulée dans toute sa longueur, et qui est seulement découpée à son extrémité supérieure : ces découpures sont peu profondes dans les fleurs radiées.

Un *demi-fleuron* est une petite corolle roulée en cornet à sa base, et qui s'élargit aussitôt en languette.

1. Fleurs ne s'épanouissant qu'après le développement des feuilles...................... 3
2. Fleurs s'épanouissant avant le développement des feuilles : les tiges sont garnies d'écailles et non de feuilles proprement dites.......... 40

VINGT-QUATRIÈME ANALYSE.

Plantes à fleurs indistinctes, ou acotylédones.

Dubois nomme ainsi les champignons, les lichens, les mousses, les fougères, etc., dont la classification a été bien changée depuis : l'étude de ces plantes nombreuses, sans fleurs distinctes, à organes microscopiques, paraît rebutante à un grand nombre de botanistes, quoiqu'elle offre réellement beaucoup d'intérêt aux savants; mais comme ils sont à peu près les seuls qui s'en occupent, j'ai cru devoir les supprimer ici.

RÉCAPITULATION
des 24 Analyses précédentes.

1. *Analyse* générale.
2. *Plantes* qui ont les fleurs complètes, la corolle monopétale et régulière, l'ovaire dans la corolle, et dix étamines ou moins.
3. Plantes borraginées.
4. Plantes qui ont les fleurs complètes, la corolle monopétale et irrégulière, l'ovaire dans la corolle, et dix étamines ou moins.
5. Plantes qui ont les fleurs en masque.
6. Plantes labiées.
7. Plantes qui ont des fleurs complètes et polypétales, moins de onze étamines, et l'ovaire dans la corolle.
8. Plantes crucifères.
9. Plantes légumineuses, ou papillonacées.
10. Plantes qui ont plus de dix étamines, et les pétales insérés sur le calice.
11. Plantes qui ont des fleurs complètes, l'ovaire dans la corolle, plus de dix étamines, et les pétales non insérés sur le calice.
12. Plantes qui ont les fleurs incomplètes, et l'ovaire dans la corolle.
13. Plantes liliacées.

14. Plantes qui ont une corolle monopétale, et l'o-vaire sous la corolle.

15. Plantes qui ont la corolle polypétale, et l'ovaire sous la corolle.

16. Plantes ombellifères.

17. Plantes qui ont des fleurs bissexuelles et nues, c'est-à-dire dépourvues de calice et de corolle, et dont les étamines n'ont aucune enveloppe.

18. Plantes graminées.

19. Plantes qui ont des fleurs unisexuelles monoi-ques.

20. Plantes qui ont des fleurs unisexuelles dioïques.

21. Plantes à fleurs flosculeuses.

22. Plantes semi-flosculeuses, ou chicoracées.

23. Plantes à fleurs radiées.

24. Plantes à fleurs indistinctes, ou acotylédones.

TABLE ALPHABÉTIQUE FRANÇAISE

Des Plantes comprises dans lesdites Analyses.

L'usage principal de cette table est de faciliter les recherches, afin de pouvoir revenir du nom d'une plante connue à son analyse, ainsi que je vais l'expliquer.

Je suppose, par exemple, que connaissant le *genre rosier*, on veuille en lire l'analyse, il faudra :

1 ° Chercher dans la table le mot *rosier*, qui renvoie à la page 97, où l'on trouve ce mot sous le numéro 45 de la 15ᵉ analyse.

2° Chercher dans cette 15ᵉ analyse, en remontant du bas en haut des pages et à droite, le même numéro 45 : il est précédé de la phrase *tige épineuse*, sous le numéro 43, qui déjà appartient au genre rosier.

3° Chercher encore, toujours en remontant et à droite, le numéro 43, qui est précédé de la phrase *feuilles ailées*, sous le numéro 41.

4° Chercher de même le numéro 41, précédé de la phrase *tige ligneuse*, sous le numéro 27 : mais ce numéro 27 étant ici postérieur au numéro 26, auquel il est accolé, c'est ce dernier qu'il faut chercher, en remontant à droite ; et en continuant ainsi, l'on trouvera successivement *six étamines ou plus*, et *cinq pétales ou moins*. — La réunion de toutes ces phrases, en lettres italiques, ajoutées au titre de la 15ᵉ analyse, formera la description analytique du *genre rosier*, ainsi qu'il suit :

Corolle polypétale, ovaire sous la corolle, cinq pétales ou moins, six étamines ou plus, tige ligneuse, feuilles ailées, tige épineuse. Et si l'on veut encore y ajouter ce que comprend l'analyse générale, en ce qui est relatif à la 15ᵉ analyse, on cherchera dans cette analyse générale, à droite des pages, la phrase 15ᵉ *analyse*, qu'on trouvera page 49; puis en remontant, ainsi qu'on l'a fait précédemment, on trouvera, sans répéter ce qui est déjà exprimé ci-dessus : *fleurs distinctes, disjointes et bissexuelles.*

Enfin, on pourra appliquer la même méthode à toute autre plante, ainsi qu'à l'analyse des espèces, dans la 2e partie de cet ouvrage, qui donnerait par exemple, pour le *rosier velu* (n° 6) *feuilles velues et blanchâtres : fruits très-gros : fleurs plus ou moins rouges, arbrisseau droit, rameux, de 3 à 6 pieds, etc.*

Ainsi, avec l'analyse, on arrivera facilement au nom d'une plante inconnue; et avec le nom d'une plante connue l'on reviendra à son analyse.

Pour peu qu'on se soit exercé à ce genre de travail, on en reconnaîtra la facilité et l'utilité.

TABLE ALPHABÉTIQUE LATINE
Des mêmes Plantes, avec la traduction française.

Acer, *Érable.*
Achillea, *Achillée.*
Adonis, *Adonide.*
Adoxa, *Adoxe.*
Ægilops, *Égilope.*
Ægopodium, *Égopode.*
Æsculus, *Marronnier.*
Æthusa, *Éthuse.*
Agrimonia, *Aigremoine.*
Agrostis, *Agrostis.*
Aira, *Canche.*
Ajuga, *Bugle.*
Alchemilla, *Alchimille.*
Alisma, *Fluteau.*
Allium, *Ail.*
Alopecurus, *Vulpin.*
Alsine, *Alsine.*
Althæa, *Guimauve.*
Alyssum, *Alysson.*
Amaranthus, *Amaranthe*

Amygdalus, *Amandier.*
Anagallis, *Mouron.*
Anchusa, *Buglosse.*
Andropogon, *Barbon.*
Andryala, *Andryale.*
Anemone, *Anémone.*
Anethum, *Aneth.*
Anthemis, *Camomille.*
Anthoxanthum, *Flouve.*
Anthyllis, *Anthyllide.*
Antirrhinum, *Muflier.*
Apium, *Ache.*
Aquilegia, *Ancolie.*
Arabis, *Arabette.*
Arenaria, *Sabline.*
Aristolochia, *Aristoloche.*
Armeniaca, *Abricotier.*
Arnica, *Arnique.*
Artemisia, *Armoise.*
Arum, *Gouet.*

Arundo, *Roseau.*
Asarum, *Asaret.*
Asclepias, *Asclépiade.*
Asparagus, *Asperge.*
Asperugo, *Rapette.*
Asperula, *Aspérule.*
Asphodelus, *Asphodèle.*
Astragalus, *Astragale.*
Atriplex, *Arroche.*
Avena, *Avoine.*
Ballota, *Ballote.*
Bellis, *Pâquerette.*
Berberis, *Vinettier.*
Betonica, *Bétoine.*
Betula, *Bouleau.*
Bidens, *Bident.*
Blitum, *Blite.*
Borrago, *Bourrache.*
Brassica, *Chou.*
Briza, *Brize.*
Bromus, *Brome.*
Brunella, *Brunelle.*
Bryonia, *Bryone.*
Bunium, *Bunium.*
Buplevrum, *Buplèvre.*
Butomus, *Butome.*
Buxus, *Buis.* [grostis.
Calamagrostis, *Calama-*
Calendula, *Souci.*
Callitriche, *Callitriche.*
Caltha, *Populage.*
Campanula, *Campanule.*
Cannabis, *Chanvre.*
Cardamine, *Cresson.*
Carduus, *Chardon.*
Carex, *Carex.*
Carlina, *Carline.*
Carpinus, *Charme.*
Carthamus, *Carthame.*

Castanea, *Châtaignier.*
Caucalis, *Caucalide.*
Centaurea, *Centaurée.*
Centunculus, *Centenille.*
Cerastium, *Céraiste.*
Ceratophyllum, *Cornifle*
Cerasus, *Cerisier.*
Chærophyllum, *Cerfeuil*
Chara, *Charagne.*
Cheiranthus, *Giroflée.*
Chelidonium, *Chelidoine*
Chenopodium, *Ansérine.*
Chlora, *Chlore.*
Chondrilla, *Chondrille.*
Chrysanthemum, *Chry-*
[*santhême.*
Chrysocoma, *Chrysocome*
Chrysosplenium, *Dorine*
Cichorium, *Chicorée.*
Cicuta, *Cigüe.*
Cicutaria, *Cicutaire.*
Circæa, *Circée.*
Cirsium, *Cirse.*
Clématis, *Clématite.*
Clinopodium, *Clinopode.*
Cochlearia, *Cranson.*
Colchicum, *Colchique.*
Comarum, *Comaret.*
Convallaria, *Muguet.*
Convolvulus, *Liseron.*
Conysa, *Conyse.*
Coreopsis, *Coriope.*
Coriandrum, *Coriandre.*
Coronilla, *Coronille.*
Cornus, *Cornouiller.*
Corrigiola, *Corrigiole.*
Corylus, *Coudrier.*
Crassula, *Crassule.*
Cratægus, *Alisier.*

12*

Crepis, *Crépide.*

Crocus, *Safran.*

Crucianella, *Crucianelle.*

Cucubalus, *Cucubale.*

Cuscuta, *Cuscute.*

Cyclamen, *Cyclamen.*

Cynoglossum, *Cynoglosse*

Cynosurus, *Cynosure.*

Cyperus, *Souchet.*

Cytisus, *Cytise.*

Dactylis, *Dactyle.*

Daphne, *Daphné.*

Datura, *Datura.*

Daucus, *Carotte.*

Delphinium, *Dauphinelle*

Dianthus, *OEillet.*

Digitalis, *Digitale.*

Dipsacus, *Cardère.*

Draba, *Drave.*

Drosera, *Rossolis.*

Echinops, *Échinope.*

Echium, *Vipérine.*

Elatine, *Élatine.*

Epilobium, *Épilobe.*

Epipactis, *Épipactis.*

Erica, *Bruyère.*

Erigeron, *Vergerette.*

Eriophorum, *Linaigrette*

Ervum, *Ers.*

Eryngium, *Panicaut.*

Erysimum, *Vélar.*

Eupatorium, *Eupatoire.*

Euphorbia, *Euphorbe.*

Euphrasia, *Euphraise.*

Evonymus, *Fusain.*

Faba, *Fève.*

Fagus, *Hêtre.*

Festuca, *Fétuque.*

Ficaria, *Ficaire.*

Fragaria, *Fraisier.*

Fraxinus, *Frêne.*

Fritillaria, *Fritillaire.*

Fumaria, *Fumeterre.*

Galanthus, *Galantine.*

Galeopsis, *Galéopsis.*

Galium, *Gaillet.*

Genista, *Genêt.*

Gentiana, *Gentiane.*

Geranium, *Géranium.*

Geum, *Benoite.*

Gladiolus, *Glayeul.*

Glechoma, *Gléchome.*

Globularia, *Globulaire.*

Gnaphalium, *Gnaphale.*

Gratiola, *Gratiole.*

Gypsophila, *Gypsophile.*

Hedera, *Lierre.*

Hedysarum, *Sainfoin.*

Helianthemum, *Hélian-*
[*thème.*

Heliotropium, *Héliotrope*

Helleborus, *Hellébore.*

Heracleum, *Berce.*

Herniaria, *Herniaire.*

Hieracium, *Épervière.*

Hippocrepis, *Hippocrépis.*

Holcus, *Houque.*

Hordeum, *Orge.*

Hottonia, *Hottone.*

Humulus, *Houblon.*

Hyacinthus, *Jacinthe.*

Hydrocharis, *Hydrocaris*

Hydrocotyle, *Hydrocotyle*

Hyosciamus, *Jusquiame.*

Hypericum, *Millepertuis.*

Hypochæris, *Porcelle.*

Hyssopus, *Hysope.*

Iberis, *Ibéride.*

Ilex, *Houx*.
Imperatoria, *Impératoire*
Inula, *Inule*.
Iris, *Iris*.
Isatis, *Pastel*.
Isnardia, *Isnarde*.
Jasione, *Jasione*.
Juglans, *Noyer*.
Juncus, *Jonc*.
Juniperus, *Genévrier*.
Lactuca, *Laitue*.
Lamium, *Lamier*.
Lampsana, *Lampsane*.
Lappa, *Bardane*.
Laserpitium, *Laser*.
Lathyrus, *Gesse*.
Lemna, *Lenticule*.
Leontodon, *Liondent*.
Leonurus, *Agripaume*.
Lepidium, *Passerage*.
Ligustrum, *Troêne*.
Lilac, *Lilas*.
Limosella, *Limoselle*.
Linaria, *Linaire*.
Linum, *Lin*.
Lithospermum, *Grémil*.
Littorella, *Littorelle*.
Lobelia, *Lobélie*.
Lolium, *Yvraie*.
Lonicera, *Chèvrefeuille*.
Lotus, *Lotier*.
Lupinus, *Lupin*.
Lychnis, *Lychnide*.
Lycopsis, *Lycopside*.
Lycopus, *Lycope*.
Lysimachia, *Lysimaque*.
Lythrum, *Salicaire*.
Malus, *Pommier*.
Malva, *Mauve*.

Marrubium, *Marrube*.
Matricaria, *Matricaire*.
Medicago, *Luzerne*.
Melampyrum, *Mélam-* [*pyre*.
Melica, *Mélique*.
Melilotus, *Mélilot*.
Melissa, *Mélisse*.
Melittis, *Mélitte*.
Mentha, *Menthe*.
Menyanthes, *Ményanthe*.
Mercurialis, *Mercuriale*.
Mespilus, *Néflier*.
Micropus, *Micrope*.
Monotropa, *Monotrope*.
Montia, *Montie*.
Morus, *Mûrier*.
Myagrum, *Caméline*.
Myosotis, *Myosote*.
Myosurus, *Ratoncule*.
Myrica, *Myrica*. [*d'Eau*.
Myriophyllum, *Volant-*
Narcissus, *Narcisse*.
Nardus, *Nard*.
Nepeta, *Népéta*.
Nigella, *Nigelle*.
Nymphæa, *Nénuphar*.
OEnanthe, *OEnanthe*.
OEnothera, *Onagre*.
Ononis, *Ononis*.
Onopordum, *Onopordone*
Ophrys, *Ophrys*.
Orchis, *Orchis*.
Origanum, *Origan*.
Ornithogalum, *Ornitho-* [*gale*.
Ornithopus, *Ornithope*.
Orobanche, *Orobanche*.
Orobus, *Orobe*.
Oxalis, *Oxalide*.

Panicum, *Panic.*
Papaver, *Pavot.*
Parietaria, *Pariétaire.*
Paris, *Parisette.*
Parnassia, *Parnassie.*
Paronychia, *Paronyque.*
Paspalum, *Paspale.*
Pastinaca, *Panais.*
Pedicularis, *Pédiculaire.*
Peplis, *Péplide.*
Peucedanum, *Peucédane*
Phalangium, *Phalangère*
Phalaris, *Phalaris.*
Phaseolus, *Haricot.*
Phleum, *Phléole.*
Physalis, *Coqueret.*
Phyteuma, *Raiponce.*
Picris, *Picride.*
Pimpinella, *Boucage.*
Pinguicula, *Grassette.*
Pinus, *Pin.*
Pisum, *Pois.*
Plantago, *Plantain.*
Poa, *Paturin.*
Polycnemum, *Polycnème*
Polygala, *Polygala.*
Polygonum, *Renouée.*
Populus, *Peuplier.*
Portulaca, *Pourpier.*
Potamogeton, *Potamot.*
Potentilla, *Potentille.*
Poterium, *Pimprenelle.*
Primula, *Primevère.*
Prunus, *Prunier.*
Pulmonaria, *Pulmonaire*
Pyrus, *Poirier.*
Quercus, *Chêne.*
Ranunculus, *Renoncule.*
Raphanus, *Radis.*

Reseda, *Réséda.*
Rhamnus, *Nerprun.*
Rhinanthus, *Rhinanthe.*
Ribes, *Groseiller.*
Robinia, *Robinier.*
Rosa, *Rosier.*
Rubus, *Ronce.*
Rumex, *Rumex.*
Ruscus, *Fragon.*
Sagina, *Sagine.*
Sagittaria, *Sagittaire.*
Salix, *Saule.*
Salvia, *Sauge.*
Sambucus, *Sureau.*
Samolus, *Samole.*
Sanicula, *Sanicle.*
Saponaria, *Saponaire.*
Saxifraga, *Saxifrage.*
Scabiosa, *Scabieuse.*
Scandix, *Scandix.*
Schœnus, *Choin.*
Scilla, *Scille.*
Scirpus, *Scirpe.*
Scleranthus, *Gnavelle.*
Scolymus, *Scolyme.*
Scorzonera, *Scorzonère.*
Scrophularia, *Scrophu-*
                      [laire.
Scutellaria, *Toque.*
Secale, *Seigle.*
Sedum, *Sédum.*
Selinum, *Sélin.*
Sempervivum, *Joubarbe.*
Senecio, *Seneçon.*
Serratula, *Sarrète.*
Seseli, *Séséli.*
Sherardia, *Shérarde.*
Sideritis, *Crapaudine.*
Silene, *Silené.*

Sinapis, *Moutarde.*
Sisymbrium, *Sisymbre.*
Sium, *Berle.*
Solanum, *Morelle.*
Solidago, *Solidage.*
Sonchus, *Laitron.*
Sorbus, *Sorbier.*
Sparganium, *Rubanier.*
Spergula, *Spargoute.*
Spiræa, *Spirée.*
Stachys, *Épiaire.*
Statice, *Statice.*
Stellaria, *Stellaire.*
Stellera, *Stellère.*
Stipa, *Stipe.*
Symphytum, *Consoude.*
Tamus, *Tamne.*
Tanacetum, *Tanaisie.*
Taraxacum, *Pissenlit.*
Teucrium, *Germandrée.*
Thalictrum, *Pigamon.*
Thesium, *Thésion.*
Thlaspi, *Tabouret.*
Thymus, *Thym.*
Tilia, *Tilleul.*
Tofieldia, *Tofieldie.*

Tordylium, *Tordyle.*
Tormentilla, *Tormentille*
Tragopogon, *Salsifix.*
Tragus, *Tragus.*
Trapa, *Macre.*
Trifolium, *Trèfle.*
Triglochin, *Troscart.*
Triticum, *Froment.*
Tulipa, *Tulipe.*
Tussilago, *Tussilage.*
Typha, *Massette.*
Ulex, *Ajonc.*
Ulmus, *Orme.*
Urtica, *Ortie.*
Utricularia, *Utriculaire.*
Valeriana, *Valériane.*
Verbascum, *Molène.*
Verbena, *Verveine.*
Veronica, *Véronique.*
Viburnum, *Viorne.*
Vicia, *Vesce.*
Vinca, *Pervenche.*
Viola, *Violette.*
Viscum, *Guy.*
Vitis, *Vigne.*
Xanthium, *Lampourde.*

TABLEAU SYNOPTIQUE
Des familles naturelles des mêmes plantes.

Ce tableau est disposé selon l'ordre de la flore française de MM. de Lamarck et de Candolle, (3ᵉ édition).

Il faut, pour le bien comprendre, se reporter à ce que disent les auteurs même de cette flore dont je ne rapporterai que quelques lignes essentielles.

« Le but d'un ordre naturel est d'enchaîner tou-
» tes nos idées, de nous faire saisir tous les points
» communs par lesquels les êtres se tiennent les
» uns aux autres, de n'offrir aucun objet à nos re-
» gards, sans nous montrer en même temps tout
» ce qui existe en deçà et au-delà, et de nous exer-
» cer par ce moyen à ces grandes vues qui parcou-
» rent toute la sphère d'un sujet et qui sont, pour
» ainsi dire, le coup-d'œil du génie.

» Il est certain que nous ne saisirons jamais le
» plan vaste et magnifique qui a dirigé l'être-suprême
» dans la formation de cet univers ; mais, au défaut
» de cette connaissance, il faut nous en tenir à ce
» qui est proportionné à nos lumières, et borner
» nos recherches à arranger les individus relative-
» ment à notre manière de voir et de comparer les
» objets quand nous voulons les rapprocher ou les
» éloigner les uns des autres, selon qu'ils ont entre
» eux plus ou moins de ressemblance ; c'est-à-dire
» qu'ayant déterminé une plante quelconque pour
» être la première de l'ordre, on placera immédia-
» tement après, celle de toutes les plantes connues
» qui paraîtra avoir le plus de rapport avec elle, et
» on continuera la même gradation de nuance jus-
» qu'à ce qu'on soit parvenu à la plante qui diffé-
» rera le plus de la première, et qui, par cette rai-
» son, formera comme le dernier anneau de la
» chaine. »

Cette chaine cependant ne pourrait être complète
que dans une flore universelle, ainsi que le dit de
Candolle lui-même, tandis que dans une flore lo-
cale elle se trouve souvent interrompue, puisque
certaines familles n'y figurent pas du tout et que
d'autres ne renferment qu'une ou deux plantes ;

mais, sachant à quoi s'en tenir sur ce point, ce tableau n'en sera pas moins utile.

Il faut se rappeler aussi que l'ordre suivi par Dubois, même dans ses analyses, n'est pas toujours d'accord avec celui-ci. (Voyez page 39, n° 267.)

1ʳᵉ CLASSE. PLANTES ACOTYLÉDONES,
Supprimées dans cet ouvrage, (V. page 127).

2ᵉ CLASSE. PLANTES MONOCOTYLÉDONES,
13 familles pour 68 genres, savoir :

NAYADES, 2. Charagne, lenticule.

GRAMINÉES, 28. Flouve, vulpin, phléole, phalaris, tragus, panic, paspale, agrostis, calamagrostis, stipe, mélique, avoine, canche, roseau, fétuque, paturin, brize, brome, dactyle, cynosure, nard, égilope, froment, seigle, yvraie, orge, barbon, houque.

CYPÉRACÉES, 5. Carex, linaigrette, scirpe, choin, souchet.

TYPHACÉES, 2. Massette, rubanier.

AROÏDES, 1. Gouet.

JONCÉES, 1. Jonc.

ASPARAGÉES, 5. Asperge, parisette, muguet, fragon, tamme.

ALISMACÉES, 5. Potamot, fluteau, sagittaire, butôme, troscart.

COLCHICACÉES, 2. Tofieldie, colchique.

LILIACÉES, 10. Tulipe, fritillaire, asphodèle, jacinthe, phalangère, scille, ornithogale, ail, narcisse, galantine.

IRIDÉES, 3. Iris, glayeul, safran.

ORCHIDÉES, 3. Orchis, ophrys, épipactis.

HYDROCHARIDÉES, 1. Hydrocaris.

3ᵉ CLASSE. PLANTES DICOTYLÉDONES,

57 familles pour 332 genres, savoir :

CONIFÈRES, 2. Pin, genévrier.

AMENTACÉES, 10. Saule, peuplier, myrica, bouleau, charme, hêtre, châtaignier, coudrier, chêne, orme.

URTICÉES, 6. Mûrier, houblon, ortie, pariétaire, chanvre, lampourde.

EUPHORBIACÉES, 3. Mercuriale, euphorbe, buis.

ARISTOLOCHES, 2. Aristoloche, asaret.

ÉLÉAGNÉES, 1. Thésion.

THYMÉLÉES, 2. Daphné, stellère.

POLYGONÉES, 2. Renouée, rumex.

CHÉNOPODÉES, 4. Blite, arroche, ansérine, polycnème.

AMARANTHACÉES, 3. Amaranthe, paronyque, herniaire.

PLANTAGINÉES, 2. Plantain, littorelle.

PLUMBAGINÉES, 1. Statice.

GLOBULAIRES, 1. Globulaire.

PRIMULACÉES, 7. Centenille, mouron, lysimaque, hottone, primevère, cyclamen, samole.

RHINANTHACÉES, 8. Polygala, véronique, euphraise, rhinanthe, pédiculaire, mélampyre, orobanche, monotrope.

JASMINÉES, 3. Lilas, frêne, troène.

PYRÉNACÉES, 1. Verveine.

LABIÉES, 23. Lycope, sauge, bugle, germandrée, hysope, népéta, crapaudine, menthe, gléchome, lamier, galéopsis, bétoine, épiaire, ballote, marrube, agripaume, clinopode, origan, thym, mélisse, mélitte, brunelle, toque.

PERSONNÉES, 8. Utriculaire, grassète, limoselle, scrophulaire, linaire, muflier, digitale, gratiole.

SOLANÉES, 5. Molène, jusquiame, datura, coqueret, morelle.

BORRAGINÉES, 11. Héliotrope, vipérine, grémil, pulmonaire, consoude, myosote, buglosse, lycopside, rapette, cynoglosse, bourrache.

CONVOLVULACÉES, 2. Liseron, cuscute.

GENTIANÉES, 3. Ményanthe, chlore, gentiane.

APOCYNÉES, 2. Pervenche, asclépiade.

ÉRICACÉES, 1. Bruyère.

CUCURBITACÉES, 1. Bryone.

CAMPANULACÉES, 4. Campanule, raiponce, lobélie, jasione.

COMPOSÉES, 45. Lampsane, chondrille, laitue, laitron, épervière, andryale, crépide, pissenlit, porcelle, liondent, picride, scorzonère, salsifix, chicorée, scolyme, échinope, carthame, onopordone, bardane, chardon, sarrète, centaurée, cirse, carline, eupatoire, gnaphale, conyse, chrysocome, vergerette, inule, solidage, tussilage, seneçon, arnique, souci, chrysanthême, matricaire, pâquerette, tanaisie, armoise, micrope, camomille, achillée, bident, coriope.

DIPSACÉES, 2. Cardère, scabieuse.

VALÉRIANÉES, 1. Valériane.

RUBIACÉES, 4. Shérarde, aspérule, crucianelle, gaillet.

CAPRIFOLIACÉES, 6. Chèvrefeuille, guy, viorne, sureau, cornouiller, lierre.

OMBELLIFÈRES, 27. Égopode, boucage, séséli, impératoire, cerfeuil, scandix, coriandre, éthuse cicutaire, œnanthe, berle, laser, berce, sélin,

cigüe, bunium, carotte, caucalide, tordyle, peucédane, ache, aneth, panais, buplèvre, sanicle,
panicaut, hydrocotyle.

SAXIFRAGÉES, 3. Saxifrage, dorine, adoxe.

CRASSULACÉES, 3. Crassule, sédum, joubarbe.

PORTULACÉES, 4. Corrigiole, pourpier, montie,
gnavelle.

GROSEILLERS, 1. Groseiller.

SALICARIÉES, 3. Salicaire, péplide, cornifle.

ONAGRAIRES, 7. Callitriche, volant-d'eau, circée,
macre, isnarde, onagre, épilobe.

ROSACÉES, 20. Pommier, poirier, alisier, néflier,
sorbier, rosier, pimprenelle, aigremoine, alchimille, tormentille, potentille, fraisier, comaret,
benoite, ronce, spirée, cerisier, prunier, abricotier, amandier.

LÉGUMINEUSES, 23. Ajonc, genêt, cytise, lupin,
ononis, anthyllide, trèfle, mélilot, luzerne, lotier, haricot, robinier, astragale, gesse, pois,
orobe, vesce, fève, ers, ornithope, hippocrépis,
coronille, sainfoin.

TÉRÉBINTHACÉES, 1. Noyer.

FRANGULACÉES, 3. Fusain, houx, nerprun.

BERBÉRIDÉES, 1. Vinettier.

PAPAVÉRACÉES, 4. Nénuphar, pavot, chélidoine,
fumeterre.

CRUCIFÈRES, 16. Radis, moutarde, chou, giroflée, vélar, sisymbre, cresson, arabette, alysson,
drave, cranson, passerage, tabouret, ibéride,
caméline, pastel.

CAPPARIDÉES, 3. Réséda, parnassie, rossolis.

CARIOPHYLLÉES, 14. Gypsophile, saponaire,
œillet, silené, cucubale, lychnide, sagine, alsine, élatine, spargoute, céraiste, sabline, stellaire, lin.

VIOLACÉES, 1. Violette.

CISTES, 1. Hélianthème.

TILIACÉES, 1. Tilleul.

MALVACÉES, 2. Mauve, guimauve.

GÉRANIÉES, 2. Géranium, oxalide.

SARMENTACÉES, 1. Vigne.

HYPÉRICÉES, 1. Millepertuis.

ÉRABLES, 2. Érable, marronnier.

RENONCULACÉES, 12. Clématite, pigamon, anémone, ficaire, adonide, renoncule, ratoncule,
hellébore, nigelle, ancolie, dauphinelle, populage.

Total général : 70 familles, pour 400 genres.

VOCABULAIRE

Des principaux termes de Médecine employés dans cet ouvrage.

Pour faire connaître, en peu de mots, les principales propriétés des plantes, les médecins se servent de plusieurs termes dont j'ai cru qu'il serait utile de donner l'explication.

Les plantes anodines sont celles qui calment les douleurs.

Les anti-scorbutiques sont propres à guérir le scorbut.

Les anti-spasmodiques sont adoucissantes et *émollientes*. (Voyez ce mot.)

Les apéritives ont la propriété de lever les obstructions formées dans les reins, le foie, le mésentère et les autres parties du bas-ventre.—La plupart des plantes diurétiques sont apéritives.

Les assoupissantes provoquent le sommeil. (Voyez *les narcotiques.*)

Les béchiques sont bonnes pour la poitrine : on les emploie utilement pour appaiser la toux et faciliter l'expectoration.

Les carminatives chassent les vents et soulagent beaucoup dans certaines coliques.

Les céphaliques sont celles qu'on emploie pour guérir les maladies qui affectent le cerveau, comme l'apoplexie, la paralysie, l'épilepsie, la léthargie et la plupart des maladies qui sont accompagnées de mouvements convulsifs.

Les cordiales sont celles qui rétablissent le cours du sang dans le cœur et dans toute l'habitude du

corps ; on les emploie utilement dans les défaillan-
ces, les évanouissements, etc.

Les diurétiques provoquent les urines.

Les émétiques sont celles qui excitent le vomisse-
ment.

Les émollientes ont la propriété d'amollir et de re-
lâcher les fibres trop tendues, dans les inflammations
externes et internes, et d'adoucir l'âcreté des humeurs.

Les errhines, ou *sternutatoires*, sont celles qui
excitent l'éternuement.

Les fébrifuges sont celles qu'on emploie contre la
fièvre.

Les hépatiques et *les spléniques* sont employées pour
guérir les maladies du foie et de la rate.

Les hystériques sont celles dont on se sert pour
guérir les personnes du sexe qui ont la jaunisse, ou
d'autres maladies analogues.

Les narcotiques provoquent le sommeil : plusieurs
de ces plantes sont des poisons dangereux, qu'on
ne peut employer utilement qu'avec de grandes
précautions.

Les odontalgiques apaisent les douleurs de dents.

Les ophtalmiques sont propres à guérir les maladies des yeux.

Les purgatives ont la propriété de faire évacuer les
humeurs des intestins.

Les rafraîchissantes ont beaucoup de rapport avec
les émollientes : on les emploie dans les fièvres ar-
dentes, les inflammations des viscères, les réten-
tions d'urine, etc., parcequ'elles ont la propriété
d'adoucir l'âcreté des humeurs et de modérer leur
activité.

13*

Les résolutives dissolvent les matières dures et épaissies, qui gênent le mouvement des solides et les disposent à la suppuration.

Les spléniques ont les propriétés des hépatiques.

Les sternutatoires excitent l'éternuement.

Les stomachiques fortifient l'estomac et facilitent la digestion des aliments.

Les sudorifiques excitent souvent des sueurs et toujours une transpiration abondante.

Les vermifuges ont la propriété de chasser les vers qui s'engendrent dans l'estomac et les intestins : la plupart des stomachiques sont vermifuges.

Les vulnéraires apéritives sont en même temps vulnéraires et apéritives : on les emploie utilement pour dissiper les obstructions.

Les vulnéraires astringentes ont la propriété d'arrêter le sang, en resserrant les vaisseaux qui ont été rompus, ou extérieurement ou intérieurement.

Les vulnéraires détersives nettoient les plaies, en faisant tomber les mauvaises chairs qui entretiennent la pourriture et empêchent la formation de la cicatrice.

LA BOTANIQUE
SANS MAITRE.

—

DEUXIÈME PARTIE,

Contenant : 1° l'analyse des espèces principales des plantes de la première partie, disposées selon l'ordre alphabétique ; — 2° leurs noms français, latins, vulgaires et de famille, suivis de quelques détails sur la couleur, la disposition des fleurs, etc. ; — 3° leurs principales propriétés et leurs usages en médecine, dans les arts et dans l'économie domestique ; — 4° l'indication des lieux ou on les trouve habituellement ; — 5° une table de renvoi des noms vulgaires et autres synonymes, a ceux de l'analyse.

—◆—

PLANTES

DE L'INTÉRIEUR DE LA FRANCE.

———◆———

ANALYSE des ESPÈCES, etc.

———◆———

Nota. Les noms entre parenthèses, placés immédiatement après ceux du genre de chaque plante, indiquent sa famille; le mot *plante* est partout sous-entendu : ainsi, *rosacée* veut dire *plante rosacée,* ou de la famille des rosacées; *ombellifère,* de la famille des ombellifères, etc., et pour ne pas répéter à chaque espèce le nom entier du genre, on l'a remplacé par son initiale, ou première lettre, tant en français qu'en latin.

ABRICOTIER : *Armeniaca.* (Rosacée.)
1. **A. commun** : *A. Vulgaris.* Arbre à fleurs blanches, sessiles, groupées; fruit alimentaire; bois propre aux ouvrages de tour, de tabletterie, etc. Gomme émolliente. *L'abricotier est originaire d'Arménie, mais il est naturalisé en France.*
ACHE : *Apium.* (Ombellifère.)
1. **A. odorante** : *A. graveolens.* Vulgairement *persil odorant.* Fleurs jaunâtres, en ombelles, dont la plupart sont axillaires et sessiles; plante vénéneuse, médicinale, apéritive, fébrifuge et anti-scorbutique. *Marais, bord des ruisseaux.*

ACHILLÉE. : *Achillea.* (Composée.)

A. *Feuilles simples et dentées,* 1.

B. *Feuilles multifides : tige haute de* 10 *à* 15 *pouces,* 2.

C. *Feuilles multifides : tiges hautes de* 18 *à* 30 *pouces,* 3.

1. **A. sternutatoire** : *A.* ptarmica. Vulg. *ptarmique.* Fl. blanches, en corymbe élégant; feuilles sternutatoires; racines odontalgiques. *Prés humides.*

2. **A. mille-feuille** : *A.* millefolium. Vulg. *herbe-à-la-coupure.* Fl. blanches ou purpurines, en corymbe; pl. méd. vulnéraire, astringente. *Bord des chemins et des champs.*

3. **A. compacte** : *A.* compacta. Fl. d'un blanc jaunâtre, en corymbe, très-nombreuses. *Bois montagneux.*

ADONIDE : *Adonis.* (Renonculacée.)

A. *Pétales étroits, linéaires, et d'un rouge clair, ou jaunâtres,* 1.

B. *Pétales arrondis et d'un pourpre foncé,* 2.

1. **A. annuelle** : *A.* annua. Fl. rouges ou jaunâtres, solitaires, d'une grandeur très-variable. *Champs, moissons.*

2. **A. d'automne** : *A.* autumnalis. Vulg. *goutte-de-sang.* Fl. d'un pourpre foncé. Ce n'est, selon de Candolle, qu'une variété de la précédente. *Mêmes lieux.*

ADOXE : *Adoxa.* (Saxifragée.)

1. **A. moscatelline** : *A.* moscatellina. Vulg. *herbe-au-musc.* Fl. en tête, d'un vert jaunâtre, serrées, sessiles, à odeur de musc. *Lieux humides et couverts.*

AGRIPAUME : *Leonurus.* (Labiée.)

1. **A. cardiaque** : *L.* cardiaca. Vulg. *queue-de-lion.* Fl. en verticilles, d'un rouge clair, mêlé de blanc; on l'employait autrefois dans la Cardialgie. *Haies, lieux incultes.*

AGROSTIS : *Agrostis*. (Graminée.)

A. *Fleurs disposées en épi*, 1.

B. *Fleurs disposées en panicule et sans barbes.*

C. *Fleurs disposées en panicule et garnies de barbes.*

B. { *Tiges rameuses, couchées dans leur plus grande partie, et poussant des racines à la plupart de leurs articulations*, 2. *Tiges simples, et droites dans leur plus grande partie*, 3.

C. { *Barbes étant une fois plus longues que les balles*, 4. *Barbes trois fois plus longues que les balles : panicule resserrée et interrompue, dont les rameaux n'ont pas plus d'un pouce de long*, 5. *Barbes trois fois plus longues que les balles : panicule ample, dont les rameaux ont plus d'un pouce de long*, 6.

1. **A. naine** : *A. minima.* Fl. en épis filiformes, rougeâtres, en gazon serré, haut de deux pouces; bon fourrage. *Champs sablonneux, vignes.*

2. **A. traçante** : *A. stolonifera.* Cette plante varie beaucoup pour son port, sa couleur et sa grandeur; panicule blanchâtre, roussâtre, ou d'un violet pourpre; bon fourrage. *Champs, bois, bord des fossés.*

3. **A. vulgaire** : *A. vulgaris.* Panicule étalée, finement ramifiée, un peu resserrée avant et après la floraison, ordinairement violette ou brunâtre. *Prés, bois, champs.*

4. **A. des chiens** : *A. canina.* Panicule oblongue, resserrée avant et après la floraison; glumes presque toujours violettes; balles blanches. *Prairies humides.*

5. **A. interrompue** : *A. interrupta.* Fl. très-petites et disposées en une panicule resserrée, interrompue et longue de 2 à 3 pouces. *Champs sablonneux.*

6. **A. jouet des vents** : *A. spica-venti.* Fl. très-petites, verdâtres ou rougeâtres, extrêmement nombreuses, en panicule ample, longue, à rameaux faibles et très-divisés. *Blés, bord des champs.*

7. **A. étalée** : *A. effusa.* (Millet, Dub.) Fl. en panicule très-lâche et peu fournie ; pédoncules longs, étalés, en verticilles incomplets ; cette plante a une odeur agréable. *Bois.*

AIGREMOINE : *Agrimonia.* (Rosacée.)

1. **A. eupatoire** : *A. eupatoria.* Fl. jaunes, petites, presque sessiles, en épi grêle ; pl. vulnéraire, résolutive, contre les maux de gorge, etc. *Haies, chemins, bois.*

AIL : *Allium.* (Liliacée.)

A. *Fleurs d'un beau rouge*, 1.

B. *Fleurs verdâtres : spathe ayant une corne longue de de plus de 3 pouces.*

C. *Fleurs verdâtres : spathe ayant une corne qui n'a pas plus de 3 pouces de long.*

B. { *Feuilles planes, larges de plus d'un pouce*, 2. { *Feuilles étroites et fistuleuses*, 3.

C. { *Feuilles ayant à peine une ligne de diamètre*, 4. { *Feuilles ayant plusieurs lignes de diamètre*, 5.

1. **A. à tête ronde** : *A. sphærocephalum.* Fl. d'un pourpre foncé, en tête arrondie, à étamines saillantes. *Lieux montagneux et stériles.*

2. **A. porreau** ; *A. porrum.* Vulg. *porreau.* Fl. en tête arrondie, blanches ou rouges ; les filets des étamines alternativement simples et à 3 pointes ; pl. alim. méd. apéritive, résolutive, vermifuge, diurétique, etc. *Cult. indigène des vignes de la Suisse.*

3. **A. des lieux cultivés** : *A. oleraceum.* Fl. verdâtres ou brunes, en ombelle lâche. *Haies, vignes, lieux cultivés.*

4. **A. des vignes** : *A. vineale.* Fl. rougeâtres, à ombelle garnie de bulbes ; trois d'entre les étamines
sont à 3 pointes. *Haies, vignes.*

5. **A. oignon** : *A. cepa.* Vulg. *oignon.* Fl. blanches,
en tête arrondie, ou ovale, à étamines saillantes ;
alim. méd. diurétique, émollient, etc. Il y en a 2 variétés, le rouge et le blanc. *Cult. originaire d'Égypte.*

AJONC : *Ulex.* (Légumineuse.)

1. **A. d'Europe** : *U. Europæus.* Vulg. *genêt épineux.*
Fl. jaunes, solitaires ; on en fait des haies impéné-
trables. *Routes, lieux stériles.*

ALCHIMILLE : *Alchemilla.* (Rosacée.)

1. **A. des champs** : *A. arvensis.* Vulg. *perce-pierre.*
Fl. très-petites, herbacées, sessiles et ramassées ;
l'alchimie en faisait usage, et la vantait beaucoup :
elle passe pour diurétique. *Champs.*

ALISIER : *Cratægus.* (Rosacée.)
A. *Feuilles incisées et anguleuses,* 1.
B. *Feuilles non incisées ni anguleuses.*

B. $\left\{\begin{array}{l}\text{\textit{Feuilles très-sensiblement dentées : arbre élevé, 2.}}\\ \text{\textit{Feuilles très-faiblement dentées : arbrisseau de 3 à}}\\ \text{\textit{5 pieds, 3.}}\end{array}\right.$

1. **A. anti-dysentérique** : *C. torminalis.* Vulg. *A.
torminal.* Petit arbre à fl. blanches, en corymbe ;
fruits alim. d'un jaune rougeâtre ; bois dur, pour le
tour, la menuiserie, etc. ; écorce astringente, employée jadis contre la dyssenterie. *Forêts.*

2. **A. allouchier** : *C. aria.* Vulg. *aria.* Arbrisseau à
fl. blanches, en corymbe ; fruits rouges, alim. *Bois.*

3. **A. amelanchier** : *C. amelanchier.* Arbrisseau à
fl. blanchâtres remarquables par leurs pétales allongés et lancéolés ; fruit d'un bleu noirâtre, d'une
saveur douce. *Lieux pierreux, au pied des montagnes.*

14.

ALSINE : *Alsine.* (Cariophyllée.)

A. *Pédoncules axillaires, solitaires,* 1.

B. *Pédoncules s'insérant tous en un point commun,* 2.

1. **A. intermédiaire** : *A. media.* Vulg. *mouron blanc, mouron des petits oiseaux.* Fl. blanches, axillaires, solitaires, à pétales profondément bifides ; pl. méd. vulnéraire, détersive et rafraîchissante ; on la donne aux petits oiseaux et surtout aux serins qui l'aiment beaucoup ; elle donne du lait aux vaches. *Haies, cours, jardins, etc.*

2. **A. en ombelle** : *A. umbellata.* Fl. blanches, assez petites, et solitaires sur chaque pédoncule ; ces pédoncules, au nombre de 5 ou 6, sont inégaux et pendent lorsqu'ils sont défleuris. *Collines, vieux murs,*

ALYSSON. — *Alyssum.* (Crucifère.)

1. **A. calicinal** : *A. calycinum.* Fl. petites, en épi, d'un jaune pâle ; on s'en servait autrefois contre la rage. *Lieux secs et pierreux.*

AMANDIER : *Amygdalus.* (Rosacée.)

A. *Fleurs rouges, noyau arrondi, recouvert d'une pulpe très-succulente,* 1.

B. *Fleurs blanches, noyau aplati, recouvert d'un brou peu charnu et qui se dessèche,* 2.

1. **A. pêcher** : *A. persica.* Vulg. *pêcher.* Fl. d'un rose vif, sessiles, solitaires ; pl. alim. méd., purgative, vermifuge ; gomme émolliente ; bois dur, pour l'ébénisterie. *Le pêcher est originaire de la Perse, et presque naturalisé en France.*

2. **A. commun** : *A. communis.* Petit arbre à fl. blanches, un peu rougeâtres, presque sessiles, solitaires ou géminées, donnant l'amande douce qui est pectorale et adoucissante, et l'amande amère qui est détersive et apéritive, mais dangereuse ; bois dur, pour la marqueterie, le tour, l'ébénisterie, etc. ; gomme émolliente. *Provinces méridionales.*

AMARANTHE : *Amaranthus*. (Amaranthacée.)

A. *Toutes les fleurs axillaires*, 1.

B. *Plusieurs fleurs en épis terminaux.*

B. $\begin{cases} \textit{Fleurs à 3 étamines : feuilles n'ayant pas 2 pouces} \\ \textit{de large, 2.} \\ \textit{Fleurs à 5 étamines : plusieurs feuilles ayant plus} \\ \textit{de 2 pouces de large, 3.} \end{cases}$

1. **A. blette** : *A. blitum.* Fl. herbacées, latérales et axillaires. *Rues des villages, au bas des murs.*

2. **A. à épi** : *A. spicatus.* Fl. terminales, en épis serrés, épais, blancs ou verdâtres. *Lieux secs et pierreux.*

3. **A. recourbée** : *A. retroflexus.* Fl. terminales, en grappes vertes, très-denses. *Bois.*

ANCOLIE : *Aquilegia*. (Renonculacée.)

1. **A. commune** : *A. vulgaris.* Vulg. *aiglantine ou gant-de-notre-dame.* Fl. bleues, nombreuses, terminales, à pétales en cornet; pl. méd. vén. apéritive, sudorifique et anti-scorbutique; teinture bleue. *Haies et bois.*

ANDRYALE : *Andryala*. (Composée.)

1. **A. à feuilles entières** : *A. integrifolia.* Fl. jaunes, en corymbe. *Rochers, lieux stériles.*

ANÉMONE : *Anemone*. (Renonculacée.)

A. *Fleurs d'un violet foncé*, 1.

B. *Fleurs blanches, ou légèrement rougeâtres.*

B. $\begin{cases} \textit{Semences et tige glabres, ou presque glabres, 2.} \\ \textit{Semences entourées d'un duvet laineux : tige ve-} \\ \textit{lue, 3.} \end{cases}$

1. **A. pulsatille** : *A. pulsatilla.* Vulg. *coquelourde.* Fl. violette, solitaire au sommet de la tige; pl. méd. très-âcre, dangereuse; teinture, encre verte. *Bord des bois, prés montagneux.*

2. **A. sylvie** : *A. nemorosa.* Vulg. *bassinet blanc.* Fl. terminale, solitaire, blanche, souvent rougeâtre en dehors ; il y en a 2 variétés, l'une toute purpurine, et l'autre bleue ; pl. méd. dangereuse, fébrifuge, empl. contre la goutte, etc. *Haies et bois.*

3. **A. sauvage** : *A. sylvestris.* Fl. blanche, solitaire. *Haies et bois.*

Nota. Toutes les anémones ont le suc âcre et brûlant.

ANETH : *Anethum.* (Ombellifère.)

1. **A. fenouil** : *A. fœniculum.* Vulg. *fenouil commun.* Fl. jaunes, en ombelle bien fournie ; pl. méd. sudorifique, stomachale, pectorale et fébrifuge, d'une odeur agréable. *Lieux pierreux.*

ANSÉRINE : *Chenopodium.* (Chénopodée.) Vulg. *patte-d'oie.*

A. *Feuilles très-entières, ni découpées ni dentées.*

B. *Feuilles sinuées ou dentées, et également vertes des deux côtés,* 4.

C. *Feuilles sinuées ou dentées, et chargées en dessous de points farineux peu abondants.*

D. *Feuilles sinuées ou dentées, et chargées en dessous de points farineux abondants, qui rendent la surface inférieure blanchâtre.*

A. { *Feuilles triangulaires,* 1.
{ *Feuilles ovales, et sans odeur sensible,* 2.
{ *Feuilles un peu en losange, et d'une odeur fétide,* 3.

C. { *Corolles et feuilles rougeâtres en leurs bords,* 5.
{ *Corolles et feuilles vertes en leurs bords,* 6.

D. { *Tiges un peu couchées, feuilles oblongues,* 7.
{ *Tiges droites : feuilles triangulaires, ou un peu en losange et très-vertes en dessus : épis garnis de feuilles,* 8.
{ *Tiges droites : feuilles triangulaires, ou un peu en losange et d'un vert blanchâtre en dessus : épis nus et dépourvus de feuilles,* 9.

1. **A. bon henry** : *C. bonus henricus.* **Vulg.** *épinard sauvage.* Fl. herbacées, terminales, quelquefois dioïques, en grappe droite, nue et pyramidale; pl. alim. méd. émolliente, vulnéraire et résolutive. *Lieux incultes.*

2. **A. polysperme** : *C. polyspermum.* Fl. verdâtres, en petites grappes rameuses, axillaires et terminales. *Lieux cultivés.*

3. **A. fétide** : *C. vulvaria.* **Vulg.** *arroche puante.* Fl. herbacées, petites, en grappes courtes, axillaires et terminales; elle a une odeur fétide et passe pour anti-hystérique, etc. *Jardins, bord des chemins.*

4. **A. bâtarde** : *C. Hybridum.* Fl. herbacées, presque toutes terminales, en grappes nues, paniculées, très-rameuses, à odeur fétide. *Champs, lieux cultivés.*

5. **A. rougeâtre** : *C. rubrum.* Fl. herbacées, rougeâtres, en grappes plus allongées, plus branchues que la précédente et entremêlées de feuilles. *Décombres, fumiers.*

6. **A. des murs** : *C. murale.* Fl. herbacées, en grappes presque toutes terminales, rameuses, sans feuilles entremêlées. *Bord des chemins, pied des murs.*

7. **A. glauque** : *C. glaucum.* Fl. herbacées, petites, en grappes latérales et terminales. *Champs et lieux cultivés.*

8. **A. à feuille de figuier** : *C. ficifolium.* **Vulg.** *A. verte.* Fl. vertes, en épi; graines ponctuées. *Lieux cultivés.*

9. **A. à graine lisse** : *C. leiospermum.* **Vulg.** *A. blanche.* Fl. herbacées, en épi; graines absolument lisses; cette espèce est l'une des plus communes; elle offre un nombre infini de variétés, soit pour sa

grandeur, soit pour sa couleur, soit enfin pour la forme et les dimensions de ses feuilles. *Lieux cultivés, bord des chemins.*

ANTHYLLIDE : *Anthyllis.* (Légumineuse.)

1. **A. vulnéraire** : *A. vulneraria.* Vulg. *trèfle jaune.* Fl. jaunes, blanches, ou purpurines, terminales ou axillaires, formant des têtes à 2 bouquets adossés ; cette plante passe pour vulnéraire. *Pâturages montagneux.*

ARABETTE : *Arabis.* (Crucifère.)

A. *Feuilles de la tige embrassantes.*

B. *Feuilles de la tige non embrassantes,* 1.

A. { *Feuilles de la tige velues,* 2.
{ *Feuilles de la tige glabres,* 3.

1. **A. de thalius** : *A. thaliana.* Vulg. *A. rameuse.* Fl. blanches, terminales ; siliques très-grêles, un peu courbées. *Prés sablonneux.*

2. **A. velue** : *A. hirsuta.* Fl. blanches, très-petites, à calice glabre, à pétales droits ; siliques longues, comprimées, presque tétragones, très-grêles. *Vignes et lieux un peu couverts.*

3. **A. enfilée** : *A. perfoliata.* Fl. blanches, en grappes ; siliques de 2 pouces, droites, raides, grêles, comprimées, à petites bosselures. *Prés secs et pierreux.*

ARISTOLOCHE : *Aristolochia.* (Aristoloche.)

1. **A. clématite** : *A. clematitis.* Fl. d'un jaune pâle, ramassées 3 à 5 ensemble dans les aisselles des feuilles ; pl. méd. d'une odeur désagréable ; vulnéraire, détersive, sudorifique, tonique, fébrifuge, etc. *Lieux pierreux, stériles, décombres.*

ARMOISE : *Artemisia.* (Composée.)

A. *Feuilles dont les découpures sont presque capillaires,* 1.

B. *Feuilles dont les découpures sont élargies,* 2.

1. **A. champêtre** : *A. campestris.* Fl. jaunâtres, solitaires, en grappes terminales ; pl. méd. tonique et
vermifuge. *Champs secs et pierreux.*

2. **A. commune** : *A. vulgaris.* Vulg. *herbe-de-la-
St-Jean.* Fl. rougeâtres, en petits épis latéraux, formant ensemble de longues grappes terminales ; pl.
méd. apéritive, stimulante, vulnéraire, etc. *Bord
des chemins, lieux incultes.*

ARNIQUE : *Arnica* (Composée.)

1. **A. de montagne** : *A. montana.* Vulg. *tabac des
Vosges.* Fl. jaunes, grandes, solitaires ; pl. méd. tonique, un peu vomitive et sternutatoire. *Prairies
des montagnes.*

ARROCHE : *Atriplex.* (Chénopodée.)

A. *Feuilles triangulaires et la plupart opposées*, 1.

B. *Feuilles lancéolées-linéaires et alternes*, 2.

C. *Feuilles linéaires ayant d peine 2 lignes de large*, 3.

1. **A. en fer de lance** : *A. hastata.* Fl. herbacées,
en grappes terminales et axillaires ; feuilles émollientes, graines purgatives. *Haies, lieux incultes.*

2. **A. étalée** : *A. patula.* Fl. herbacées, petites, en
épis grêles terminaux, sur la tige et les rameaux.
Lieux incultes.

3. **A. des rives** : *A. littoralis.* Fl. à anthères jaunâtres, en épis grêles, au sommet de la tige et des
rameaux. *Champs.*

ASARET : *Asarum.* (Aristoloche.)

Vulg. *cabaret.*

1. **A. d'Europe** : *A. Europæum.* Fl. petites, campanulées, trifides, d'un rouge noirâtre intérieurement, solitaires ; pl. méd. purgative, émétique et
sternutatoire. *Bois et lieux couverts.*

ASCLÉPIADE : *Asclepias*. (Apocynée.)

1. **A. dompte-venin** : *A. vincetoxicum* ou *A. blan-che*. Fl. en petits bouquets blanchâtres, un peu du-res, à calice extrêmement petit ; pl. méd. sudorifi-que, cordiale, résolutive, etc. *Bois et côtes pierreuses.*

ASPERGE : *Asparagus*. (Asparagée.)

1. **A. officinale** : *A. officinalis*. Fl. d'un vert jau-nâtre, le plus souvent dioïques ; baies d'un rouge vif ; pl. alim. méd. diurétique, sédative, etc. *Champs du midi, cult.*

ASPÉRULE : *Asperula*. (Rubiacée.)

A. *Fleurs bleues*, 1.

B. *Fleurs d'un blanc rougeâtre et trifides : verticilles in-férieurs composés de 6 feuilles*, 2.

C. *Fleurs d'un blanc rougeâtre : verticilles inférieurs composés de 4 feuilles*, 3.

1. **A. des champs** : *A. arvensis*. Fl. bleues, termi-nales, sessiles, en entonnoir, ramassées ; sa racine teint en rouge. *Champs.*

2. **A. des teinturiers** : *A. tinctoria*. Fl. blanches, en panicule composée de plusieurs petits corymbes axillaires et terminaux ; elle sert aussi à teindre en rouge, particulièrement la laine et les crins. *Colli-nes arides et pierreuses.*

3. **A. à l'esquinancie** : *A. cynanchica*. Vulg. *herbe-à-lesquinancie*. Fl. couleur de chair ; elle ressemble beaucoup à la précédente, dont elle n'est peut-être qu'une variété ; pl. méd. un peu astringente, contre l'esquinancie. *Prés arides et collines pierreuses.*

ASPHODÈLE : *Asphodelus*. (Liliacée.)

1. **A. rameux** : *A. ramosus*. Vulg. *bâton royal*. Fl. blanches, grandes, en grappe, ouvertes en étoile ; ses tubercules peuvent servir à faire du pain et de la colle. *Montagnes du midi, etc.*

ASTRAGALE : *Astragalus.* (Légumineuse.)

1. **A. réglisse** : *A. glycyphyllos.* Vulg. *fausse réglisse.*
Fl. d'un blanc jaunâtre, sâle, en épi ovale, oblong.
Prés, bord des bois et des haies.

AVOINE : *Avena.* (Graminée.)

A. *Pédoncules des épillets courbés en forme d'hameçons.*

B. *Pédoncules des épillets droits : épillets n'ayant qu'une
seule fleur fertile,* 3.

C. *Pédoncules des épillets droits : épillets ayant deux ou
trois fleurs fertiles.*

A. { *Balles florales attachées à la semence, et tout-à-
fait glabres,* 1.
{ *Balles florales attachées à la semence, et très-
velues,* 2.

C. { *Aucun rameau de la panicule n'ayant plus de quatre épillets,* 4.
{ *Plusieurs rameaux de la panicule portant plus de
quatre épillets,* 5.

1. **A. cultiv**ée : *A. sativa.* Fl. en panicule très-lâche, quelquefois unilatérale et longue de 7 à 8 pouces; farine résolutive et émolliente; on fait aussi
avec le gruau d'avoine une boisson pectorale et
adoucissante. *Pl. originaire du Chili, cultivée pour la
nourriture des chevaux.*

2. **A. follette** : *A. fatua.* Vulg. *folle avoine.* Panicule
très-lâche; les balles sont remarquables par des
poils roux très-abondants, qui couvrent toute leur
moitié inférieure; les chevaux n'aiment pas sa semence. *Champs.*

3. **A. élevée** : *A. elatior.* Vulg. *fromental.* Panicule
longue de 8 à 12 pouces, assez lâche, mais fort
étroite et pointue; la glume est quelquefois un peu
violette; cette graminée sert à faire des prairies artificielles d'une longue durée. *Prés, bois, bord des
champs.*

4. **A. pubescente** : *A. pubescens*. Panicule un peu resserrée et longue de 3 à 4 pouces; épillets rougeâtres ou violets à leur base, et d'une couleur argentée à leur sommet. *Près montagneux*.

5. **A. jaunâtre** : *A. Flavescens*. Panicule oblongue, d'un jaune plus ou moins vif. *Collines, prés secs*.

BALLOTE : *Ballota*. (Labiée.)

1. **B. fétide** : *B. fœtida*. Vulg. *marrube noir*. Fl. axillaires, à pédoncules rameux, rouges, ou quelquefois blanches; pl. méd. résolutive, anodine et vulnéraire. *Bord des chemins et des haies*.

BARBON : *Andropogon*. (Graminée.)

1. **B. pied-de-poule** : *A. ischæmum*. Panicule composée de 6 à 10 épis redressés, à peu près disposés comme les doigts de la main; fl. purpurines, munies à leur base de longs poils blancs. *Lieux secs*.

BARDANE : *Lappa*. (Composée.)

Vulg. *glouteron*.

A. *Têtes de fleurs glabres, ou n'ayant qu'un duvet rare et peu abondant*, 1.

B. *Têtes de fleurs garnies d'un coton blanc assez abondant*, 2.

1. **B. à petites têtes** : *L. minor*. Vulg. *bardane officinale*. Têtes de fl. pourpres, naissant 5 ou 6 ensemble sur un pédoncule, et presque disposées en grappe; leur grosseur ne dépasse guère celle d'une noisette; pl. méd. sudorifique, vulnéraire, diurétique et alimentaire. *Lieux pierreux, bord des routes*.

2. **B. à têtes cotonneuses** : *L. tomentosa*. Fl. purpurines, ou quelquefois blanches, formant des têtes arrondies; pl. méd.; elle a les mêmes propriétés que l'espèce précédente. *Cours, bord des chemins, masures*.

3. **B. à grosses têtes** : *L. major*. On la distingue de la *bardane à petites têtes* par ses têtes de fleurs deux

fois plus grosses, qui atteignent la grandeur d'une noix, et par ses fleurs solitaires non réunies en grappes ; ses involucres sont absolument glabres ; pl. méd. Mêmes propriétés que celles ci-dessus. *Bois un peu humides.*

BENOITE : *Geum.* (Rosacée.)

1. **B. commune :** *G. urbanum.* Vulg. *herbe-de-S¹,-Benoit.* Fl. jaunes, terminales, à pétales très-ou-ouverts ; pl. méd. sudorifique, vulnéraire et un peu astringente. *Haies et bois.*

BERCE : *Heracleum.* (Ombellifère.)

1. **B. branc-ursine :** *H. sphondylium.* Vulg. *fausse acanthe.* Fl. blanches, en ombelle ; pl. méd. émolliente, carminative, etc. *Prés.*

BERLE : *Sium.* (Ombellifère.)

A. { *Feuilles dont les folioles sont séparées jusqu'à la côte du milieu*, B.
Feuilles dont les folioles sont réunies par un prolongement du parenchyme, 6.

B. { *Folioles verticillées ou découpées en lobes profonds et linéaires*, C.
Folioles opposées ou alternes, dentées en scie, E.

C. { *Ombelles à 10 ou 12 rayons, tige droite*, 7.
Ombelle à 2 à 6 rayons ; tige couchée ou inondée, D.

D. { *Ombelle à 4 à 6 rayons ; toutes les feuilles semblables*, 8.
Ombelle à 2 à 4 rayons ; feuilles du haut à folioles ovales, 9.

E. { *Ombelle à moins de 4 rayons*, F.
Ombelle à plus de 3 rayons, G.

F. { *Tige droite*, 10.
Tige couchée, rampante, ou inondée, 9.

G. { *Ombelles toutes terminales*, H.
Ombelles latérales opposées aux feuilles, J.

H. { *Ombelle à 4 à 6 rayons,* 11.
   { *Ombelle à 8, ou plus de 8 rayons,* I.

I. { *Racine fibreuse; ombelle à 12 à 18 rayons,* 1.
   { *Racine tubéreuse; ombelle à 9 à 12 rayons,* 5.

J. { *Ombelles pédonculées,* K.
   { *Ombelles sessiles,* 3.

K. { *Tige droite, ou à peine ascendante,* 2.
   { *Tige rampante, ou tout-à-fait couchée,* 4.

1. **B. à larges feuilles :** *S. latifolium.* Vulg. *ache d'eau.* Fl. blanches, à ombelles amples et bien garnies; pétales en cœur au sommet. *Haies.*

2. **B. à feuilles étroites :** *S. angustifolium.* Fl. blanches, à ombelles de 8 à 12 rayons ; pétales en cœur. *Ruisseaux et fossés aquatiques.*

3. **B. à ombelles sessiles :** *S. nodiflorum.* Fl. blanches, à ombelles de 6 à 8 rayons ; pétales en cœur. *Ruisseaux, bord des rivières.*

4. **B. rampante :** *S. repens.* Fl. blanches, à ombelles de 5 à 6 rayons; pétales en cœur. *Lieux aquatiques.*

5. **B. chervi :** *S. sisarum.* Vulg. *chervi commun.* Fl. blanches, à ombelles de 9 à 12 rayons ; pétales en cœur; pl. alim. à racines très-douces, sucrées. *Cult. indigène de la Chine.*

6. **B. faucille :** *S. falcaria.* Fl. blanches, à ombelles amples et bien garnies; pétales en cœur. *Haies, bord des champs.*

7. **B. verticillée :** *S. verticillatum.* Fl. blanches, à ombelles de 10 à 12 rayons; pétales en cœur. *Prés humides.*

8. **B. intermédiaire :** *S. intermedium.* Fl. blanches; ombelle générale à 4, 5 ou 6 rayons un peu inégaux; pétales lancéolés. *Mares herbeuses.*

9. **B. inond**ée : *S. inundatum*. Espèce fort petite, à tige rampante; fl. blanches, à ombelles axillaires, qui n'ont souvent que 2 ou 3 rayons; pétales lancéolés. *Mares et fossés.*

10. **B. des blés** : *S. segetum*. Fl. blanches, à ombelles terminales, de 2 ou 3 rayons inégaux; pétales lancéolés. *Haies, champs humides.*

11. **B. amome** : *S. amomum*. Vulg. *sison.* Fl. blanches, à ombelles petites, de 4 à 6 rayons; pétales lancéolés; racines d'une saveur douce et aromatique; pl. méd. carminative et diurétique. *Haies, lieux humides.*

BÉTOINE : *Betonica.* (Labiée.)

1. **B. officinale** : *B. officinalis.* Fl. purpurines, quelquefois blanches, en épi serré, un peu interrompu à la base; pl. méd. stimulante, sternutatoire, purgative; teinture brune. *Bois, buissons.*

BIDENT : *Bidens.* (Composée.)

Vulg. *chanvre aquatique.*

A. *Feuilles simples,* 1.

B. *Feuilles divisées,* 2.

1. **B. penché** : *B. cernua.* Fl. terminales, un peu penchées, jaunes; il y en a deux variétés, dont l'une a une couronne de demi-fleurons peu remarquables et hermaphrodites; et l'autre, nommée *coriope bident* (V. ce nom). *Lieux humides.*

2. **B. partag**é : *B. tripatita.* Vulg. *cornuet.* Fl. jaunes, droites; pl. méd. résolutive. *Lieux humides.*

Nota. Les deux espèces sont employées pour teindre en jaune.

BLITE : *Blitum.* (Chénopodée.)

1. **B. effilée** : *B. virgatum.* Fl. très-petites, herbacées, ramassées par pelotons sessiles, axillaires; ces pelotons, dans la maturation du fruit, devien-

nent succulents, rouges, et ont l'aspect des fraises, ou des mûres. *Lieux humides et cultivés.*

BOUCAGE : *Pimpinella.* (Ombellifère.)

A. *Lobes des folioles tous profonds et presque linéaires.*

B. *Folioles des feuilles inférieures ovales ou arrondies, et simplement dentées.*

A. { *Ombelles petites, fort nombreuses, fleurs dioï-ques,* 4.
{ *Ombelles en petit nombre ; fleurs hermaphrodites,* 3.

B. { *Feuilles supérieures simples et linéaires,* 1.
{ *Feuilles supérieures pinnatifides ou incisées,* 2.

1. **B. saxifrage** : *P. saxifraga.* Fl. blanches, à ombelle penchée avant la fleuraison; pl. méd. apéritive, tonique et stomachique. *Pelouses sèches.*

2. **B. à grandes feuilles** : *P. magna.* Fl. blanches, ou rougeâtres, à ombelles penchées avant la fleuraison. *Bord des bois, lieux incultes.*

3. **B. découpé** : *P. dissecta.* Fl. blanches, semblables aux précédentes. *Lieux secs et sablonneux.*

4. **B. dioïque** : *P. dioica.* Espèce fort petite, à fleurs blanches, ou rougeâtres, à ombelles extrêmement nombreuses, dioïques. *Rochers des montagnes.*

BOULEAU : *Betula.* (Amentacée.)

A. *Grand arbre, à écorce blanche sur le tronc.*

B. *Sous-arbrisseau nain, à écorce brune,* 3.

A. { *Feuilles et jeunes pousses glabres,* 1.
{ *Feuilles et jeunes pousses pubescentes,* 2.

1. **B. blanc** : *B. alba.* Vulg. *bouleau.* Arbre à fl. roussâtres, monoïques, en chatons allongés et cylindriques, naissant avant les feuilles; bois et écorce empl. dans les arts; sève potable; les feuilles teignent en jaune, et sont résolutives, détersives, etc.;

le bouleau mérite d'être étudié avec détail, il a un grand nombre de propriétés. *Il croît partout, mais il préfère les lieux humides.*

2. B. pubescent : *B. pubescens.* Ce n'est peut-être qu'une variété du précédent ; il s'en distingue à ses jeunes pousses velues et à ses feuilles pubescentes, même à leur parfait développement. *Lieux humides et autres.*

3. B. nain : *B. nana.* Pl. peu connue, des montagnes du Jura. *Lieux humides.*

BOURRACHE : *Borrago.* (Borraginée.)

1. B. officinale : *B. officinalis.* Fl. bleues, blanches ou roses, en étoile, au sommet de la tige et des branches ; pl. alim. méd. émolliente, sudorifique, pectorale et diurétique ; teinture en vert. *Lieux cult.*

BRIZE : *Briza.* (Graminée.)

A. *Épillets presqu'aussi larges que longs,* 1.

B. *Épillets beaucoup plus longs que larges,* 2.

1. B. vulgaire : *B. media.* Vulg. *amourettes, brize tremblante.* Panicule nue, lâche, très-ouverte et composée de rameaux géminés ; épillets d'un vert mêlé de blanc, souvent de couleur violette à leur base, et composés de 5 à 7 fleurs. *Prés secs, pelouses, collines.*

2. B. élégante : *B. eragrostis.* Panicule allongée ; épillets d'un brun violet, ou olivâtre. *Vignes, jardins.*

BROME : *Bromus.* (Graminée.)

A. *Épillets sessiles, ou presque sessiles.*

B. *Épillets formant une panicule resserrée.*

C. *Épillets formant une panicule lâche, et garnis de barbes plus longues que les balles qui les portent.*

D. *Épillets formant une panicule lâche et garnis de barbes à peine aussi longues que les balles qui les portent.*

A.
- *Épillets presque glabres, et dont les barbes sont moins longues que les balles*, 1.
- *Épillets velus, dont les barbes sont plus longues que les balles*, 2.

B.
- *Épillets contenant à peine 7 fleurs*, 3.
- *Épillets contenant plus de 8 fleurs*, 4.

C.
- *Barbes sensiblement terminales*, 5.
- *Barbes insérées un peu au-dessous des balles*, 6.

D.
- *Presque tous les pédoncules de la panicule simples*, 7.
- *Une grande partie des pédoncules de la panicule rameux*, 8.

1. **B. corniculé** : *B. pinnatus.* (Linn.) Épillets grêles, verts, presque glabres, de 8 à 12 fleurs et plus. *Bois et haies.*

2. **B. des bois** : *B. sylvaticus.* (Dub.) Épillets velus, verts, de 5 à 10 fleurs. *Bois un peu couverts.*

3. **B. mollet** : *B. mollis.* Panicule à demi étalée; épillets ovales, blancs, duvetés, de 6 à 8 fleurs. *Prés secs, bord des chemins et des murs.*

4. **B. seigle** : *B. secalinus.* Cette pl. ressemble beaucoup à la précédente, mais elle est plus haute, et sa panicule est plus étalée. *Champs cultivés.*

5. **B. stérile** : *B. sterilis.* Panicule fort lâche, à épillets de 5 à 7 fleurs, dont les valves sont verdâtres, blanches et scarieuses en leurs bords. *Haies, murs, lieux incultes.*

6. **B. rude** : *B. squarrosus.* Panicule un peu penchée, à épillets larges, blanchâtres, comprimés, oblongs, de 7 à 18 fleurs. *Bord des champs.*

7. **B. droit** : *B. erectus.* Panicule raide, serrée, épillets allongés, de 6 à 10 fleurs bigarrées de vert et de pourpre. *Prés, champs, montagnes.*

8. **B. panaché.** (Dub.) *B. asper versicolor.* (Linn.) Les rameaux de la panicule sont réunis 4 à 5 par ver-

ticilles : plusieurs de ces pédoncules sont rameux ;
les épillets contiennent 8 à 9 fleurs et sont agréablement panachés. *Champs cultivés.*

Nota. Les bromes, en général, fournissent un
assez bon fourrage.

BRUNELLE : *Brunella.* (Labiée.)

A. *Feuilles entières ou dentées, point laciniées.*

B. *Feuilles supérieures profondément laciniées,* 1.

A.
> *Feuilles pétiolées, ovales-oblongues, souvent dentées;
> lèvre supérieure du calice à trois dents très-peti-
> tes,* 2.
> *Feuilles pétiolées, ovales-oblongues, souvent den-
> tées : lèvre supérieure du calice à 3 lobes,* 3.
> *Feuilles sessiles, étroites, entières,* 4.

1. **B. découpée** : *B. laciniata.* Fl. blanches, roses,
bleues, ou purpurines. *Pelouses et lieux secs.*

2. **B. commune** : *B. vulgaris.* Fl. purpurines, ou
bleuâtres, à 2 lèvres, grouppées en tête; il y en a
des variétés à fl. blanches, rouges et jaunâtres;
pl. méd. vulnéraire, astringente. *Prés, chemins, bois.*

3. **B. à grande fleur** : *B. grandiflora.* Fl. purpurines,
blanches ou roses. *Prés montagneux.*

4. **B. à feuilles d'hysope** : *B. hyssopifolia.* Fl. grandes, d'un pourpre bleuâtre. *Prés humides des provinces méridionales.*

BRUYÈRE : *Erica.* (Éricacée.)

A. *Corolle campanulée et très-ouverte.*

B. *Corolle à grelot et peu ouverte.*

A
> *Fleurs jaunâtres : les feuilles n'ont point d'oreille
> à leur base,* 1.
> *Fleurs rougeâtres : feuilles ayant à leur base deux
> oreilles assez longues appliquées sur la tige,* 2.

B.
> *Feuilles ciliées,* 3.
> *Feuilles non ciliées,* 4.

15*

1. **B. à balais** : *E. scoparia.* Arbrisseau à fl. petites, d'un vert blanchâtre ou jaunâtre, éparses ou légèrement verticillées en forme de cloche ; il sert à faire des balais, etc. *Lieux stériles et incultes.*

2. **B. commune** : *E. vulgaris*, ou *callune bruyère.* Arbrisseau à fl. petites, presque sessiles, en grappes terminales, purpurines, ou quelquefois blanches. *Bois, taillis et bruyères.*

3. **B. à quatre faces** : *E. tetralix.* Arbuste à fl. purpurines, quelquefois blanches, ovoïdes et ramassées au sommet des rameaux ; c'est cette bruyère qui sert à faire les meilleurs balais. *Lieux humides.*

4. **B. cendrée** : *E. cinerea.* Arbuste à fl. assez grandes, d'un pourpre foncé, tirant souvent sur le bleu, et quelquefois blanches, en grappes terminales. *Coteaux arides et sablonneux.*

BRYONE : *Bryonia.*

1. **B. dioïque** : *B. dioica.* Vulg. *couleuvrée, navet du diable.* Pl. grimpante, à fl. monoïques ou dioïques, petites, d'un blanc sâle, et marquées de lignes verdâtres ; fruits rouges ; pl. méd. vénén., vermifuge, purgative, résolutive et irritante. *Haies.*

BUGLE : *Ajuga.* (Labiée.)

A. *Plante presque glabre et garnie de rejets rampants,* 1.
B. *Plante très-velue et sans rejets rampants,* 2.

1. **B. rampante** : *A. reptans.* Fl. bleues ou rougeâtres, ou quelquefois blanches, en épi terminal ; pl. méd. vulnéraire, astringente. *Bois, prés humides.*

2. **B. pyramidale** : *A. pyramidalis.* Fl. bleues ou blanches, en épi pyramidal. *Prés et bois un peu montagneux.*

BUGLOSSE : *Anchusa.* (Borraginée.)

1. **B. d'Italie** : *A. Italica.* Vulg. *B. officinale.* Fl. violettes, en grappes unilatérales, courbées en queue

de scorpion ; pl. méd. émolliente, sudorifique, diurétique et pectorale. *Lieux secs, décombres.*

BUIS : *Buxus.* (Euphorbiacée.)

1 . **B. toujours vert** : *B. sempervirens.* Arbrisseau à
fl. monoïques, jaunes et axillaires; il y en a deux variétés, savoir : le *buis nain*, cultivé pour les bordures,
et le *buis à feuilles panachées;* bois pour le tour et la
tabletterie; pl. méd. sudorifique et purgative. *Bois,
haies.*

BUNIUM : *Bunium.* (Ombellifère.)

1 . **B. noix-de-terre** : *B. bulbocastanum.* Vulg. *moinson.* Fl. blanches, formant des ombelles assez amples; la collerette générale est composée de 7 à 8 folioles linéaires, beaucoup plus courtes que les rayons:
la racine qui est une bulbe arrondie, noirâtre, est
bonne à manger. *Champs et pâturages un peu humides.*

BUPLÈVRE : *Buplevrum.* (Ombellifère.)

A. *Feuilles de la tige perfoliées,* 1.

B. *Feuilles de la tige non perfoliées.*

B. { *Feuilles inférieures ayant au moins un demi-pouce
de large,* 2.
*Feuilles inférieures ayant à peine deux lignes de
large,* 3.

1 . **B. à feuilles arrondies** : *B. rotundifolium.* Fl.
jaunes, en ombelle; pl. méd. vulnéraire astringente. *Champs, lieux secs.*

2 . **B. en faux** : *B. falcatum.* Vulg. *oreille de lièvre.*
Fl. jaunes, en ombelle; tige en zig-zag. *Haies,
lieux secs et pierreux.*

3 . **B. menu** : *B. tenuissimum* Fl. jaunes, presque
sessiles, en ombellules extrêmement petites, les
unes terminales, les autres latérales. *Lieux stériles,
herbeux et maritimes.*

BUTOME : *Butomus.* (Alismacée.)

1. **B. en ombelle** : *B. umbellatus.* Vulg. *jonc fleuri.*
Fl. rougeâtres en magnifique ombelle, et au nombre de 15 à 25. *Bord des eaux.*

CALAMAGROSTIS : *Calamagrostis.* (Graminée.)

1. **C. colorée** : *C. colorata.* Sa tige s'élève jusqu'à
la hauteur de 3 pieds et au-delà ; panicule à pédoncules rameux, ordinairement géminés ; les glumes
sont bigarrées de blanc, de vert et de violet. *Lieux
humides.*

2. **C. lancéolée** : Voyez roseau plumeux.

CALLITRICHE : *Callitriche.* (Onagraire.)

A. *Fruits sessiles,* 1.

B. *Fruits pédonculés,* 2.

1. **C. à fruit sessile** : *C. sessilis.* Herbe aquatique,
à fl. monoïques ou hermaphrodites, sessiles, d'un
blanc sale. *Mares, ruisseaux.*

2. **C. à fruit pédonculé.** Fl. d'un blanc sâle, petites. *Mares.*

CAMÉLINE : *Myagrum.* (Crucifère.)

A. *Siliques presque sessiles et allongées,* 1.

B. *Siliques pédonculées et globuleuses,* 2.

1. **C. perfoliée** : *M. perfoliatum.* Maintenant *caquillier enfilé,* (fl. fr.) Fl. petites, d'un jaune pâle ;
siliques pyriformes. *Moissons.*

2. **C. paniculée** : *M. paniculatum.* Maintenant *bunias
en panicule,* (fl. fr.) Fl. petites, jaunâtres, en longs
épis fort grêles : siliques extrêmement petites. *Bord
des champs.*

CAMOMILLE : *Anthemis.* (Composée.)

A. *Demi-fleurons de la circonférence jaunes à leur base,* 1.

B. *Couronne florale tout-à-fait blanche : réceptacle presque plane,* 2.

C. *Couronne florale tout-à-fait blanche : réceptacle conique.*

C. {
Paillettes très-étroites et sétacées : semences nues ou chargées d'aspérités, 5.
Paillettes un peu élargies et lancéolées : semences couronnées d'un rebord, 4.
}

1. **C. mixte** : *A. mixta.* Vulg. *maroute.* Fl. radiées, jaunes, avec les rayons blancs au sommet. *Champs.*

2. **C. romaine** : *A. nobilis.* Fl. solitaires, terminales, à disque jaune et rayons blancs ; odeur agréable ; pl. méd. stomachique, carminative et très-résolutive. *Pâturages secs.*

5. **C. cotule** : *A. cotula.* Vulg. *C. puante.* Fl. blanches, à disque jaune ; pl. méd. résolutive, fébrifuge, vermifuge et carminative. *Champs, lieux incultes.*

4. **C. des champs** : *A. arvensis.* Fl. blanches, à disque jaune ; les écailles de l'involucre sont un peu brunes en leurs bords ; elle a peu d'odeur. *Champs.*

CAMPANULE : *Campanula.* (Campanulacée.)

A. *Calice aussi long ou plus long que la corolle.*

B. *Calice moins long que la corolle : feuilles rudes au toucher.*

C. *Calice moins long que la corolle : feuilles presque lisses, les inférieures arrondies : tige ayant à peine 7 à 8 pouces*, 6.

D. *Calice moins long que la corolle : feuilles presque lisses, les radicales allongées : tiges hautes d'un pied ou plus.*

A {
Fleurs pédonculées, d'un beau bleu et très-ouvertes, 1.
Fleurs sessiles, rougeâtres et peu ouvertes, 2.
}

B. {
Fleurs ramassées en tête, 5.
Fleurs libres et penchées : tiges cylindriques et presque lisses, 4.
Fleurs libres et redressées : tiges anguleuses et très-velues, 5.
}

D.
$\Big\{$ *Corolle plus large que longue : épi garni de très-peu de fleurs, 7.*
Corolle plus longue que large : épi garni de fleurs nombreuses, 8.

1. **C. miroir-de-Vénus** : *C. speculum.* Maintenant *prismatocarpe-miroir-de-Vénus* (fl. fr.). Vulg. *doucette.* Fl. bleues ou d'un violet rougeâtre, à corolle plane. terminales. *Champs, moissons.*

2. **C. bâtarde** : *C. hybrida.* Maintenant *prismatocarpe bâtard* (fl. fr.). Fl. d'un violet rougeâtre, solitaires ; cette espèce ressemble beaucoup à la précédente. *Champs, moissons.*

3. **C. agglomérée** : *C. glometara.* Fl. bleues, sessiles, ramassées en tête terminale ou dans les aisselles supérieures, ou des deux manières. *Lieux secs et montueux.*

4. **C. fausse raiponce** : *C. rapunculoides.* Fl. d'un bleu rougeâtre, toutes inclinées ou pendantes dans les aisselles supérieures, en épi long et terminal. *Lieux secs, bord des vignes.*

5. **C. gantelée** : *C. trachelium.* Fl. bleues ou violettes, remarquables par leur calice hérissé de poils blancs. *Bois.*

6. **C. à feuilles rondes** : *C. rotundifolia.* Fl. ordinairement bleues, quelquefois blanches ; port très-variable. *Lieux pierreux, montueux, et bord des bois.*

7. **C. à feuilles de pêcher** : *C. persicifolia.* Fl. bleues, ou quelquefois blanches. *Bois taillis.*

8. **C. raiponce** : *C. rapunculus.* Vulg. *raiponce.* Fl. bleues ou blanches, en manière d'épis grêles et très-lâches ; on mange sa racine en salade. *Vignes, haies, lieux incultes.*

CANCHE : *Aira*. (Graminée.)

A. *Tiges ayant moins d'un pied, et une panicule très-étalée*, 1.

B. *Tiges ayant moins d'un pied, et une panicule resserrée.*

C. *Tiges ayant plus d'un pied.*

B. { *Tiges n'ayant que deux ou trois pouces de haut*, 2.
{ *Tiges ayant plus de quatre pouces de haut*, 3.

C. { *Panicule très-ouverte, longue de huit à dix pouces*, 4.
{ *Panicule ouverte, longue de trois à quatre pouces*, 5.
{ *Panicule peu ouverte*, 6.

1. **C. cariophyllée** : *A. cariophyllea*. Glumes fort petites, verdâtres, blanches et luisantes à leur extrémité, et quelquefois un peu rougeâtres à leur base. *Bord des bois, lieux secs.*

2. **C. précoce** : *A. præcox*. Panicule longue à peine d'un pouce, tout-à-fait resserrée en épi, pauciflore et d'un vert blanchâtre mélangé de pourpre. *Lieux sablonneux et humides.*

3. **C. blanchâtre** : *A. canescens*. Cette espèce a beaucoup de rapport avec la précédente, mais elle est beaucoup plus grande ; la panicule est composée de glumes d'une couleur argentée, mélangée de rose ou de violet. *Lieux sablonneux.*

4. **C. en gazon** : *A. cæspitosa*. Cette espèce s'élève presque à trois pieds de hauteur ; la panicule est grande, étalée ; les glumes sont mélangées de violet et de jaune, à deux fleurs. *Prés et bois.*

Nota. Il y en a une variété à fleurs plus pâles et plus petites.

5. **C. flexueuse** : *A. flexuosa*. Fl. formant une panicule bien étalée, peu garnie ; les glumes sont luisantes, d'une couleur argentée, et souvent d'un rouge brun à leur base ; elles renferment deux fleurs. *Bord des bois, lieux montagneux.*

6. **C. de montagne** : (Dub.) *A. montana.* (Linn.) Ce n'est qu'une variété de la canche flexueuse. *Mêmes lieux.*

CARDÈRE : *Dipsacus.* (Dispacée.)

A. *Têtes de fleurs allongées et presque cylindriques,* 1.

B. *Têtes de fleurs arrondies et hémisphériques,* 2.

1. **C. à foulon** : *D. fullonum.* Vulg. *chardon à bonnetier.* Fl. rougeâtres, à paillettes crochues, dont la tête sert à peigner et polir les draps, la bonneterie, etc. *Champs cultivés.*

2. **C. velue** : *D. pilosus.* Vulg. *verge-de-pasteur.* Corolles blanchâtres, à étamines dont les anthères sont noirâtres ou purpurines. *Haies, fossés humides.*

CAREX : *Carex.* (Cypéracée.)

Vulg. *laiche.*

Les feuilles des carex sont striées et ordinairement très-rudes en leurs bords : leurs tiges ont presque toujours des angles aigus, tranchants et armés d'une quantité de petites dents qui coupent les mains lorsqu'on veut les arracher, et qui déchirent le palais des bestiaux qui les mangent. Aussi le foin qui est mêlé de laiches, ou carex, est-il de mauvaise qualité.

Ce genre est très-nombreux en espèces, dont Dubois n'a analysé que les principales; il est d'une étude difficile et de peu d'intérêt; cependant plusieurs savants s'en sont occupés spécialement, et précisément à cause de la difficulté.

A. *Carex dont tous les épis portent des fleurs mâles et des fleurs femelles.* **Voyez la 1ʳᵉ section.**

B. *Carex qui n'ont qu'un seul épi tout-à-fait mâle, et un ou plusieurs épis femelles.* **V. la 2ᵉ section.**

C. *Carex qui ont plusieurs épis tout-à-fait mâles, et un ou plusieurs épis femelles.* **V. la 3ᵉ section.**

Première Section.

A. *Capsules aiguës très-divergentes : épi composé de plu-sieurs épillets.*

B. *Capsules non divergentes : épillets verdâtres, écartés les uns des autres.*

C. *Capsules non divergentes : épi d'une couleur brune ou ferrugineuse, ayant à sa base des épillets écartés les uns des autres.*

D. *Capsules non divergentes : épi non interrompu, com-posé d'épillets ovales et assez gros.*

E. *Capsules non divergentes : épi non interrompu, com-posé d'épillets allongés qui ne sont pas sensiblement renflés.*

F. *Épi simple ne renfermant aucun épillet,* 13.

A. { *Feuilles n'ayant qu'une ligne de large : épi com-posé de quatre à six épillets,* 1.
Feuilles ayant plus d'une ligne de large : épi com-posé d'un grand nombre d'épillets, 2.

B. { *Écailles des épillets terminés par une barbe longue d'une ligne ou plus,* 3.
Écailles des épillets seulement lancéolées : épillets inférieurs très-écartés et placés dans l'aisselle d'une feuille, 4.
Écailles des épillets lancéolées : épillets médiocre-ment écartés les uns des autres, et ayant seule-ment une bractée sétacée à leur base, 5.

C. { *Épi composé d'épillets qui sont eux-mêmes compo-sés de plusieurs autres épillets,* 6.
Tous les épillets simples : épillet inférieur éloigné des autres de plus d'un pouce, 7.
Tous les épillets simples : épillet inférieur éloigné des autres de moins d'un pouce, 8.

D. { *Épi ayant à sa base une bractée à peine aussi lon-gue qu'un épillet,* 9.
Épi ayant à sa base une bractée plus longue que tout l'épi, 10.

16.

E. {
　　Épi composé d'un grand nombre d'épillets dont les
　　écailles sont blanchâtres et scarieuses en leurs
　　bords, 11.
　　Épi composé de quatre à six épillets dont les écailles
　　en sont pas sensiblement blanchâtres en leurs
　　bords, 12.

Deuxième Section.

A. *Épi mâle blanchâtre ou jaunâtre : épis femelles linéai-*
res et presque pendants, composés d'un petit nombre
de capsules peu serrées.

B. *Épi mâle blanchâtre ou jaunâtre : épis femelles assez*
épais et pendants, ou dont les capsules sont très-peu
pointues, ou même obtuses.

C. *Épi mâle blanchâtre ou jaunâtre : épis femelles ayant*
des capsules très-pointues.

D. *Épi mâle brun ou noirâtre : épis femelles sessiles.*

E. *Épi mâle brun ou noirâtre : épis femelles pédonculés.*

A. {
　　Tige haute d'un à deux pieds, 14.
　　Tige haute de quatre à six pouces, 15.

B. {
　　Épis femelles pendants et longs d'un pouce au
　　　moins, 16.
　　Épis femelles ayant des capsules obtuses, 17.
　　Épis femelles ayant des capsules légèrement poin-
　　　tues, 18.

C. {
　　Épis femelles rapprochés les uns des autres, 19.
　　Épis femelles très-écartés les uns des autres, 20.

D. {
　　Tige ayant plus d'un pied, 21.
　　Tige ayant moins d'un pied : épis femelles compo-
　　　sés d'environ dix à quinze capsules, 22.
　　Tige ayant moins d'un pied : épis femelles compo-
　　　sés de plus de vingt capsules, 18.

E. {
　　Capsules renflées, 23.
　　Capsules comprimées, 24.

Troisième Section.

A. *Épis mâles d'un gris blanchâtre.*

B. *Épis mâles de couleur brune ou noire : écailles des épis femelles étant à peine aussi longues que les capsules.*

C. *Épis mâles de couleur brune ou noire : écailles des épis femelles plus longues que les capsules*, 29.

A. { *La gaine des feuilles et les capsules velues*, 25.
   { *La gaine des feuilles et les capsules glabres*, 26.

B. { *Capsules comprimées et obtuses*, 27.
   { *Capsules triangulaires et pointues*, 28.

---

1. **C. rude** : *C. muricata.* Tige de 6 pouces, triangulaire ; 4 à 6 épillets arrondis, fort petits, et hérissés par leurs capsules, qui sont jaunâtres. *Bois humides.*

2. **C. jaunâtre** : *C. vulpina.* Tige droite, ferme, triangulaire, rudes sur les angles, dans le haut ; elle a souvent 2 pi. et plus de haut. *Marais, bord des fossés.*

3. **C. des sables** : *C. arenaria.* (Dub.) Paraît être le **C. de Schreber** : *C. schreberi.* (Fl. fr.) Ses tiges sont droites, ou souvent courbées, grêles, haute de 8 à 10 pouces ; épillets verdâtres, ou d'un roux châtain, au nombre de 5 à 6. *Lieux sablonneux, bord des haies et des bois.*

4. **C. espacé** : *C. remota.* Tige grêle, triangulaire, haute de 18 pouces, à épis écartés, pâles, sessiles. *Bois humides.*

5. **C. verdâtre** : *C. virens.* Il ressemble, selon de Candolle, au carex rude, et croit aussi dans les *bois humides.*

6. **C. en panicule** : *C. paniculata.* Tiges triangulaires, rudes sur les angles, droites, hautes de 2 ou

3 pieds; bractées et glumes d'un roux brun, avec les bords d'un blanc argenté. *Lieux humides.*

7. **C. allongé** : *C. elongata.* Tige triangulaire. un peu accrochante, haute de 15 à 18 pouces; écailles ferrugineuses. *Bord des fossés et des ruisseaux.*

8. **C. à épi** : *C. spicata.* (Dub.) Épi d'une couleur brune ou ferrugineuse. *Bord des eaux.*

9. **C. des lièvres** : *C. leporina.* (Dub.) Tige de 1 à 2 pieds, grêle, triangulaire; épillets roussâtres, ou blanchâtres, doux au toucher. *Prés humides.*

10. **C. hybride** : *C. hybrida.* (Dub.) Ce carex diffère peu du précédent. *Mêmes lieux.*

11. **C. brize** : *C. brizoides.* (Dub.) Cette espèce ne paraît pas être la même que celle de la flore française; et en diffère, ainsi que le dit Dubois : 1° par sa grosseur, car elle n'est point filiforme, et ses feuilles ont au moins une ligne de large; 2° par ses épillets qui sont au nombre de 20 à 30. Ce n'est peut-être qu'une variété. *Lieux humides.*

11 *(bis.)* **C. brize** : *C. brizoides.* (fl. fr.) Selon de Candolle cette espèce ressemble beaucoup au carex de Schreber (n° 5 ci-dessus), avec lequel on l'a souvent confondu; mais elle en diffère par sa racine qui est fibreuse et non rampante; par sa tige plus grêle, et dont la longueur atteint 15 à 24 pouces; par ses épillets blanchâtres, même à leur maturité, et le plus souvent courbés en manière de corne. *Bois et haies des Basses-Pyrénées*, etc.

12. **C. bromoïde** : *C. bromoides.* (Dub.) Racine rampante; tige menue, haute de 3 à 6 pouces; feuilles étroites et plus courtes que les tiges; épi composé de 3 à 6 épillets pointus et rapprochés; écailles ferrugineuses, oblongues, les intérieures vertes à leur base; capsules oblongues et légèrement triangulaires. *Lieux secs.*

13. **C. puce** : *C. pulicaris.* Tige grêle, cylindrique, haute de 4 à 12 pouces; épi simple, cylindrique; fl. mâles au sommet, fl. femelles à la base; écailles brunes, ovales. *Tourbières, prés humides.*

14. **C. étalé** : *C. patula.* Tige droite, grêle, triangulaire, glabre, haute de 12 à 30 pouces; 5 à 7 épis grêles, cylindriques, allongés, étalés à leur maturité. *Bois.*

15. **C. à fleurs lâches** : *C. laxiflora.* (Dub.) Ce carex a beaucoup d'analogie avec le précédent, mais les tiges n'ont que 4 à 6 pouces de haut, et les feuilles sont larges de 2 à 3 lignes. *Bois.*

16. **C. à feuilles de souchet** : *C. pseudocyperus.* Cette espèce, l'une des plus grandes de ce genre, s'élève jusqu'à 20 et 24 pouces; tige droite, à 3 angles rudes et aigus, à 5 épis allongés, cylindriques. *Bois humides et bord des fossés.*

17. **C. pâle** : *C. pallescens.* Tige droite, d'environ 1 pi., à 3 angles, garnis vers le haut de dentelures blanches et molles; 4 épis rapprochés, dont le supérieur mâle jaunâtre ou brunâtre; capsules pâles. *Prés humides.*

18. **C. précoce** : *C. præcox.* Tige triangulaire, presque lisse, droite, haute de 6 à 11 pouces; 3 ou 4 épis, le supérieur mâle, roussâtre. *Prés, bruyères, montagnes, dans le Jura, les Alpes, etc.*

19. **C. jaune** : *C. flava.* Cette espèce se distingue facilement lorsqu'elle est en fruit, à la couleur jaune de ses capsules; tiges variant de 2 à 9 pouces; épis ordinairement au nombre de 4; l'un mâle, grêle, roussâtre, placé au sommet de la tige; les autres femelles. *Marais, bois humides*

20. **C. distant** : *C. distans.* Tige droite, glabre, haute de 1 à 2 pi., à 4 épis très-écartés, cylin-

16*

driques; le supérieur mâle, les autres femelles. *Marais, bois et prés humides.*

21. **C. fasciculé** : *C. fasciculata.* (Dub.) Ce beau carex a beaucoup de rapport avec le C. *printanier* (n° 27 ci-dessous), mais il n'a qu'un seul épi mâle et plusieurs épis femelles ramassés en faisceau ; les écailles de ces derniers sont d'un brun foncé, avec une raie verte sur le dos ; les écailles de l'épi mâle sont d'un roux brun, avec une raie jaune ou sur le dos ou sur le côté ; les tiges sont hautes de 12 à 15 pouces, triangulaires et très-peu accrochantes. *Lieux humides.*

22. **C. à pilules** : *C. pilulifera.* Tige haute de 4 à 11 pouces, triangulaire, grêle, à 2 ou 3 épis ; le supérieur mâle, à écailles rousses, avec la nervure longitudinale verte ; capsule presque glabre, ovoïde plutôt que sphérique ; on confond souvent le C. à pilules avec le C. cotonneux (n° 30 ci-dessous). *Forêts sèches et pâturages des montagnes.*

23. **C. panic** : *C. panicea.* Tige droite, grêle, triangulaire, lisse, longue de 7 à 11 pouces ; épis au nombre de 3 à 5, savoir : 1 ou 2 deux mâles placés au sommet, et 2 à 3 femelles ; écailles des mâles brunes, avec le bord et le dos blanchâtres ; capsules pâles. *Marais.*

24. **C. gris** : *C. grisea.* (Dub.) Ce carex a beaucoup de rapport avec le C. fasciculé (n° 21 ci-dessus), mais il en diffère essentiellement par la position des épis femelles, qui sont très-écartés, et par la couleur de de l'épi mâle qui est noir au lieu d'être brun ; la tige est menue, haute de 15 à 18 pouces, triangulaire, rude en ses bords ; l'épi mâle est terminal, ses écailles sont presque noires, avec une raie verte sur le dos et sur le côté. Les épis femelles sont au nombre de 3. *Lieux marécageux.*

25. **C. hérissé** : *C. hirta.* Tige droite, haute de 1 à 2 pieds, à trois angles rudes; épis au nombre de 5, dont 2 mâles et 3 femelles. *Lieux humides.*

26. **C. en vessie** : *C. vesicaria.* Tige droite, haute de 20 à 26 pouces, triangulaire, rude vers le sommet; épis au nombre de 3 à six, savoir : 2 à 3 mâles placés vers le sommet, et 1 à 3 femelles placés au-dessous; capsules jaunâtres. *Marais.*

27. **C. printanier** : *C. verna.* (Dub.) Tiges hautes de 12 à 18 pouces. *Lieux marécageux.*

28. **C. roussâtre** : *C. acuta rufa.* (Dub.) Ce beau carex a la tige haute de plusieurs pieds, triangulaire et coupante; les épis mâles, au nombre de 3 ou 4, terminent les tiges : les trois supérieurs sont très-rapprochés, et d'un roux foncé; leurs écailles sont marquées sur le dos d'une raie jaune; celles des capsules sont d'un brun roux, avec une raie verte sur le dos. *Lieux aquatiques.*

29. **C. coupant** : *C. rufa.* Ce beau carex a sa tige triangulaire, rude, accrochante, et haute de plusieurs pieds; les tiges sont terminées par 2 ou 5 épis mâles, à écailles rousses, avec une raie jaunâtre. *Bord des ruisseaux, lieux aquatiques.*

30. **C. cotonneux** : *C. tomentosa.* Cette espèce, non comprise dans les analyses précédentes, a été souvent confondue avec le C. à pilules (n° 22 ci-dessus); ses tiges sont droites, grêles, triangulaires, hautes de 4 à 12 pouces; les épis sont au nombre de 2 et quelquefois 5; le supérieur est mâle, à écailles rousses, avec la nervure longitudinale verte; l'inférieur est femelle; les capsules sont globuleuses, cotonneuses. *Prés humides, buissons.*

CARLINE : *Carlina.* (Composée.)

1. **C. vulgaire** : *C. vulgaris.* Fl. blanchâtres, en manière de corymbe et au nombre de 3 ou 4. *Collines, lieux arides et terrains pierreux.*

CAROTTE : *Daucus.* (Ombellifère).

1. **C. commune** : *D. carotta.* Vulg. *carotte sauvage.* Fl. blanches, en ombelles très-garnies, dont le centre est souvent remarquable par une fleur rouge et stérile ; pl. cult. alim. méd. apéritive, carminative et diurétique. *Lieux secs et incultes.*

CARTHAME : *Carthamus.* (Composée.)

A. *Fleurs bleues : tiges n'ayant que quelques pouces de haut,* 1.

B. *Fleurs jaunes,* 2.

C. *Fleurs rouges : feuilles larges et tachées de blanc,* 3.

1. **C. nain** : *C. mitissimus.* Maintenant *cardoncelle doux, carduncellus mitissimus* (fl. fr.) Fl. bleue, grande, terminale, solitaire. *Bois, vignes.*

2. **C. laineux** : *C. lanatus.* Maintenant *centaurée laineuse* (fl. fr.), et vulg. *chardon béni des parisiens.* Fl. jaunes, terminant les rameaux, qui sont presque en corymbe ; pl. méd. amère, fébrifuge et sudorifique. *Bord des chemins, lieux incultes.*

3. **C. taché** : *C. maculatus.* Maintenant et vulg. *chardon marie,* (fl. fr.). Fl. terminales, purpurines ; pl. méd. sudorifique, fébrifuge, apéritive et diurétique. *Lieux incultes, bord des chemins.*

Nota. Le genre carthame de Linnée a été réduit au seul *carthame des teinturiers* (fl. fr.), ou *safran bâtard.* Ses fleurs sont d'un rouge de safran orangé, et servent à teindre en rose ou en ponceau les étoffes de soie ; ses graines sont purgatives. *Originaire de l'Orient, et cultivé dans la France méridionale.*

CAUCALIDE : *Caucalis.* (Ombellifère.)

A. *Ombelles sessiles : les fleurs naissent dans les aisselles des feuilles*, 1.

B. *Ombelles pédonculées, ayant cinq rayons ou plus.*

C. *Ombelles pédonculées, ayant trois ou quatre rayons.*

D. *Ombelles pédonculées, n'ayant que deux rayons*, 6.

B. { *Tige n'ayant pas plus d'un pied*, 2.
{ *Tige ayant plus d'un pied*, 3.

C. { *Folioles des feuilles élargies : collerette universelle de plusieurs pièces*, 4.
{ *Folioles des feuilles partagées en découpures très-menues : collerette universelle, ou nulle uo d'une seule pièce*, 5.

1. **C. à fleurs latérales** : *C. nodiflora.* Fl. blanches, petites, en ombelles latérales simples et presque sessiles. *Bord des champs, lieux incultes.*

2. **C. à grandes fleurs** : *C. grandiflora.* Fl. blanches, ou rougeâtres, dont les extérieures ont chacune un pétale bifide. *Moissons.*

3. **C. anthrisque** : *C. anthriscus.* Fl. blanches, ou rougeâtres, en ombelles planes. *Haies, lieux incultes.*

4. **C. à larges feuilles** : *C. latifolia.* Fl. blanches, en ombelles. *Moissons.*

5. **C. à feuilles de carotte** : *C. daucoides.* Fl. blanches, un peu rougeâtres, assez nombreuses, et qui avortent, excepté 3 ou 4. *Moissons.*

6. **C. à petite fleur** : *C. parviflora.* Fl. blanches, un peu rougeâtres, presque toutes fertiles. *Champs, lieux stériles, routes.*

7. **C. à feuilles de cerfeuil** : V. scandix à fruits courts.

CENTAURÉE : *Centaurea.* (Composée.)

Autrefois *Jacée.*

A. *Feuilles profondément divisées en découpures linéaires et blanchâtres : les écailles du calice ne sont ciliées qu'à leur extrémité*, 1.

B. *Feuilles profondément divisées en découpures élargies et vertes : les écailles du calice sont ciliées en leurs bords*, 2.

C. *Feuilles simples, dentées et un peu sinuées*, 3.

1. **C. en panicule** : *C. paniculata.* Fl. purpurines, oblongues, petites. *Champs, lieux stériles.*

2. **C. scabieuse** : *C. scabiosa.* Fl. assez grandes, purpurines, ou d'un rouge jaunâtre. *Bord des champs et des bois.*

3. **C. noire** : *C. nigra.* Fl. solitaires, purpurines. *Prairies montueuses.*

Nota. Depuis Dubois, on a réuni au genre centaurée *la chausse-trappe, le bleuet et le rhapontic,* sous les noms suivants :

4. **C. chausse-trappe** : *C. calcitrapa.* Vulg. *chardon étoilé.* Fl. sessiles, terminales, purpurines, d'un pourpre pâle, ou blanches, environnées de bractées; épines de l'involucre jaunes, fort grandes; pl. méd. apéritive et diurétique; les juifs l'employaient pour l'assaisonnement de l'agneau pascal. *Lieux stériles et pierreux.*

5. **C. bleuet** : *C. cyanus.* Vulg. *bleuet, casse-lunette.* Fl. bleues, terminales, remarquables par leur couronne fort grande; pl. méd. ophtalmique. *Moissons.*

6. **C. jacée** : *C. jacea.* Vulg. *C. des prés,* ou *jacée.* Fl. purpurines, quelquefois blanches; cette plante très-commune offre un grand nombre de variétés. *Prés, bord des bois.*

CENTENILLE : *Centunculus.* (Primulacée.)

1. **C. naine** : *C. minimus.* Fl. blanches ou verdâtres, petites, axillaires et sessiles. *Marais, bois humides.*

CÉRAISTE : *Cerastium.* (Cariophyllée.)

A. *Feuilles inférieures pétiolées*, 1.

B. *Toutes les feuilles sessiles : pétales beaucoup plus grands que le calice*, 2.

C. *Toutes les feuilles sessiles : pétales à peu près de la grandeur du calice*, 3.

1. **C. aquatique** : *C. aquaticum.* Fl. blanches, terminales, à pétales profondément bifides. *Fossés aquatiques, bord des lacs.*

2. **C. des champs** : *C. arvense.* Fl. grandes, blanches, terminales. *Bord des champs et des chemins.*

3. **C. commun** ; *C. vulgatum.* Fl. blanches naissant à la bifurcation des rameaux, à pétales oblongs, entiers ou échancrés. *Décombres, lieux secs.*

CERFEUIL : *Chærophyllum.* (Ombellifère.)

A. *Feuilles très-velues des deux côtés et d'un vert noirâtre : ombelles penchées avant l'épanouissement des fleurs*, 1.

B. *Feuilles presque glabres et d'un vert gai ; ombelles toujours redressées, même avant l'épanouissement des fleurs*, 2.

1. **C. penché** : *C. temulum.* Fl. blanches, penchées avant l'épanouissement. *Haies, lieux incultes.*

2. **C. sauvage** : *C. sylvestre.* Fl. blanches, toujours redressées, à odeur désagréable. *Prés, haies.*

Nota. Les ignorants confondent souvent ces deux cerfeuils avec la ciguë.

CERISIER ; *Cerasus.* (Rosacée.)

A. *Fleurs se développant après les feuilles.*

B. *Fleurs se développant avant ou avec les feuilles.*

A. { *Fleurs en grappes pendantes*, 1.
{ *Fleurs en corymbes droits*, 2.

B. { *Lobes du calice fortement dentés en scie*, 3.
{ *Lobes du calice entiers ou à peine dentés ; fruits sphériques acides ou acidules*, 4.
{ *Lobes du calice entiers ou à peine dentés; fruits ovoïdes, jamais acides*, 5.

1. **C. à grappes** : *C. padus.* Vulg. *merisier à grappes,* ou *faux bois de Sainte-Lucie.* Arbrisseau à fl. blanches, pédonculées, disposées en grappes pendantes; pétales denticulés à leur sommet; fruits ronds, petits, noirs ou rouges, d'un goût amer. Bois un peu odorant, pour le tour et l'ébénisterie; feuilles et fleurs antispasmodiques. *Haies et bois.*

2. **C. mahaleb** : *C. mahaleb.* Vulg. *bois de Sainte-Lucie.* Moyen arbre à fl. blanches, pédonculées et disposées en corymbe droit; pétales allongés et très-étroits; fruits ronds, petits, noirâtres, d'un goût amer; feuilles odorantes; bois dur et odorant, employé surtout par les tourneurs et les menuisiers de Sᵗᵉ-Lucie (Vosges), en petits meubles de fantaisie, dont l'odeur agréable se conserve très-longtemps. *Bois, lieux incultes.*

3. **C. tardif** : *C. semperflorens.* Vulg. *cerisier de la Toussaint.* Arbrisseau à fl. blanches, portées sur de longs pédoncules axillaires et solitaires; fruits ronds, légèrement acides, d'un rouge clair; ce cerisier est à la fois chargé de fleurs et de fruits qui mûrissent jusqu'à la fin de l'automne. *Cultivé pour l'ornement.*

4. **C. griottier** : *C. caproniana.* Vulg. *cerisier commun.* Petit arbre à fl. blanches, en ombelles latérales presque sessiles; fruits ronds, fondants, toujours plus ou moins acides et à la fois sucrés (les cerises aigres, les griottes, etc.), ordinairement rouges, mais variant du rouge pâle au pourpre noirâtre; bois bon pour le tour, l'ébénisterie, etc. *Cult. ori-* *ginaire de Cérasonte (Cerasus), ville de l'Asie mineure:* *il est peut-être sauvage dans nos bois.*

On connaît plus de 20 variétés du cerisier griottier.

5. **C. merisier** : *C. avium.* Vulg. *cerisier des oiseaux.* Grand arbre à fl. blanches, en ombelles latérales

sessiles; fruits presque ovoïdes, plus ou moins gros selon les variétés qui sont nombreuses; très-petits et amers dans celles sauvages, doux et sucrés dans celles cultivées, et variant du rouge au noir; bois pour le tour et l'ébénisterie, plus estimé que celui du griottier; pl. méd. contre l'apoplexie, la paralysie, etc. *Cette espèce est commune dans les grandes forêts.*

Le guinier, le bigarreautier et autres cerisiers cultivés, à fruits doux, ne sont que des variétés du merisier.

Nota. Les cerises sont généralement adoucissantes, laxatives, rafraîchissantes, calmantes et diurétiques; c'est un des fruits les plus sains; la gomme du cerisier est émolliente et mucilagineuse. .

CHANVRE : *Cannabis.* (Urticée.)

1. **C. cultivé** : *C. sativa.* Fl. dioïques, herbacées; pl. méd. émolliente, résolutive, à odeur forte, enivrante; us. : huile, toile, cordages, etc. *Originaire de Perse, naturalisé en Europe.*

CHARAGNE : *Chara.* (Nayade.)

A. *Feuilles chargées de dents épineuses,* 1.

B. *Feuilles nullement épineuses,* 2.

1. **C. vulgaire** : *C. vulgaris.* Vulg. *lustre d'eau.* Tiges très-rameuses; pas de corolle; fruits jaunâtres, striés en spirale; cette plante exale une odeur fétide; on l'emploie à Genève pour nettoyer la vaisselle, sous le nom *d'herbe-à-récurer. Elle croît en gazons serrés au fond des eaux stagnantes.*

2. **C. flexible** : *C. flexilis.* Ce sont les feuilles qui portent les fleurs : l'étamine est immédiatement sous la fleur femelle. *Étangs.*

Nota. Les charagnes sont mal connues et difficiles à étudier; elles s'approchent des prêles par leurs

17.

rameaux verticillés, et des nayades par leurs fruits axillaires : on ignore le mode de leur fécondation.

CHARDON : *Carduus*. (Composée.)

A. *Calice peu ou point épineux : feuilles décurrentes sur la tige.*

B. *Calice peu ou point épineux : feuilles non décurrentes sur la tige.*

C. *Calice très-épineux : feuilles décurrentes sur la tige.*

D. *Calice très-épineux : feuilles non décurrentes sur la tige, 9.*

A. { *Fleurs solitaires portées sur des pédoncules assez longs, 1.*
     Fleurs réunies plusieurs ensemble et portées sur des pédoncules très-courts, 2.

B. { *Tige nulle, ou presque nulle, 3.*
     Tige haute de six à dix pouces, garnie d'un petit nombre de feuilles blanchâtres et peu épineuses, 4.
     Tige haute de plus d'un pied et garnie de feuilles vertes et très-épineuses, 5.

C. { *Fleurs réunies plusieurs ensemble et de la grosseur d'une olive, 6.*
     Fleurs fort grosses, solitaires et penchées, 7.
     Fleurs fort grosses, solitaires et redressées, 8.

1. **C. à taches blanches** : *C. leucographus.* Fl. pur-purines, solitaires, grosses comme une noisette. *Provinces méridionales.*

2. **C. des marais** : *C. palustris.* Maintenant *cirse des marais* (fl. fr.). Têtes de fl. terminales, purpurines, petites, ramassées et presque sessiles. *Marais et prés couverts.*

3. **C. nain** : *C. acaulis.* Maintenant *cirse nain* (fl. fr.). Fl. solitaire, purpurine, assez grande. *Pelouses et lieux secs.*

4. **C. anglais** : *C. anglicus*. Maintenant *cirse d'Angleterre* (fl. fr.). Fl. purpurines, solitaires, droites ou un peu penchées, assez grandes. *Prés et bois humides.*

5. **C. des champs** : *C. arvensis*. Maintenant *cirse des champs* (fl. fr.). Vulg. *chardon hémorrhoïdal.* Fl. purpurines, ou blanchâtres, agglomérées; la piqûre de certains insectes fait paraître quelquefois sur ce chardon des galles rouges, d'où lui vient son nom vulgaire. *Vignes et champs cultivés.*

6. **C. à feuilles d'acanthe** : *C. acanthoides*. Têtes de fl. globuleuses, d'un pourpre foncé, ou blanches; plantes d'un vert triste. *Champs incultes.*

7. **C. penché** : *C. nutans*. Fl. grosses, courtes, purpurines et penchées vers la terre; écailles de l'involucre garnies de duvet en manière de toile d'araignée; pl. d'un aspect blanchâtre. *Bord des chemins.*

8. **C. lancéolé** : *C. lanceolatus*. Maintenant *cirse lancéolé* (fl. fr.). Fl. grosses, purpurines, à involucres très-légèrement velus. *Bord des chemins, rues des villages.*

9. **C. lanugineux** : *C. eriophorus*. Maintenant *cirse laineux* (fl. fr.), et vulg. *chardon-aux-ânes.* Têtes de fl. purpurines, fort grosses, arrondies et très-cotonneuses. *Lieux montueux et stériles.*

Nota. Les cirses diffèrent des chardons par leur aigrette plumeuse. (fl. fr.).

CHARME : *Carpinus.* (Amentacée.)

1. **C. commun** : *C. betulus*. Arbre médiocre, à fl. monoïques, en chatons; les mâles allongés, cylindriques, à écailles roussâtres, concaves : les femelles lâches, à écailles foliacées, grandes, à trois lobes; bois dur empl. pour le tour, la menuiserie, le charronage, le chauffage, etc. *Il est assez commun dans certaines forêts.*

CHATAIGNIER : *Castanea.* (Amentacée.)

1. **C. ordinaire** : *C. vulgaris.* Grand arbre, à rameaux étalés, dont les mêmes pieds portent des fleurs mâles et des fleurs hermaphrodites; chatons mâles jaunâtres, linéaires, cylindriques, très-longs, à odeur pénétrante; les fruits sont les châtaignes et les marrons; lorsqu'il n'y a qu'une graine dans la coque, c'est un *marron*, et s'il y en a deux ou trois, c'est une *châtaigne*; fruit alim. très-nourrissant; écorce astringente; bois empl. pour la charpente, les futailles, les échalas, etc. *Forêts.*

Nota. On cite le châtaignier du Mont-Etna, connu sous le nom de *châtaignier des* 100 *chevaux* (parcequ'il abrita un jour 100 cavaliers), et qui a 160 pieds de circonférence.

CHÉLIDOINE : *Chelidonium.* (Papavéracée.)

1. **C. éclaire** : *C. majus.* Vulg. *grande éclaire.* Fl. jaunes, en manière d'ombelles; suc jaune très-âcre, empl. contre les verrues et les maux d'yeux; pl. méd. apéritive, diurétique, purgative, sudorifique, etc. *Haies, vieux murs, lieux couverts.*

CHÊNE : *Quercus.* (Amentacée.)

A. *Feuilles glabres.*
B. *Feuilles velues.*

A. {
Pédoncules des glands longs de deux pouces et plus, 1.
Glands sessiles, ou presque sessiles, 2.
}

B. {
Glands sessiles, ou presque sessiles, dont les capsules sont tuberculeuses, 3.
Glands presque sessiles, dont les capsules sont garnies d'écailles serrées et comme imbriquées, 4.
}

1. **C. à grappes** : *Q. racemosa.* Vulg. *chêne mâle,* ou *chêne pédonculé.* Grand arbre à fl. monoïques; les mâles disposées en chaton lâche et pendant; les glands sont ordinairement allongés, mais presque

sphériques dans une variété ; le bois de cette espèce
est de la meilleure qualité et empl. pour chauffage,
teinture, constructions, ameublement, etc. ; pl.
méd. vulnéraire astringente et résolutive. *Bois et
forêts.*

2. **C. sessile** : *Q. sessiliflora.* Vulg. *chêne femelle.* Arbre
moins élevé et bois moins dur que le précédent ; il
y en a plusieurs variétés. *Bois et forêts.*

3. **C. lanugineux** : *Q. lanuginosa.* (Dub.) Arbre
médiocre, à glands petits, oblongs et à capsule
très-petite. *Bois pierreux.*

4. **C. à trochets** : *Q. glomerata.* (Dub.) Vulg. *chêne
à petits glands.* Cupules légèrement pédonculées,
garnies d'écailles imbriquées ; glands assez petits et
ramassés par bouquets ou trochets. *Bois de la Sologne*, etc.

CHÈVREFEUILLE : *Lonicera.* (Caprifoliacée.)
A. *Fleurs terminales et verticillées,* 1.
B. *Fleurs axillaires,* 2.

1. **C. périclymène** : *L. periclymenum.* Vulg. *C. des
bois.* Arbrisseau grimpant, à fl. grandes et d'une
odeur agréable ; leur corolle a un tube fort long,
elle est rougeâtre en dehors, jaunâtre à son entrée
et presque labiée en son limbe ; pl. méd. vulnéraire
détersive, contre les maux d'yeux, de gorge et les
plaies des jambes ; il y en a plusieurs variétés. *Bois
et haies.*

2. **C. xylosteon** : *L. xylosteum.* Vulg. *C. des buissons* ou *camérisier.* Arbrisseau de cinq à six pieds,
droit, branchu, à fl. petites, blanches, et disposées
deux ensemble sur le même pédoncule. *Bois et haies.*

CHICORÉE : *Cichorium.* (Composée.)

1. **C. sauvage** : *C. intybus.* Fl. bleues, presque axillaires et sessiles ; pl. méd. amère, stomachique.
Bord des chemins.

Nota. Il y en a une variété à fl. blanches ; une autre dont les demi-fleurons sont profondément découpés ; et une troisième très-remarquable par sa
tige large et aplatie.

CHLORE : *Chlora.* (Gentianée.)

1. **C. enfilée** : *C. perfoliata.* Fl. jaunes et terminal-
les ; calice découpé en huit segments linéaires.
Collines sèches et arides.

CHOIN : *Schœnus.* (Cyperacée.)

A. *Tiges feuillées : fleurs axillaires et terminales.*

B. *Tiges nues, terminées par une tête de fleurs garnie
de bractées fort longues,* 3.

A. { *Épillets blancs,* 1.
    { *Épillets bruns,* 2.

1. **C. blanc** : *S. albus.* Tige de 7 à 8 pouces, presque
filiforme et un peu triangulaire, chargée d'un à
trois bouquets de fleurs, composés d'épillets cylindriques, pointus, de couleur blanche, puis roussâtre. *Lieux humides.*

2. **C. brun** : *S. fuscus.* Cette espèce ressemble beaucoup à la précédente, mais elle ne s'élève pas au-
delà de 4 à 5 pouces ; sa panicule est rousse, ou
brunâtre, et non blanche. *Prés humides.*

3. **C. capité** : *S. capitatus.* (Dub.) Tiges nues, triangulaires, hautes de 2 à 4 pouces, et terminées par
une tête de fleurs, à la base de laquelle se trouve
une collerette. *Bord des eaux.*

CHONDRILLE : *Chondrilla.* (Composée.)

A. *Feuilles de la tige linéaires et entières,* 1.

B. *Feuilles de la tige pinnatifides, terminées par un
grand lobe anguleux,* 2.

1. **C. effilée** : *C. juncea.* Fl. jaunes, petites, presque sessiles, à demi-fleurons peu nombreux et dis-

posés le long des rameaux ; les tiges paraissent nues et semblables à celles de quelques espèces de joncs. *Bord des champs et des vignes.*

2. **C. des murs** : *C. muralis.* Fl. fort petites, en panicule terminale, d'un jaune pâle et composées seulement de 5 ou 6 demi-fleurons. *Sur les vieux murs et dans les lieux couverts.*

CHOU : *Brassica.* (Crucifère.)

A. *Toutes les feuilles glabres et douces au toucher.*

B. *Toutes les feuilles, ou au moins les inférieures, rudes et velues.*

A. { *Siliques cylindriques : feuilles inférieures fort larges,* 1.
{ *Siliques quadrangulaires : feuilles n'ayant pas plus de deux à trois pouces de large,* 2.

B. { *Feuilles de la tige amplexicaules,* 3.
{ *Feuilles de la tige seulement sessiles,* 4.

1. **C. potager** : *B. oleracea.* Fl. blanches ou jaunâtres, en panicule ; pl. méd. bonne pour la poitrine et employée contre la pleurésie. *Cult. originaire d'Angleterre.*

Il y en 6 variétés principales, savoir : *le colsa, le chou-vert, le chou-cabu, le chou-fleur, le chou-rave* et *le chou-navet.*

2. **C. perce-feuille** : *B. perfoliata.* Fl. blanches, un peu jaunâtres, disposées en longues grappes au sommet de la tige et des rameaux. *Parmi les blés, en Lorraine, en Alsace, etc.*

3. **C. à feuilles rudes** : *B. asperifolia.* Fl. blanchâtres ou jaunâtres ; on y rapporte 3 races distinctes : 1° *la navette,* à fl. jaunes, petites ; on la cultive dans plusieurs pays pour retirer l'huile de ses graines. 2° *le navet,* à fl. jaunes, ou d'un blanc jaunâtre ; pl. alim. méd. bonne pour la poitrine ; on en distingue un grand nombre de variétés. 3° *la grosse rave,* à fl. jaunes ; alim. *Cultivée.*

4. **C. fausse-roquette** : *B. erucastrum.* Vulg. *rave-nelle.* Fl. jaunes, non veinées, assez grandes. *Lieux incultes, vieux murs.*

CRYSANTHÊME : *Chrysantemum.* (Composée.)

A. *Couronne florale blanche,* 1.

B. *Couronne florale jaune,* 2.

1. **C. leucanthême** : *C. leucanthemum.* Vulg. *grande-marguerite.* Fl. radiées, grandes, fort belles, à disque jaune, plane, entouré de demi-fleurons blancs; il y en a plusieurs variétés; pl. méd. vulnéraire, astringente. *Prés.*

2. **C. des blés** : *C. segetum.* Vulg. *marguerite dorée.* Fl. grandes, fort belles, tout-à-fait jaunes et solitaires au sommet de la tige et des rameaux; pl. méd. vulnéraire; teinture jaune. *Champs.*

CHRYSOCOME : *Chrysocoma.* (Composée.)

1. **C. à feuilles de lin** : *C. linosyris.* Fl. jaunes, terminales, formant un corymbe assez marqué. *Lieux argileux et exposés au soleil.*

CICUTAIRE : *Cicutaria.* (Ombellifère.)

1. **C. aquatique** : *C. aquatica.* Fl. blanches, presque régulières et disposées en ombelles lâches; c'est un poison très-dangereux. *Bord des étangs et des fosses aquatiques.*

CIGUË : *Cicuta.* (Ombellifère.)

1. **C. commune** : *C. major.* Vulg. *grande ciguë.* Fl. blanches, en ombelles très-ouvertes; son odeur est forte et fétide et empêche qu'on ne la confonde avec le persil et le cerfeuil; à l'extérieur, elle est très-émolliente et résolutive; à l'intérieur, elle est un poison dangereux; on en fait cependant usage en médecine contre plusieurs maladies rébelles, telles que les affections dartreuses, scrophuleuses, etc. *Bords des haies et terrains un peu humides.*

CIRCÉE : *Circœa*. (Onagraire.)

1. **C. de Paris** : *C. lutetiana*. Vulg. *herbe-aux-sorciers*. Fl. blanches ou rougeâtres, en longues grappes, au sommet de la tige et des rameaux ; pl. méd. résolutive et anodine ; empl. autrefois mystérieusement par les Druides, dans la magie. *Bois.*

CIRSE : *Cirsium*. (Composée.)

1. **C. des lieux cultivés** : *C. oleraceum*. Vulg. *quenouille-des-prés*, ou *chardon-à-feuilles-d'acanthe*. Fl. terminales, ramassées, jaunâtres, à bractées de même couleur. *Prés et lieux humides.*

Voyez aussi *chardon*.

CLÉMATITE : *Clematis*. (Renonculacée.)

1. **C. des haies** : *C. vitalba*. Vulg. *viorne, herbe-aux-gueux*. Fl. blanches, disposées en une panicule formée par des pédoncules plusieurs fois trifides ; les semences sont ramassées et forment, par leurs aigrettes, des plumets blancs soyeux et très-remarquables ; pl. méd. caustique, vésicatoire ; les mendiants se frottent avec son suc pour se faire des ulcères qui ont une grande surface et peu de profondeur. *Haies.*

Voyez aussi *aristoloche*.

CLINOPODE : *Clinopodium*. (Labiée.)

1. **C. commun** : *C. vulgare*. Fl. de couleur rouge, quelquefois blanche, formant un ou deux verticilles assez denses au sommet de la tige ou dans les aisselles supérieures des feuilles ; pl. méd. céphalique et tonique. *Bord des bois.*

COLCHIQUE : *Colchicum*. (Colchicacée.)

1. **C. d'automne** : *C. autumnale*. Vulg. *veilleuse, tue-chien*. Fl. d'un lilas pâle, en automne ; les feuilles ne poussent qu'au printemps suivant ; pl. vén. méd., diurétique, contre l'hydropisie, la goutte, etc.

COMARET : *Comarum.* (Rosacée.)

1. **C. des marais** : *C. palustre.* Vulg. *argentine-rouge.* Fl. terminales, remarquables par leur calice coloré, à dix divisions pointues, et par leurs pétales rouges, ligulés et fort courts. *Marais.*

CONSOUDE : *Symphytum.* (Borraginée.)

A. *Feuilles semi-décurrentes : fleurs jaunâtres : racine blanche à l'extérieur,* 1.

B. *Feuilles décurrentes : fleurs rouges et blanches : racine noire à l'extérieur,* 2.

1. **C. tubéreuse** : *S. tuberosum.* Fl. jaunâtres ; elle ressemble beaucoup à la suivante, mais elle est plus petite. *Prés humides.*

2. **C. officinale** : *S. officinale.* Fl. rouges, purpurines, ou d'un blanc jaunâtre, en épi lâche et tournées d'un même côté ; pl. méd. mucilagineuse et un peu astringente. *Prés humides.*

CONYSE : *Conysa.* (Composée.)

1. **C. rude** : *C. squarrosa.* Vulg. *herbe-aux-mouches.* Fl. jaunâtres, rougeâtres en dehors et disposées en corymbe terminal ; les fleurons femelles sont très-minces et à 3 dents ; odeur forte et désagréable qui fait. dit-on, mourir les mouches et les puces ; pl. méd. vulnéraire et carminative. *Terrains secs et bord des bois.*

COQUERET : *Physalis.* (Solanée.)

1. **C. alkekenge** : *P. alkekengi.* Fl. blanchâtres, en roue, solitaires, axillaires ; calice renflé en vessie pendant la maturité et contenant une baie globuleuse, rouge ; pl. méd., fruit diurétique, rafraîchissant et anodin. *Lieux humides et ombragés.*

CORIANDRE : *Coriandrum.* (Ombellifère.)

1. **C. cultivée** : *C. sativum.* Fl. blanches, les extérieures grandes et irrégulières, en ombelle de 5 à

8 rayons; pl. méd., graines stomachiques, apéritives et carminatives; on s'en sert aussi pour assaison ner les ratafiats, la bierre, etc. *Champs et jardins.*

CORIOPE : *Coreopsis.* (Composée.)

1. **C. bident** : *C. bidens.* Fl. jaunes; ce n'est, selon de Candolle, qu'une variété du *bident penché;* mais Dubois en fait une espèce particulière, en ce que les fleurs sont très-droites, nullement penchées, et les demi-fleurons de la circonférence fort beaux et stériles. *Marais profonds.*

CORNIFLE : *Ceratophyllum.* (Salicariée.)

A. *Feuilles épaisses à leur base et rudes au toucher,* 1.

B. *Feuilles linéaires et douces au toucher,* 2.

1. **C. nageant** : *C. demersum.* Tige flottante, fl. monoïques, herbacées, peu visibles; fruit à 3 cornes. *Étangs, rivières et fossés.*

2. **C. submergé** : *C. submersum.* Cette plante ressemble beaucoup à la précédente, mais elle est plus rare; fruit sans cornes. *Mêmes lieux.*

CORNOUILLER : *Cornus.* (Caprifoliacée.)

A. *Fleurs jaunes,* 1.

B. *Fleurs blanches,* 2.

1. **C. mâle** : *C. mas.* Arbrisseau à fl. jaunes, en petites ombelles, naissant avant les feuilles; fruits oblongs, d'un beau rouge dans leur maturité; les baies nommées *cornouilles,* sont bonnes à manger; le bois est très-dur, bon pour le tour, etc. *Haies et bois.*

2. **C. sanguin** : *C. sanguinea.* Vulg. *bois-punais.* Arbrisseau à fl. blanches, naissant après les feuilles et formant des ombelles assez grandes; fruits globuleux, noirâtres dans leur maturité. *Haies et bois.*

CORONILLE : *Coronilla.* (Légumineuse.)

A. *Fleurs agréablement panachées de blanc et de rouge, ou de violet,* 1.

B. *Fleurs tout-à-fait jaunes,* 2.

1. **C. bigarrée** : *C. varia.* Fl. rassemblées 10 à 12 ensemble en couronnes agréablement mélangées de rose, de blanc et de violet. *Bord des champs, des prés et des chemins.*

2. **C. naine** : *C. minima.* Fl. jaunes, disposées en couronne au sommet du pédoncule. *Rochers, collines pierreuses, surtout dans les provinces méridionales.*

CORRIGIOLE : *Corrigiola.* (Portulacée.)

1. **C. des rives** : *C. littoralis.* Fl. blanches, extrêmement petites et ramassées en bouquets serrés aux extrémités des rameaux et des tiges. *Lieux sablonneux, bord des ruisseaux.*

COUDRIER : *Corylus.* (Amentacée.)

1. **C. noisetier** : *C. avellana.* Arbrisseau à fl. monoïques, sans corolle; les chatons mâles naissent 3 à 4 ensemble et s'épanouissent avant la naissance des feuilles; ils sont cylindriques et pendants; les fl. femelles naissent plusieurs ensemble dans un bourgeon écailleux; 2 styles saillants, d'un rouge vif. *Haies et bois.*

CRANSON : *Cochlearia.* (Crucifère.)

A. *Feuilles fort larges et redressées,* 1.

B. *Feuilles à découpures linéaires et couchées,* 2.

1. **C. de Bretagne** : *C. armoracia.* Vulg. *raifort-sauvage.* Fl. blanches, assez petites, et disposées par bouquets ou espèces de grappes lâches et terminales; pl. méd. anti-scorbutique, diurétique, etc.; en Angleterre et en Flandre on mange la racine en guise de moutarde. *Lieux humides.*

2. **C. corne-de-cerf** : *C. coronopus.* Maintenant *corne-de-cerf commune.* Fl. blanches, fort petites et disposées en bouquets ou en grappes courtes et latérales; quelques personnes mangent cette plante en salade. *Bord des routes, villages, lieux cultivés.*

CRAPAUDINE : *Sideritis.* (Labiée.)

1. **C. velue** : *S. Hirsuta.* Rangée maintenant, par de Candolle (fl. fr.) parmi les variétés de la *crapaudine faux-scordium.* Fl. d'un jaune claire, à lèvre supérieure blanchâtre. *Collines, midi.*

CRASSULE : *Crassula.* (Crassulacée.)

1. **C. rougeâtre** : *C. rubens.* Fl. sessiles, à pétales blancs, chargés d'une ligne purpurine, velus en dessous et terminés par une pointe acérée. *Bord des vignes et des chemins.*

CRÉPIDE : *Crepis.* (Composée.)

A. *Fleurs ayant plus d'un demi-pouce de diamètre.*

B. *Fleurs ayant à peine un demi-pouce de diamètre.*

A. {
Demi-fleurons rouges à l'extérieur : plante d'une odeur fétide.

Tige ayant rarement un pied de haut : fleurs ayant à peine un pouce de diamètre, 1.

Demi-fleurons entièrement jaunes : tiges ayant souvent deux ou trois pieds de haut : fleurs ayant souvent deux pouces de diamètre, 2.
}

B. {
Plante velue et un peu glutineuse, 3.

Plante lisse, ou légèrement velue et farineuse : calice extérieur lâche, 4.

Plante lisse : feuilles très-peu découpées : calice extérieur serré et composé d'un très-petit nombre d'écailles, 5.
}

1. **C. puante** : *C. fetida.* Maintenant *barkhausie fétide* (fl. fr.). Fl. jaunes, purpurines en dehors et un peu penchées avant leur développement; cette plante exhale une odeur qui approche de celle des amandes amères. *Lieux incultes, bord des champs.*

2. **C. bisannuelle** : *C. biennis.* Fl. jaunes, terminales, en corymbe, et de 18 à 24 li. de diamètre. *Pâturages, bord des champs.*

3. **C. élégante** : *C. pulchra.* Maintenant *prénanthe*

18.

élégant (fl. fr.). Fl. jaunes, petites, terminales et paniculées; aigrette simple et sessile. *Côteaux.*

4. **C. des toits** : *C. tectorum.* Fl. semblables à celles
de la C. bisannuelle, mais de moitié plus petites.
Prés et toits de chaume.

5. **C. verdâtre** : *C. virens.* Port grêle et fluet; fl.
d'un jaune pâle, de 6 à 8 li. de diamètre, en corymbe irrégulier, à involucre farineux. *Prés secs,
haies, pied des murs.*

Nota. Toutes les crépides subissent de nombreuses variations, qui rendent quelques espèces difficiles à distinguer.

CRESSON : *Cardamine et sisymbrium.* (Crucifère.)

A. *Fleurs blanches, dont les pétales n'ont pas deux lignes de long.*

B. *Fleurs rougeâtres, ou dont les pétales ont plus de deux
lignes de long, 3.*

    *Siliques très-ouvertes et à peine aussi longues que
leurs pédoncules.*

A. } *Pétales plus longs que le calice et très-visibles, 1.*

    *Siliques redressées et plus longues que leurs pédon-
cules : pétales peu visibles et de la longueur du
calice, 2.*

1. **C. de fontaine** : *Sisymbrium nasturtium.* Maintenant *sisymbre cresson* (fl. fr.). Fl. petites, blanches,
et disposées en une espèce de grappe courte, ou de
corymbe; pl. alim. méd. anti-scorbutique, apéritive
et hystérique. *Fontaines, ruisseaux, etc.*

2. **C. stipulé** : *C. impatiens.* Maintenant *cardamine
impatiente* (fl. fr.). Fl. en grappe terminale, à pétales
blancs, très-petits, tombant au moment de l'épanouissement; les siliques s'ouvrent avec une élasticité notable. *Lieux humides, pierreux et ombragés.*

3. **C. des prés** : *C. pratentis.* Maintenant *cardamine des prés* (fl. fr.). Fl. violettes, grandes, et dispo-

sées en un bouquet lâche, peu garni et terminal. *Prés humides.*

CRUCIANELLE : *Crucianella.* (Rubiacée.)

1. **C. à feuilles étroites** : *C. angustifolia.* Fl. en épi ; corolles blanchâtres, et dépassant à peine les bractées et le calice. *Lieux secs, sablonneux et pierreux, du midi.*

CUCUBALE : *Cucubalus.* (Cariophyllée.)

A. *Tige lisse : calice renflé et peu ouvert,* 1.

B. *Tige velue : calice semi-quinquéfide et très-ouvert,* 2.

1. **C. behen** : *C. behen.* Maintenant *siléné à calice enflé* (fl. fr.) et vulg. *behen.* Fl. blanches, remarquables par leur calice enflé, à pétales bifurqués et à gorge ordinairement sans appendices ; il y en a plusieurs variétés, dont une à fl. rouges, et une à fl. vertes. *Champs, prés, bord des chemins.*

2. **C. porte-baie** : *C. baccifer.* Fl. d'un blanc verdâtre, solitaires, terminales, à 5 pétales écartés, étroits, laciniés et auriculés. *Lieux couverts, vignes des provinces méridionales, etc.*

CUSCUTE : *Cuscuta* (Convolvulacée.)

Vulg. *cheveux-du-diable.* Pl. parasite, filiforme, jaunâtre et dépourvue de feuilles.

A. *Fleurs sessiles,* 1.

B. *Fleurs à pédicelles,* 2.

1. **C. à petite fleur** : *C. minor.* Fl. blanches, un peu teintes de rose, disposées en faisceaux latéraux, absolument sessiles, un peu plus petites que dans l'espèce suivante, avec laquelle on l'a souvent confondue. *Elle croit sur les sous-arbrisseaux et les herbes un peu dures, tels que la bruyère, les thyms, la verge d'or, etc.*

2. **C. à grande fleur** : *C. major.* Plus rare que la précédente ; fl. semblables mais portées sur des pédicelles très-courts. *Parasite sur les orties, les chardons, le chanvre, etc.*

Les cuscutes sont méd. apéritives, hépatiques et laxatives.

CYCLAMEN : *Cyclamen*. (**Primulacée.**)

A. *Feuilles arrondies, échancrées en cœur*, 1.

B. *Feuilles linéaires*, 2.

1. **C. d'europe** : *C. europæum*. Vulg. **Pain-de-pour-ceau**. Fl. purpurines, un peu pendantes, presque en roue ; hampes uniflores ; pl. méd., racine très-acre, et violemment purgative. *Bois et lieux pierreux des montagnes.*

2. **C. à feuille linéaire** : *C. linearifolium*. La fleur ressemble presque entièrement à celle de l'espèce ci-dessus. *Bois humides de la provence.*

CYNOGLOSSE : *Cynoglossum*. (**Borraginée.**)

A. *Feuilles douces au toucher : fleurs rouges*, 1.

B. *Feuilles un peu rudes au toucher : fleurs bleues veinées de blanc*, 2.

1. **C. officinale** : Fl. petites, d'un rouge sâle, blanches dans une variété, et disposées au sommet de la plante sur des espèces d'épis assez lâches. Pl. méd. émolliente, pectorale, vulnéraire, et légèrement narcotique ; remarquable par l'odeur prononcée de souris qu'elle répand. *Bois, lieux incultes et pierreux.*

2. **C. toujours verte** : *C. sempervirens*. (**Dub.**). Fl. bleues, veinées de blanc et penchées. *Bord des chemins.*

CYNOSURE : *Cynosurus*. (**Graminée.**)

1. **C. à crête** : *C. cristatus*. Vulg. **Crételle**. Fl. en épi unilatéral, en forme de crête ou de peignes ; fourrage excellent. *Prés secs, bord des chemins.*

CYTISE : *Cytisus*. (**Légumineuse.**)

A. *Plante rampante*, 1.

B. *Arbrisseau très-élevé*, 2.

1. **C. couché** : *C. supinus.* Fl. grandes, d'un jaune pâle, avec l'étendart rougeâtre ; elle ne sont point disposées en tête, mais naissent 2 à 2 des aisselles des feuilles. *Pâturages et buissons des Alpes, forêt d'Orléans, etc.*

2. **C. aubour** : *C. laburnum.* Vulg. *faux-ébenier,* ou *cytise-des-Alpes.* Arbrisseau de 10 à 12 pi., à fl. jaunes, formant de belles grappes tout-à-fait pendantes aux extrémités des rameaux ; son bois est fort dur, veiné de vert, et recherché des tourneurs et des ébénistes. *Lieux pierreux, haies et bois.*

DACTYLE : *Dactylis.* (Graminée.)

1. **D. pelotonné** : *D. glomerata.* Tige de 2 à 3 pieds ; fl. en panicule unilatérale, composée de quelques rameaux lâches, chargés d'épillets ramassés par pelotons ; languette blanche à l'entrée des gaines. *Prés, chemins et haies.*

DAPHNÉ : *Daphne.* (Thymélée.)

A. *Feuilles persistantes ; fleurs d'un jaune verdâtre,* 1.
B. *Feuilles non persistantes ; fleurs rouges ou blanches,* 2.

1. **D. lauréole** : *D. laureola.* Arbrisseau à fl. disposées en grappes courtes, dans les aisselles des feuilles ; pl. méd., violent gurgatif. *Bois montagneux des provinces méridionales, etc.*

2. **D. bois-gentil** : *D. mezereum.* Arbrisseau à fl. sessiles, odorantes, d'un rouge gai, ou blanches, disposées par paquets le long des branches ; elles s'épanouissent, dans cette espèce, avant la naissance des feuilles ; pl. caustique, dangereuse. *Bois montagneux.*

DATURA : *Datura.* (Solanée.)

A. *Corolle blanche et tige verte,* 1.
B. *Corolle bleuâtre et tiges rougeâtres,* 2.

1. **D. stramoine** : *D. stramonium.* Vulg. *pomme-du-*

18*

diable, pomme-épineuse. Tige de 3o à 45 po., très-branchue ; corolle fort grande, en forme d'entonnoir et plissée ; pl. méd. adoucissante et résolutive à l'extérieur, mais poison dangereux à l'intérieur. *Lieux cultivés, bord des chemins.*

2. **D. pourpré :** *D. tatula.* (Linn.) Vulg. *Herbe-d-la-taupe.* Plus rare que la précédente ; on la cultive dans quelques jardins, afin de détruire les taupes, auxquelles on prétend que sa racine est mortelle. *Mêmes lieux.*

DAUPHINELLE : *Delphinium.* (Renonculacée.)

1. **D. consoude :** *D. consolida.* Vulg. *pied-d'alouette.* Fl. ordinairement d'un beau bleu, disposées au sommet de la tige et des rameaux, en bouquets lâches formant à peine l'épi ; les corolles, avant leur épanouissement, ont un peu la forme d'un dauphin ; pl. méd., vulnéraire, bonne pour les yeux. *Champs, parmi les blés.*

DIGITALE : *Digitalis.* (Personnée.)

A. *Fleurs purpurines ou blanches, feuilles rétrécies en pétiole,* 1.

B. *Fleurs jaunâtres, tige et feuilles un peu velues,* 2.

1. **D. pourpre :** *D. purpurea.* Vulg. *gants-de-bergère.* Fl. grandes, purpurines, agréablement tigrées dans leur intérieur et un peu pendantes, formant un épi fort long et terminal ; pl. méd. vulnéraire, purgative, diurétique, etc., très-active et dangereuse à haute dosse, mais au contraire employée avantageusement à petites dosses, contre l'hydropisie, les maladies du cœur, etc.; il y en a une variété à fleurs blanches. *Bois montagneux et terrains pierreux.*

2. **D. à grande fleur :** *D. grandiflora.* Fl. grandes, d'une couleur jaunâtre assez sâle, et veinée ou même tachée de pourpre intérieurement, formant un épi

ordinairement plus court que dans l'espèce précédente. *Lieux montagneux et couverts.*

DORINE : *Chrysosplenium.* (Saxifragée.)

A. *Feuilles opposées*, 1.

B. *Feuilles alternes*, 2.

1. **D. à feuilles opposées** : *C. oppositifolium.* Fl. jaunâtres, portées sur de très-courts pédoncules. *Lieux humides et couverts.*

2. **D. à feuilles alternes.** Elle ressemble beaucoup à la précédente ; fl. jaunâtres, un peu ramassées au sommet de la plante, et comme posées sur les feuilles. *Lieux humides et couverts des montagnes.*

DRAVE : *Draba.* (Crucifère.)

1. **D. printannière** : *D. verna.* Fl. blanches, petites, disposées presque en corymbe ; elle fleurit de très-bonne heure. *Murs, lieux sablonneux.*

ÉCHINOPE : *Echinops.* (Composée.)

1. **E. à tête ronde** : *E. sphærocephalus.* Vulg. *boulette.* Fl. formant de grosses têtes globuleuses, blanchâtres et terminales ; pl. méd. apéritive. *Lieux incultes et stériles.*

ÉGILOPE : *Ægilops.* (Graminée.)

1. **E. allongé** : *Æ. triuncialis.* Tiges longues de 7 à 8 po., articulées, feuillées et couchées dans leur partie inférieure ; fl. en épi ; balles inférieures à 2 barbes. *Environs de Paris, etc.*

ÉGOPODE : *Ægopodium.* (Ombellifère.)

1. **E. des goutteux** : *Æ. podagraria.* Vulg. *podagraire.* Fl. blanches, en ombelle lâche et composée d'une vingtaine de rayons ; ses propriétés médicinales sont douteuses, quoiqu'on l'employait autrefois contre la goutte. *Vergers, bord des haies.*

ÉLATINE : *Elatine.* (Cariophyllée.)

A. *Feuilles opposées*, 1.

B. *Feuilles verticillées*, 2.

1. **E. poivre-d'eau** : *E. hydropiper.* Fl. axillaires, blanches ou rougeâtres. *Mares, fossés inondés, bord des lacs.*

2. **E. fausse-alsine** : *E. alsinastrum.* Fl. blanches, axillaires et verticillées. *Mares, fossés inondés.*

ÉPERVIÈRE : *Hieracium.* (Composée.)

Nota. La détermination et la classification des espèces de ce genre, est l'un des points les plus difficiles de la botanique européenne; ces plantes offrent toutes des variations nombreuses dans la forme des feuilles et dans le nombre des poils qui les couvrent; leur tige est quelquefois grande, rameuse et feuillée; quelquefois courte, simple, nue et chargée d'un petit nombre de fleurs, etc., etc.

A. *Feuilles parsemées de longs poils blancs et écartés : tiges hautes de quatre à huit pouces.*

B. *Feuilles velues, tiges hautes d'un pied ou plus.*

A. { *Tiges terminées par quatre fleurs ou plus, disposées en ombelle,* 1.
Tiges garnies d'une ou deux feuilles, et terminées par une ou deux fleurs, 2.
Tiges garnies seulement d'une ou deux écailles, et terminées par une seule fleur, 3.

B. { *Écailles du calice ouvertes et un peu réfléchies,* 4.
Écailles du calice serrées : tiges garnies de deux ou trois feuilles écartées, 5.
Écailles du calice serrées : tiges garnies de feuilles nombreuses, 6.

1. **E. auricule** : *H. auricula.* Vulg. *oreille-de-souris.* Fl. jaunes, réunies en une touffe serrée; il y en a plusieurs variétés. *Murs, pelouses et lieux secs.*

2. **E. ambigue** : *H. ambiguum.* (Linn.) Fl. jaunes, terminales. *Bord des bois, etc.*

3. **E. piloselle** : *H. pilosella.* Vulg. aussi *oreille-de-souris.* Fl. jaune, solitaire et terminale; pl. méd. amère,

astringente, vulnéraire et détersive; il y en a plusieurs variétés. *Côteaux arides, murs, lieux sablonneux.*

4. **E. en ombelle** : *H. umbellatum.* Fl. jaunes, terminales, et disposées en manière d'ombelle, sur des
pédoncules rameux. *Bois et lieux secs.*

5. **E. des murs** : *H. murorum.* Fl. jaunes, terminа-
les et assez grandes; pl. méd. adoucissante et vulnéraire; il y en a une variété dont les feuilles sont tachées de brun en-dessus. *Vieux murs.*

6. **E. des bois** : *H. sylvaticum.* Fl. jaunes, terminales,
portées sur des pédoncules rameux et en forme de
corymbe. *Bois.*

ÉPIAIRE : *Stachys.* (Labiée.)

A. *Fleurs jaunes, ou tiges et feuilles très-cotonneuses.*
B. *Fleurs rouges : les tiges et les feuilles ne sont pas
très-cotonneuses.*

A. { *Fleurs jaunes : tiges et feuilles seulement velues,* 1
{ *Fleurs rouges : tiges et feuilles très-cotonneuses,* 2.

B. { *Tiges ayant à peine six à huit pouces,* 3.
{ *Tiges ayant un pied ou plus : feuilles sessiles,* 4.
{ *Tiges ayant un pied ou plus : feuilles pétiolées,* 5.

1. **E. annuelle** : *S. annua.* Fl. d'un jaune pâle, assez
grandes, et chargées de points ou de raies rougeâtres à la naissance de la lèvre inférieure de leur corolle. *Lieux pierreux et bord des chemins.*

2. **E. d'Allemagne** : *S. germanica.* Fl. purpurines,
quelquefois blanches, de moyenne grandeur, à lèvre supérieure très-velue. *Lieux secs et bord des chemins.*

3. **E. des champs** : *S. arvensis.* Fl. fort petites, blanchâtres ou de couleur de chair, avec des taches en
leur lèvre inférieure; cette espèce doit peut-être
être réunie avec les gléchomes ou les agripaumes.
Champs.

4. **E. des marais** : *S. palustris.* Vulg. *ortie-morte.* Fl.
purpurines, un peu panachées de jaune et disposées

par verticilles placés en épi terminal ; pl. méd. résolutive, fébrifuge et vulnéraire. *Lieux humides et
aquatiques.*

5. **E. des bois** : *S. sylvatica.* Vulg. *ortie-puante.* Les
fleurs au nombre de 6 ou 8 par verticille, forment un
épi allongé et un peu lâche ; lèvre supérieure de la corolle entière et d'un pourpre vif et foncé ; l'inférieure
également purpurine, mais tachée de blanc ; odeur
forte et très-puante ; pl. méd. résolutive, adoucissante et vulnéraire. *Bois, lieux couverts.*

ÉPILOBE : *Epilobium.* (Onagraire.)

A. *Fleurs très-belles, dont les pétales ont plusieurs lignes de large.*

B. *Fleurs fort petites, dont les pétales n'ont qu'environ
une ligne ou une ligne et demie de large.*

A. { *Feuilles glabres,* 1.
{ *Feuilles et tiges velues,* 2.

B. { *Tiges très-velues : fleurs d'un rouge très-pâle,* 3.
{ *Tiges pubescentes dans leur partie supérieure, ainsi
{ que les siliques,* 4.
{ *Tiges et siliques glabres,* 5.

1. **E. à épi** : *E. spicatum.* Vulg. *Laurier-Saint-Antoine.* Fl. grandes, fort belles, d'une couleur rouge
ou violette, formant un épi superbe au sommet de
la tige. *Bois montagneux.*

2. **E. hérissé** : *E. hirsutum.* Fl. purpurines, fort
grandes, à pétales échancrés en cœur. *Bord des eaux.*

3. **E. mollet** : *E. molle.* Fl. petites, à pétales échancrés, peu ouverts, et d'une couleur de chair assez
pâle. *Lieux humides et couverts.*

4. **E. des marais** : *E. palustre.* Fl. d'un pourpre
pâle, à siliques pubescentes. *Bord des fossés et des
étangs.*

5. **E. tétragone** : *E. tetragonum.* Fl. petites, purpurines ; grappes peu considérables, entremêlées de
feuilles. *Lieux inondés, bord des fossés et des marais.*

ÉPIPACTIS : *Epipactis.* (Orchidée.)

A. *Feuilles ovales et larges d'environ deux pouces*, 1.

B. *Feuilles ovales-lancéolées ayant au plus un pouce de large*, 2.

1. **E. à large feuille** : *E. latifolia.* Fl. d'un vert blanchâtre dans leur jeunesse, devenant rougeâtres ou purpurines en vieillissant. *Bois et lieux couverts.*

2. **E. des marais** : *E. palustris.* Fl. d'un vert blanchâtre un peu mêlé de pourpre, et disposées au nombre de 10 à 15, en un épi assez lâche. *Prés marécageux.*

Voyez aussi *ophrys.*

ÉRABLE : *Acer.* (Érable.)

A. *Feuilles larges de trois à quatre pouces, à cinq lobes pointus et dentés*, 1.

B. *Feuilles larges d'un à deux pouces, dont les lobes ou les divisions sont obtuses*, 2.

1. **E. sycomore** : *A. pseudo-platanus.* Vulg. *sycomore.* Arbre élevé, à fl. petites, de couleur herbacée, et disposées en grappes longues, très-garnies et pendantes; son bois est meilleur que les autres bois blancs. *Cult. Bois des montagnes.*

2. **E. champêtre** : *A. campestre.* Arbre peu élevé, à fl. petites, verdâtres et disposées en grappes paniculées, quelquefois assez droites; son bois est très-élastique, mais il ne vaut rien à brûler. *Bois et haies.*

ERS : *Ervum.* (Légumineuse.)

A. *Fleurs sessiles, ou presque sessiles, et de couleur rouge*, 1.

B. *Fleurs portées sur des pédoncules longs d'un pouce ou plus, et blanches ou bleuâtres.*

B. { *Folioles des feuilles ovales et larges de plus d'une ligne*, 2.
Folioles des feuilles étroites et linéaires : légume velu ne contenant que deux semences, 3.
Folioles des feuilles étroites et linéaires : légume contenant ordinairement quatre semences, 4.

1. **E. de Sologne** : *E. soloniense.* (Linn.) Maintenant *vesce-fausse-gesse* (fl. fr.). Fl. petites, purpurines ou violettes. *Lieux couverts et sablonneux.*

2. **E. aux lentilles** : *E. lens.* Vulg. *la lentille.* Fl. blanchâtres, dont le pavillon est un peu rayé de bleu; pl. cult., alim., méd., sudorifique, émolliente et résolutive. *Champs, parmi les blés.*

3. **E. velu** : *E. hirsutum.* Fl. fort petites, blanchâtres ou d'un bleu pâle. *Champs et bois.*

4. **E. à quatre graines** : *E. tetraspermum.* Fl. petites, rougeâtres, inclinées ou pendantes. *Moissons, bord des routes et collines, entre les buissons.*

ÉTHUSE : *Æthusa.* (Ombellifère.)

1. **E. ache-des-chiens** : *Æ. cynapium.* Vulg. *petite-ciguë.* Fl. blanches, à ombelles planes, très-garnies et dépourvues de collerette générale; on la distingue du cerfeuil ou du persil par son odeur qui est nulle ou un peu désagréable; pl. méd. très-dangereuse prise intérieurement, mais calmante et résolutive à l'extérieur. *Lieux cultivés.*

EUPATOIRE : *Eupatorium.* (Composée.)

1. **E. à feuilles de chanvre** : *E. cannabinum.* Vulg. *eupatoire-d'avicenne.* Fl. rougeâtres, terminales, disposées en corymbe un peu serré, et remarquables par leurs styles fort saillants; pl. méd. purgative, vulnéraire, détersive, etc. *Lieux aquatiques, fossés humides.*

EUPHORBE : *Euphorbia.* (Euphorbiacée.)

Vulg. *tithymale, ou réveil-matin.*

Les euphorbes sont d'une étude fort difficile; les fleurs sont monoïques, renfermées dans un involucre en forme de cloche d'une seule pièce, à 8 ou 10 lobes, dont 4 à 5 extérieurs un peu colorés, étalés et charnus; et 4 à 5 intérieurs alternes avec les précédents, droits, membraneux; les fleurs mâles, au nombre de 8 ou 15, ont un périgone caché dans l'involucre; la fleur femelle est solitaire au centre de l'involucre, et manque même quelquefois; elle paraît dépourvue de périgone.

A. *Feuilles linéaires ayant à peine une ligne de large.*

B. *Feuilles élargies : ombelle ayant moins de cinq rayons.*

C. *Feuilles élargies : tige herbacée; ombelle de cinq rayons; capsules glabres ou velues, mais non verruqueuses.*

D. *Feuilles élargies : tige herbacée; ombelle de cinq rayons; capsules verruqueuses.*

E. *Feuilles élargies : tige ligneuse dans sa partie inférieure, ou ombelle composée de plus de cinq rayons.*

A. { *Ombelle n'ayant pas plus de cinq rayons,* 1.
{ *Ombelle ayant plus de cinq rayons,* 2.

B. { *Feuilles arrondies,* 3.
{ *Feuilles très-pointues,* 4.

C. { *Capsules garnies de poils longs,* 5.
{ *Capsules glabres : feuilles obtuses,* 6.
{ *Capsules glabres : feuilles très-pointues,* 4.

D. { *Feuilles velues : rameaux de l'ombelle bifide,* 7.
{ *Feuilles très-légèrement velues : rameaux de l'ombelle d'abord trifides et ensuite bifides,* 8.

E. { *Tige ligneuse dans sa partie inférieure,* 9.
{ *Tige herbacée : ombelle composée de plus de cinq rayons,* 10.

1. **E. fluet** : *E. exigua*. Cette espèce varie beaucoup pour le port et la grandeur; ombelle de 2 à 4 rayons; involucre à 8 lobes, dont 4 extérieurs purpurins et en forme de croissant; capsule lisse. *Champs.*

2. **E. cyprès** : *E. cyparissias*. Ombelle terminale composée d'un grand nombre de rayons; divisions externes de l'involucre jaunâtres, en forme de crois-

19.

sant ; capsule glabre, presque lisse, légèrement cha-
grinée sur les angles ; pl. méd. purgative, émétique,
très-dangereuse. *Lieux secs et stériles.*

3. **E. peplus** : *E. peplus.* Ombelle divisée en 3 rayons,
une ou plusieurs fois bifurqués ; les 4 lobes extérieurs de l'involucre d'un vert jaunâtre et à 2 cornes
pointues ; capsules glabres, obtuses, marquées sur
chacun de leurs angles d'une petite crête longitudinale et sillonnée. *Vignes, haies, jardins.*

4. **E. en faux** : *E. falcata.* Ombelle divisée en 2 à
5 rayons bifurqués ; les 4 lobes extérieurs de l'involucre rougeâtres et à 2 cornes ; capsule lisse, dépourvue de crête sur les angles. *Champs, vignes,
lieux cultivés.*

5. **E. poilu** : *E. pilosa.* Graines lisses ; capsules hérissées de poils, légèrement tuberculeuses ou sans
tubercules ; ombelle à 5 rayons, de chacun 3 branches bifurquées ; bractées et involucres jaunâtres.
Bois de la Sologne, etc.

6. **E. réveil-matin** : *E. helioscopa.* Ombelle fort
considérable, à 5 rayons très-ouverts ; divisions externes de l'involucre jaunâtres et entières ; capsules lisses et glabres. *Jardins, lieux cultivés.*

7. **E. doux** : *E. dulcis.* Lobes extérieurs de l'involucre entiers et d'un pourpre foncé ; capsules hérissées de poils blancs dans leur jeunesse, et de verrues proéminentes dans un âge avancé ; il y a beaucoup de confusion au sujet de cette plante, dans
les ouvrages des botanistes. *Lieux ombragés.*

8. **E. à large feuille** : *E. platyphyllos.* Ombelle à
5 rayons plus ou moins rameux ; involucre à divisions externes jaunâtres et arrondies ; capsules hérissées de tubercules. *Champs secs et montueux, fossés
qui bordent les chemins, etc.*

9. **E. des bois** : *E. sylvatica.* Ombelle d'un beau jaune, à 4 ou 5 rayons, une ou plusieurs fois bifurqués ; capsules glabres et lisses ; divisions externes de l'involucre à 2 cornes. *Bord des bois.*

10. **E. de nice** : *E. nicæensis.* Tiges un peu rougeâtres ; ombelle de 5 à 10 rayons ; lobes extérieurs de l'involucre entiers, ou à 2 dents très-courtes ; capsules glabres, lisses. *Coteaux, bord des chemins.*

Nota. Toutes les plantes de ce genre ont un suc âcre et laiteux qui occasionne une forte inflammation lorsqu'on s'en frotte le visage ou les yeux ; ce suc est un violent purgatif qu'on ne doit prendre qu'avec beaucoup de précautions.

EUPHRAISE : *Euphrasia.* (Rhinanthacée.)

A. *Fleurs jaunes*, 1.

B. *Fleurs rouges ou blanches*, 2.

C. *Fleurs blanches avec des veines de différentes couleurs*, 3.

1. **E. jaune** : *E. lutea.* Fl. d'un beau jaune, en épis allongés, serrés et entremêlés de feuilles. *Lieux montueux et arides.*

2. **E. dentée** : *E. odontites.* Fl. rougeâtres ou blanches, en épis feuillés, et ordinairement tournées d'un même côté sur chaque épi. *Lieux stériles, bord des chemins.*

3. **E. officinale** : *E. officinalis.* Fl. blanches, souvent mêlées de jaune et de violet, ou de pourpre, et naissant dans les aisselles supérieures des feuilles ; pl. méd. ; son suc est un peu astringent et a été employé comme ophtalmique. *Prés, pelouses, bord des chemins.*

FÉTUQUE : *Festuca.* (Graminée.)

A. *Balles dépourvues de barbes : panicule longue de quatre à six pouces.*

B. *Balles dépourvues de barbes : panicule n'ayant pas plus de deux pouces de long.*

C. *Balles garnies de barbes qui sont plus longues que les épillets.*

D. *Balles garnies de barbes courtes : tiges hautes de deux à trois pieds.*

E. *Balles garnies de barbes courtes : tiges n'ayant pas plus de douze à quinze pouces : panicule tirant sur le violet*, 9.

F. *Balles garnies de barbes courtes : tige n'ayant pas plus de douze à quinze pouces : panicule de couleur verte.*

A. { *Plante aquatique : rameaux de la panicule très-écartés*, 1.
     { *Plante terrestre : rameaux de la panicule rapprochés*, 2.

B. { *Épillets courts et renflés, dont les balles calicinales sont aussi longues que les épillets*, 3.
     { *Épillets aplatis, dont les balles calicinales sont plus courtes que les épillets*, 4.

C. { *Panicule très-resserrée et plus longue que le reste de la tige*, 5.
     { *Panicule resserrée et moins longue que le reste de la tige*, 6.

D. { *Feuilles radicales ayant au moins deux lignes de large*, 7.
     { *Feuilles radicales ayant au plus une ligne de large*, 8.

F. { *Tige ayant au moins un pied de haut*, 10.
     { *Tige n'ayant pas un pied de haut*, 11.

1. **F. flottante** : *F. fluitans.* Maintenant *paturin flottant* (fl. fr.), et vulg. *herbe-d-la-manne.* Panicule fort longue, resserrée presque en épi et composée d'épillets d'un vert blanchâtre ; graine alimentaire ; c'est un bon fourrage pour les chevaux. *Bord des ruisseaux et fossés.*

2. **F. élevée** : *F. elatior.* Panicule ample, très-lâche et souvent tournée d'un seul côté ; épillets d'un vert mêlé de rouge ou de violet ; il y en a une variété à

stature plus grande et plus ferme ; c'est un très-bon fourrage. *Lieux incultes , pâturages montagneux, prés.*

3. **F. inclinée** : *F. decumbens.* Maintenant *danthonie inclinée* (fl. fr.). Panicule resserrée presque en épi , et composée d'un petit nombre d'épillets courts d'un vert blanchâtre, quelquefois un peu violet. *Prés et bois secs.*

4. **F. à feuilles menues** : *F. tenuifolia.* Panicule grêle, un peu ouverte; fl. petites, verdâtres ou violettes, dépourvues d'arêtes et presque obtuses. *Pâturages secs et montagneux.*

5. **F. queue-de-rat** : *F. myurus.* Tige de 12 à 15 po., marquée de 3 nœuds purpurins; panicule longue, étroite, un peu courbée. *Vieux murs, lieux pierreux ou sablonneux.*

6. **F. brome** : *F. bromoïdes.* Elle ressemble beaucoup à la fétuque queue-de-rat , mais sa panicule est droite et à pédicelles presque toujours solitaires; cette espèce forme des gazons de 3 à 4 po. de hauteur; la variété B s'élève jusqu'à 1 pi.; il n'y a entr'elles aucune autre différence. *Champs et prés sablonneux.*

7. **F. des prés** : *F. pratensis.* (Dub.) Épillets distiques contenant chacun 8 à 10 fleurs; c'est un bon fourrage. *Commune dans les prés.*

8. **F. hétérophylle** : *F. heterophylla.* Panicule verte ou panachée de jaune et de violet, allongée, lâche, presque toute dirigée d'un seul côté. *Lieux couverts.*

9 **F. rougeâtre** : *F. rubra.* Panicule un peu lâche, le plus souvent rougeâtre. *Lieux secs et stériles.*

10. **F. des brebis** : *F. ovina.* Cette espèce naît toujours en touffes serrées; panicule grêle , droite, serrée , presque dirigée d'un seul côté; fleurs petites,

19*

verdâtres ou violettes; excellent pâturage pour les moutons. *Prés tourbeux et découverts.*

11. **F. dure** : *F. duriuscula.* Panicule droite, serrée, souvent rougeâtre. *Prés secs.*

Nota. Les fétuques forment le fond de nos prairies et donnent toutes un foin délicat.

FÈVE : *Faba.* (Légumineuse.)

1. **F. commune** : *F. vulgaris.* Vulg. *fève-de-marais.* Fl. presque sessiles aux aisselles des feuilles; corolle grande, blanche, tachée de noir; pl. alim., méd., astringente, résolutive. *Cult. indigène de l'Asie.*

FICAIRE : *Ficaria.* (Renonculacée.)

1. **F. renoncule** : *F. ranunculoides.* Vulg. *petite-éclaire.* Fl. jaunes, assez grandes, pédonculées et axillaires; elle n'est point âcre comme la plupart des renonculacées, si ce n'est la racine; feuilles alim.; pl. méd. contre les écrouelles, etc. *Haies, lieux couverts.*

FLOUVE : *Anthoxanthum.* (Graminée.)

1. **F. odorante** : *A. odoratum.* Fl. disposées en panicule resserrée en épi, simple ou rameuse, légèrement jaunâtre ou violacée; elle donne au foin une odeur agréable. *Prés.*

FLUTEAU : *Alisma.* (Alismacée.)

A. *Tiges redressées et hautes d'un pied ou plus,* 1.

B. *Tiges rampantes ou flottantes sur l'eau, ou n'ayant que quatre à six pouces de haut.*

B. 　{ *Tiges droites, dont toutes les feuilles sont semblables entr'elles,* 2.
　　{ *Tiges flottantes, dont les feuilles inférieures sont linéaires et les supérieures sont ovales,* 3.

1. **F. plantain-d'eau** : *A. plantago.* Fl. petites, très-nombreuses, pédonculées et de couleur blanche ou rougeâtre; pl. méd. contre la rage; ses feuilles ser-

vent de vésicatoire; il y en a une variété moins grande, à feuilles plus étroites. *Lieux aquatiques.*

2. **F. renoncule** : *A. ranunculoides.* Fl. blanches en verticilles ombelliformes, qui ne sont jamais composés. *Lieux aquatiques.*

3. **F. nageant** : *A. natans.* Fl. blanches, petites, solitaires, ou en ombelle peu garnie. *Bord des mares.*

FRAGON : *Ruscus.* (Asparagée.)

1. **F. piquant** : *R. aculeatus.* Vulg. *petit-houx.* Petit arbuste, à fl. verdâtres, solitaires, portées chacune sur un court pédoncule qui naît du milieu des feuilles; fruits rouges; pl. méd., apéritive, diurétique, etc.; les jeunes pousses sont alimentaires. *Bois.*

FRAISIER : *Fragaria.* (Rosacée.)

1. **F. de table** : *F. vesca.* Fl. blanches et terminales, à pétales arrondis; fruit rouge, d'une odeur agréable, d'un gout exquis, généralement connu sous le nom de *fraise*; on en trouve dans la nature plusieurs variétés; pl. alim., méd., rafraîchissante, apéritive, diurétique. *Coteaux ombragés, parmi la mousse.*

FRÊNE : *Fraxinus.* (Jasminée.)

1. **F. élevé** : *F. excelsior.* Arbre fort élevé; fl. unisexuelles, toujours dépourvues de pétales et remplacées par des fruits allongés et très-pointus; bois bon pour le tour et le charronnage; feuilles alim. pour les bestiaux; pl. méd., apéritive, hépatique; écorce fébrifuge. *Terrains un peu humides.*

FRITILLAIRE : *Fritillaria.* (Liliacée.)

1. **F. pintade** : *F. meleagris.* Vulg. *le damier.* Fl. terminale, fort belle, ressemblant un peu à une tulipe renversée; elle varie dans sa couleur (blanche, jaune ou pourpre), mais elle est communément panachée ou tachée par petits carreaux en forme de damier. *Pâturages humides et montagnes.*

FROMENT : *Triticum*. (Graminée.)

A. *Épillets élargis à leur base.*
B. *Épillets pointus à leur base.*

A. { *Épi rameux*, 1.
    { *Épi simple dont les balles sont velues*, 2.
    { *Épi simple dont les balles sont lisses*, 3.

B. { *Tiges n'étant pas deux fois plus longues que l'épi*, 4.
    { *Tiges étant deux fois plus longues que l'épi*, 5.

1. **F. à épi rameux** : *T. compositum*. Vulg. *blé-de-miracle*. Ce n'est probablement qu'une simple variété du froment cultivé (n° 3 ci-dessous), mais il rend peu de farine. *Il est originaire d'Égypte ou de Barbarie.*

2. **F. renflé** : *T. turgidum*. Vulg. *gros-blé*. Épi roux, velu, court, presque carré, barbes rousses; son grain est de médiocre qualité; il y en a une variété dont le grain est rouge. *On le cultive en Gascogne et dans l'Orléanais.*

3. **F. cultivé** : *T. sativum*. Ce froment est tellement connu qu'il est inutile d'en donner la description. Linnée appelle *blé-de-mars* celui qui a des barbes, et *blé-d'hiver* celui qui n'en a point : cette distinction est absolument fausse.

La farine de froment est résolutive; la mie de pain est très-émolliente et très-adoucissante; le son est adoucissant, émollient, résolutif, béchique et légèrement détersif; l'amidon est la plus pure farine du froment séparée du son par le moyen de l'eau et sans le secours de la meule; il est pectoral, rafraîchissant, etc.; on fait avec le froment une bière aussi bonne que celle qu'on fait avec l'orge; l'eau-de-vie qu'on en tire est plus forte que celle du vin. *Cette plante précieuse est originaire de l'Asie; on cultive en France une vingtaine de races différentes.*

4. **F. faux-paturin** : *T. poa.* Cette plante s'élève à
5 ou 4 po. de hauteur et se fait souvent remarquer
par sa teinte violette ; ses tiges sont grêles, simples,
marquées de deux nœuds purpurins ; l'épi est droit,
composé de 5 à 6 épillets presque sessiles. *Champs.*

5. **F. rampant** : *T. repens.* Vulg. *chiendent.* Tiges
droites, hautes de 2 à 4 po. ; épillets assez petits,
verts, et composés de 4 ou 5 fl. ; les racines sont le
vrai *chiendent ;* elles sont apéritives, diurétiques et
rafraichissantes.

On en trouve une variété dont les balles sont terminées par des barbes, mais ces barbes sont plus
courtes que les épillets.

Cette plante croît le long des haies et dans les jardins.

FUMETERRE : *Fumaria.* (Papavéracée.)

A. *Bractées fort grandes et ressemblant à une feuille,* 1.
B. *Bractées nulles, ou peu apparentes.*

B. { *Fleurs en épi court et serré : decoupure des feuilles capillaires,* 2.
{ *Fleurs en épi lâche : découpures des feuilles un peu élargies,* 3.

1. **F. bulbeuse** : *F. bulbosa.* Maintenant *corydalis tubéreuse* (fl. fr.). Fl. purpurines, ou quelquefois blanches, en grappe. *Lieux ombragés et un peu humides, bord des bois.*

2. **F. en épi** : *F. spicata.* Fl. rouges, avec le sommet
d'un pourpre noirâtre, pendantes, disposées en épis
courts, serrés et ovoïdes ; en en trouve des individus dont la fleur est blanchâtre, tachée de brun.
Champs et lieux cultivés des provinces méridionales, etc.

3. **F. officinale** : *F. officinalis.* Fl. formant des épis
assez lâches et variant du rouge pâle au pourpre,
surtout le sommet de leur corolle qui est toujours
taché d'un rouge foncé ; on en trouve une variété à

fleur blanche; pl. méd., amère, incisive, apéritive et employée dans les maladies de la peau. *Jardins, champs et lieux cultivés.*

FUSAIN : *Evonymus.* (Frangulacée.)

1. **F. commun** : *E. europæus.* Vulg. *bonnet-de-prêtre.* Arbrisseau à fl. petites, verdâtres; fruits d'un rouge vif, à 4 ou 5 angles remarquables, ou tout-à-fait blanchâtres dans une variété; ces fruits sont âcres, purgatifs et émétiques; les branches réduites en charbon forment les crayons que les dessinateurs nomment fusains. *Haies, bois et buissons.*

GAILLET : *Galium.* (Rubiacée.)

A. *Fleurs portées sur des pédoncules axillaires.*

B. *Fleurs terminales et jaunes,* 4.

C. *Fleurs terminales et blanches : verticilles composés de huit feuilles ou plus.*

D. *Fleurs terminales et blanches : verticilles composés de moins de huit feuilles.*

A. { *Fleurs blanches : semences hérissées,* 1.
{ *Fleurs blanches : semences lisses,* 2.
{ *Fleurs jaunes ou rougeâtres,* 3.

C. { *Tige quadrangulaire,* 5.
{ *Tige cylindrique,* 6.

D. { *Verticilles composés de quatre feuilles,* 7.
{ *Verticilles composés de plus de quatre feuilles qui sont rudes au toucher,* 8.

1. **G. gratteron** : *G. aparine.* Vulg. *gratteron.* Fl. axillaires, blanches, en petit nombre; fruits hérissés de longs poils crochus au sommet; pl. méd., apéritive et bonne pour la gravelle. *Champs, vignes, haies et jardins incultes.*

2. **G. bâtard** : *G. spurium.* Cette plante ressemble beaucoup au gratteron, mais elle est communément moins grande et ses verticilles n'ont que 6 feuilles au lieu de 8 ou 9. *Lieux cultivés.*

3. **G. parisien** : *G. parisiense.* (Dub.) Il y en a deux variétés, l'une à fleurs d'un blanc jaunâtre, désignée dans la fl. fr. par le nom de *gaillet d'Angleterre* ; et l'autre par celui de *gaillet en litige*, à fleurs rougeâtres. *Lieux secs, pierreux ou sablonneux.*

4. **G. jaune** : *G. verum.* Vulg. *caille-lait.* Fl. petites, jaunes, en grappe droite, allongée, presque en épi; pl. méd., astringente et vulnéraire; ses sommités fleuries font, dit-on, cailler le lait; la racine teint en rouge et le reste en jaune. *Prés, haies, bord des chemins.*

5. **G. mollugine** : *G. mollugo.* Vulg. *gaillet-blanc.* Fl. blanches, en panicule oblongue et très-ramifiée; on peut le substituer au caille-lait jaune; il est dessicatif et astringent; sa racine teint en rouge. *Bord des haies, des prés et des chemins humides.*

6. **G. des bois** : *G. sylvaticum.* Fl. blanches, extrèmement petites, paniculées et portées sur des pédoncules capillaires. *Bois.*

7. **G. des marais** : *G. palustre.* Cette espèce varie beaucoup pour son port et sa grandeur; fl. blanches, petites, disposées en ombelle terminale, à pédicelles ternés. *Prés humides, bord des fossés et des ruisseaux.*

8. **G. fangeux** : *G. uliginosum.* Fl. blanches, terminales, à anthères jaunes, en grappes plus longues que les feuilles. *Lieux fangeux, aquatiques et tourbeux.*

Plantes de l'ancien genre Valance, réunies maintenant aux gaillets (fl. fr.).

A. *Verticilles composés de quatre feuilles : fleurs jaunes,* 9.

B. *Verticilles composés de plus de quatre feuilles : fleurs blanches,* 10.

9. **G. croisette** : *G. cruciata.* Fl. petites, d'un jaune

verdâtre, toutes quadrifides et disposées par bouquets pédonculés; les unes sont mâles, les autres hermaphrodites; ces fleurs répandent une odeur de miel; pl. méd., vulnéraire, astringente. *Bord des chemins et des haies.*

10. **G. à trois cornes** : *G. tricorne.* Pédoncules à trois fl. blanches; fruits recourbés en bas et légèrement tuberculeux. *Champs et lieux cultivés.*

GALANTINE : *Galanthus.* (Liliacée.)

1. **G. percé-neige** : *G. nivalis.* Vulg. *perce-neige.* Fl. solitaire, pendante, à segments extérieurs blancs, légèrement rayés, et ceux intérieurs verdâtres. *Prés couverts et montagneux, haies et bois.*

GALÉOPSIS : *Galeopsis.* (Labiée.)

A. *Tiges renflées un peu au-dessous de chaque nœud.*

B. *Tiges d'égale épaisseur d'un nœud à l'autre : fleurs jaunes.*

C. *Tiges d'égale épaisseur d'un nœud à l'autre : fleurs rouges ou roses.*

A. *Corolles deux fois plus longues que le calice*, 1.
Corolle trois ou quatre fois plus longue que le calice, 2.

B. *Tige simple : lèvre supérieure de la corolle très-écartée de l'inférieure*, 3.
Tige rameuse : lèvre supérieure de la corolle peu écartée de l'inférieure, 4.

C. *Poils du calice soyeux; corolle trois fois plus grande que le calice*, 5.
Poils du calice hérissés; corolle dépassant peu le calice, 6.

1. **G. tétrahit** ; *G. tetrahit.* Fl. purpurine, avec la lèvre inférieure un peu tachée de blanc; quelquefois la fleur entière est blanche; quelquefois la fleur terminale est régulière, à 4 lobes ouverts, à 4 étamines égales. *Champs.*

2. **G. bigarrée** : *G. versicolor*. Fl. jaunes, avec la lèvre inférieure marquée de raies fauves sur le bord et d'une tache violette dans le milieu. *Champs.*

3. **G. galéobdolon** : *G. galeobdolon*, ou *galéobdolon jaune* (fl. fr.), et vulg. *ortie-jaune*. Fl. jaunes, sessiles et disposées par verticilles dans les aisselles supérieures des feuilles ; il y en a plusieurs variétés. *Bois, montagnes, bord des haies.*

4. **G. à fleur jaune** : *G. ochroleuca*. Fl. grandes, jaunes, en verticilles serrés et écartés. *Champs et lieux cultivés.*

5. **G. ladane** : *G. ladanum*. Fl. rouge ou rose, ordinairement tachée de jaune à l'entrée de la gorge. *Champs, lieux cultivés.*

6. **G. à petite fleur** : *G. parviflora*. Fl. semblable à la précédente, mais de moitié plus petite. *Champs et lieux cultivés.*

GENÊT : *Genista*. (Légumineuse.)

A. *Arbrisseau épineux*, 1.

B. *Plantes non épineuses : tige herbacée ou garnie de feuilles nombreuses dans toute sa longueur.*

C. *Plantes non épineuses : tige ligneuse, dont une partie considérable est dépourvue de feuilles.*

B. { *Tige ailée et articulée ayant à peine six à huit pouces*, 2.

Tige haute d'un pied ou plus, n'étant ni ailée ni articulée, 3.

C. { *Feuilles inférieures ternées*, 4.

Toutes les feuilles simples : tiges couchées dans leur partie inférieure : fleurs réunies au nombre de deux à quatre, 5.

Toutes les feuilles simples : tiges droites : presque toutes les fleurs solitaires, 6.

1. **G. d'Angleterre** : *G. anglica*. Arbrisseau à fleurs

20.

jaunes, axillaires, solitaires, et disposées vers le sommet des tiges. *Coteaux arides et sablonneux.*

2. **G. à tige ailée** : *G. sagittalis.* Fl. jaunes, disposées en grappes courtes, à calice velu, et terminant les tiges. *Terrains secs, pierreux, sablonneux.*

3. **G. des teinturiers** : *G. tinctoria.* Sous-arbrisseau à fl. jaunes, terminales et disposées en épi ; elles donnent une teinture jaune. *Collines, bord des bois.*

4. **G. à balais** : *G. scoparia.* Arbrisseau à fl. jaunes, fort grandes, et disposées presque en épi dans la partie supérieure des rameaux ; pl. méd., très-apéritive, etc., contre l'hydropisie et les maladies de la peau ; on en fait des balais, de la litière, de la teinture, et du fourrage pour les moutons. *Bois, lieux incultes et sablonneux.*

5. **G. à fleur velue** : *G. pilosa.* Fl. jaunes, presque sessiles et ramassées 2 ou 3 ensemble dans les aisselles des feuilles. *Lieux secs, pierreux et sablonneux.*

6. **G. purgatif** : *G. purgans.* Vulg. genêt-griot. Fl. d'un jaune pâle, solitaires, disposées le long des rameaux ; pl. méd., purgative. *Lieux secs, stériles, montueux et découverts.*

GENÉVRIER : *Juniperus.* (Conifère.)

1. **G. commun** : *J. communis.* Arbrisseau à fl. dioïques, ou rarement monoïques ; les mâles sont disposées en petits chatons ovoïdes jaunâtres ; les femelles sont des chatons globuleux, d'un vert pâle ; fruits stomachiques, odorants ; bois sudorifique et diurétique ; il y en a une variété qui s'élève à 12 ou 15 pi. et qui fournit la résine sèche connue sous le nom de *sandaraque*, en usage dans les bureaux. *Collines sèches et arides.*

GENTIANE : *Gentiana.* (Gentianées.)

A. *Fleurs bleues ou blanches.*

B. *Fleurs jaunes*, 3.

C. *Fleurs rouges*, *ou couleur de chair*.

A. { *Feuilles linéaires : corolle à cinq divisions*, 1.
{ *Feuilles lancéolées : corolle à quatre divisions*, 2.

C. { *Corolle à quatre divisions peu ouvertes : tige à peine*
{ *haute de deux ou trois pouces et très-rameuse*, 4.
{ *Corolle à cinq divisions : tige presque simple et ayant*
{ *souvent cinq à six pouces de haut*, 5.

1. **G. pneumonanthe** : *G. pneumonanthe.* Vulg. *gentiane d'automne.* Fl. en petit nombre au sommet de la tige et dans les aisselles supérieures des feuilles; elles sont en forme de cloche et d'une couleur bleue superbe. *Lieux humides et marécageux.*

2. **G. croisette** : *G. cruciata.* Fl. bleues, tubulées, légèrement campanulées, et disposées par verticilles au sommet de la tige. *Pâturages secs et montagneux.*

3. **G. filiforme** : *G. filiformis.* Maintenant *exacum filiforme* (fl. fr.). Fl. petites, d'un jaune pâle, et solitaires au sommet de chaque rameau. *Lieux humides.*

4. **G. fluette** : *G. pusilla.* Maintenant *exacum nain* (fl. fr.). Fl. petites, d'un blanc jaunâtre, placées soit à l'aisselle des bifurcations, soit au sommet des rameaux; corolle en forme d'entonnoir. *Lieux humides.*

5. **G. centaurelle** : *G. centaurium.* Maintenant *chironie élégante* (fl. fr.) et vulg. *petite-centaurée.* Fl. roses, en corymbe terminal; cette plante offre un si grand nombre de variétés, qu'il est impossible de déterminer exactement la synonymie des anciens auteurs; il y en a une sous-variété à fleur blanche; pl. méd., amère, tonique, stomachique. *Prés, buissons, bois, marais, etc.*

GÉRANIUM : *Geranium.* (Géraniée.)

A. *Feuilles ailées ou pinnatifides.*

B. *Feuilles multifides, dont les découpures sont disposées en forme de digitations.*

C. *Feuilles arrondies et lobées, mais non multifides.*

A. { *Pédoncules multiflores*, 1.
{ *Pédoncules biflores*, 2.

B. { *Pédoncules des fleurs n'ayant pas un pouce de long*, 3.
{ *Pédoncules des fleurs ayant plus de deux pouces de long*, 4.

C. { *Fleurs bleuâtres*, 5.
{ *Fleurs rouges*, 6.

1. **G. à feuilles de ciguë** : *G. cicutarium*. Maintenant *érodium à feuilles de ciguë* (fl. fr.). Extrêmement commun partout, et variant à l'infini. Fl. rougeâtres ou blanches, en ombelle ; il y en a une sous-variété à fleurs tirant sur le violet foncé. *Murailles, bord des chemins, prairies, champs, etc.*

2. **G. herbe-à-robert** : *G. robertianum*. Vulg. *herbe-à-robert*. Fl. d'un rouge incarnat portées 2 à 2 sur des pédoncules axillaires ; pl. méd., vulnéraire, astringente et résolutive. *Vieux murs, haies, lieux secs, etc.*

3. **G. disséqué** : *G. dissectum*. Fl. purpurines, assez petites, portées 2 à 2 sur des pédoncules très-courts. *Haies, bord des bois.*

4. **G. colombin** : *G. columbinum*. Fl. assez grandes, de couleur rouge ou bleuâtre, et soutenues 2 ensemble par des pédoncules fort longs. *Lieux cultivés et couverts, bord des haies.*

5. **G. fluet** : *G. pusillum*. Fl. petites, de couleur bleue ou violette, remarquables par leurs pétales échancrés en cœur ; les pédoncules sont biflores et axillaires. *Pelouses, chemins, lieux cultivés.*

6. **G. à feuilles rondes** : *G. rotundifolium*. Fl. petites, rougeâtres, portées 2 à 2 sur les pédoncules ; pétales entiers, très-obtus ; pl. méd., vulnéraire, astringente et résolutive. *Lieux cultivés, pied des murs.*

GERMANDRÉE : *Teucrium.* (Labiée.)

A. *Feuilles trifides ou multifides.*
B. *Feuilles entières ou sessiles.*
C. *Feuilles pétiolées et dentées ou crénelées.*

A. { *Feuilles trifides : fleurs jaunes,* 1.
{ *Feuilles multifides : fleurs rouges,* 2.

B. { *Feuilles entières et non dentées,* 3.
{ *Feuilles sessiles et dentées,* 4.

C. { *Tige droite et haute de plus d'un pied : feuilles ayant environ un pouce de large : fleurs jaunâtres,* 5.
{ *Tige couchée et s'élevant à peine de six pouces au-dessus de la terre : feuilles n'ayant pas plus de six lignes de large : fleurs rouges,* 6.

1. **G. ivette** : *T. chamæpitys.* Maintenant *bugle faux-pin* (fl. fr.). Fl. jaunes, petites, solitaires dans chaque aisselle, très-velues en dehors ainsi que les calices, à lèvre inférieure tachée de noir ; pl. méd., aromatique, apéritive, tonique et anti-spasmodique. *Lieux arides et sablonneux.*

2. **G. botride** : *T. botrys.* Vulg. *germandrée-femelle.* Fl. purpurines portées sur de courts pédoncules et disposées 3 ou 4 ensemble dans chaque aisselle. *Lieux arides et pierreux.*

3. **G. de montagne** : *T. montanum.* Fl. blanches et disposées aux extrémités des tiges en tête aplatie et semblable à un corymbe. *Collines pierreuses exposées au soleil.*

4. **G. scordium** : *T. scordium.* Vulg. *scordium.* Fl. axillaires en petit nombre à chaque nœud, et de couleur rougeâtre, bleuâtre ou blanchâtre ; cette plante a une odeur forte qui approche de celle de l'ail, mais qui est plus agréable. *Lieux aquatiques, forêts de châtaigniers.*

20*

5. **G. sauge-des-bois** : *T. scorodonia.* Vulg. *baume-sauvage.* Fl. d'un blanc jaunâtre et disposées en épi nu et terminal ; elles sont souvent tournées d'un seul côté et leurs étamines sont purpurines ; il y en a une variété à fleur pourpre ; pl. méd., feuilles vulnéraires, sudorifiques, diurétiques, etc. *Bois, lieux montagneux et incultes.*

6. **G. petit chêne** : *T. chamædris.* Vulg. *germandrée officinale.* Fl. ordinairement purpurines, quelquefois blanches, et disposées 2 ou 3 de chaque côté dans les aisselles supérieures des feuilles ; pl. méd., tonique, stomachique et fébrifuge. *Bois montagneux, côteaux arides.*

GESSE : *Lathyrus.* (Légumineuse.)

A. *Feuilles simples.*

B. *Feuilles composées de deux folioles ou plus : pédoncules chargés de plus de trois fleurs.*

C. *Feuilles composées de deux folioles ou plus : pédoncules ne portant pas plus de trois fleurs : légumes très-velus,* 6.

D. *Feuilles composées de deux folioles ou plus : pédoncules ne portant pas plus de trois fleurs : légumes glabres.*

A. {
Feuilles n'étant pas deux fois plus longues que larges : fleurs jaunes, 1.

Feuilles linéaires étant au moins six fois plus longues que larges : fleurs rouges, 2.
}

B. {
Fleurs jaunes, 3.

Fleurs rouges : folioles des feuilles lancéolées et très-pointues, 4.

Fleurs rouges : folioles des feuilles ovales et un peu obtuses, 5.
}

D. {
Vrilles des feuilles très-simples, 7.

Vrilles des feuilles trifides : légume ayant sur le dos deux ailes membraneuses, 8.

Vrilles des feuilles trifides : légume ayant une simple gouttière sur le dos, 9.
}

1. **G. aphaca** : *L. aphaca.* Fl. jaunes, petites, solitaires sur de longs pédicelles axillaires munis d'une
petite bractée; on assure que quelquefois le pédicelle
porte 2 fleurs. *Champs, moissons.*

2. **G. de Nissole** : *L. nissolia.* Fl. d'un rouge pâle,
solitaires, ou rarement géminées, sur de longs pédoncules axillaires. *Champs, prés, buissons, terrains
pierreux.*

3. **G. des prés** : *L. pratensis.* Fl. jaunes disposées
depuis 2 jusqu'à 8 sur des pédoncules droits qui les
font paraître terminales; cette plante donne un bon
foin. *Prés humides, lieux couverts.*

4. **G. sauvage** : *L. sylvestris.* Fl. assez grandes,
fort belles, de couleur rose ou purpurine, et disposées 4 ou 5 ensemble sur de longs pédoncules axillaires. *Bois, prés montagneux.*

5. **G. tubéreuse** : *L. tuberosus.* Fl. roses et portées
5 ou 6 ensemble sur des pédoncules assez longs et
axillaires; on mange les tubérosités de sa racine
qu'on nomme *macjons, marcussons,* etc. *Bord des
champs.*

6. **G. hérissée** : *L. hirsutus.* Fl. purpurines, petites
et portées 2 ou 3 ensemble sur de longs pédoncules;
il y en a une variété à pédoncules uniflores. *Champs,
lieux incultes.*

7. **G. anguleuse** : *L. angulatus.* Fl. rouges, assez
petites, solitaires et axillaires. *Blés, lieux stériles et
incultes.*

8. **G. cultivée** : *L. sativus.* Vulg. *pois-de-brebis.* Fl.
solitaires, axillaires, pédonculées et de couleur rose
ou violette, ou quelquefois tout-à-fait blanche.
Champs et lieux cultivés.

9. **G. chiche** : *L. cicera.* Vulg. *pois-breton.* Fl. rouges, à pédoncules moitié plus courts que dans la gesse cultivée. *Mêmes lieux, dans le Midi, etc.*

GIROFLÉE : *Cheiranthus.* (Crucifère.)

1. **G. violier** : *C. cheiri.* Vulg. *ravenelle, bâton-d'or.* Fl. d'un jaune rouillé et d'une odeur très-agréable; leur calice est souvent coloré d'un rouge noirâtre ou un peu violet; il y en a une variété remarquable par la grandeur de sa fleur. *Cult. dans les jardins; elle croît naturellement sur les vieux murs et sur les toits.*

GLAYEUL : *Gladiolus.* (Iridée.)

1. **G. commun** : *G. communis.* Fl. ordinairement purpurines, sessiles, un peu distantes entr'elles, tournées souvent d'un seul côté et garnies chacune à leur base d'une spathe assez longue. *Champs des provinces méridionales, etc.*

GLÉCHOME : *Glechoma.* (Labiée.)

1. **G. lierre-terrestre** : *G. hederacea.* Vulg. *lierre-terrestre.* Fl. axillaires et de couleur violette ou purpurine, à tube étroit et plus long que le calice; pl. méd., astringente, vulnéraire et détersive; on en fait un sirop excellent contre l'asthme. *Haies, lieux couverts.*

GLOBULAIRE : *Globularia.* (Globulaire.)

1. **G. commune** : *G. vulgaris.* Fl. formant une petite tête globuleuse, ordinairement de couleur bleue; pl. méd., vulnéraire et détersive. *Prés secs, lieux arides.*

GNAPHALE : *Gnaphalium.* (Composée.)

A. *Calice d'un vert brun ou ayant des taches brunes ou noirâtres et sans éclat.*

B. *Calice d'un beau rouge ou d'un beau blanc : individus de deux sortes, les uns stériles et les autres hermaphrodites, 3.*

C. *Calice luisant et tirant sur le jaune : tous les indivi-*
dus fertiles.

A. { *Tiges droites : fleurs axillaires*, 1.
{ *Tiges couchées et diffuses : la plupart des fleurs en*
{ *corymbe terminal*, 2.

C. { *Tiges droites, très-garnies de feuilles qui sont lon-*
{ *gues de plus d'un pouce*, 4.
{ *Tiges étalées, dont les feuilles sont écartées et ont*
{ *à peine un pouce de long*, 5.

1. **G. des bois** : *G. sylvaticum.* Fl. roussâtres ou blanchâtres, aux aisselles des feuilles supérieures et quelquefois occupant la moitié de la longueur de la tige; elles sont sessiles, ovales ou cylindriques : il y en a plusieurs variétés. *Bois, buissons et moissons.*

2. **G. des marais** : *G. uliginosum.* Fl. d'un jaune roux, ramassées en paquets garnis de feuilles aux extrémités des rameaux et de la tige. *Marais, champs humides.*

3. **G. dioïque** : *G. dioïcum.* Vulg. *pied-de-chat.* Fl. dioïques, les mâles rouges et les femelles blanches formant un petit corymbe serré et terminal; il y en a plusieurs variétés; pl. méd. béchique et vulnéraire astringente. *Prairies montagneuses, arides et découvertes.*

4. **G. des sables** : *G. arenarium.* Maintenant *ély-chryse-des-sables* (fl. fr.). Fl. jaunes, en corymbe simple ou rameux, toujours terminal. *Lieux sablonneux, secs et stériles.*

5. **G. jaunâtre** : *G. luteo-album.* Fl. d'un jaune blanc, réunies en petites têtes ou en corymbes serrés. *Lieux humides.*

Plantes de l'ancien genre Cotonnière, réunies maintenant aux gnaphales (fl. fr.).

A. *Tiges dichotomes ou terminées par une ombelle :*
feuilles n'ayant pas plus d'une ligne de large.

B. *Tiges dichotomes ou terminées par une ombelle :
feuilles ayant au moins deux lignes de large, 8.*

C. *Tiges n'étant ni dichotomes ni terminées par une
ombelle.*

A. { *Feuilles presque capillaires et ouvertes, 6.*
{ *Feuilles lancéolées et serrées contre la tige, 7.*

C. { *Feuilles inférieures n'ayant qu'une ligne de large, 9.*
{ *Feuilles inférieures ayant plus d'une ligne de
large, 10.*

6. **G. de France** : *G. gallicum.* Fl. roussâtres placées
dans les bifurcations des rameaux, à l'extrémité
desquels elles forment de petits paquets qui paraissent hérissés de pointes, à cause des feuilles aiguës
qui les environnent. *Champs sablonneux.*

7. **G. de montagne** : *G. montanum.* Fl. roussâtres,
petites, disposées par petits paquets dans l'angle des
divisions des rameaux, à l'extrémité desquels elles
paraissent former de petits épis serrés. *Lieux secs,
montagneux, bord des bois.*

8. **G. d'Allemagne** : *G. germanicum.* Vulg. *cotonnière.* Fl. jaunâtres, ramassées dans les bifurcations
de la tige et des rameaux, où elles forment, par
leur nombre, des paquets arrondis, étoilés et assez
gros ; pl. méd., vulnéraire, astringente et béchique.
Bord des chemins, des fossés et des champs.

9. **G. naine** : *G. minimum.* Fl. roussâtres, petites,
solitaires ou réunies 2 à 3 ensemble à l'aisselle des
rameaux supérieurs, ou le plus souvent à leur sommet. *Champs sablonneux d'Orléans, du Bourbonnais, etc.*

10. **G. des champs** : *G. arvense.* Fl. blanchâtres,
petites, disposées par paquets aux aisselles des feuilles dans toute la longueur de la tige ; les paquets de
fleurs qui terminent les rameaux paraissent former

des épis lâches et sont tous enveloppés de beaucoup de coton blanc. *Champs sablonneux.*

GNAVELLE : *Scleranthus.* (Portulacée.)

A. *Corolle sensiblement blanche avec des veines vertes et dont les divisions sont obtuses et resserrées après la floraison*, 1.

B. *Corolle verdâtre dont les divisions sont pointues et ouvertes après la floraison*, 2.

1. **G. vivace** : *S. perennis.* Fl. blanches sur les bords, à nervures vertes, en corymbes terminaux, ramassées 2 ou 3 ensemble par petits bouquets. *Champs, terrains sablonneux.*

2. **G. annuelle** : *S. annuus.* Fl. verdâtres, en corymbes terminaux, ramassées par petits paquets, et remarquables par leurs divisions aiguës. *Champs.*

GOUET : *Arum.* (Aroïde.)

1. **G. commun** : *A. vulgare.* Vulg. *pied-de-veau.* Tige nue, haute de 7 à 8 po. et terminée par le chaton qui porte les fleurs; ce chaton est blanchâtre et son sommet représente une massue qui se colore d'un beau pourpre, s'échauffe, se flétrit et tombe avant la maturation du fruit; les baies, en murissant, acquièrent une couleur rouge éclatante; la racine fraîche de *l'arum* est très-âcre et brûlante; desséchée elle est purgative et incisive; ses feuilles sont vulnéraires astringentes. *Bois, haies, lieux couverts.*

GRASSÈTE : *Pinguicula.* (Personnée.)

1. **G. vulgaire** : *P. vulgaris.* Plante fort petite, à fl. bleuâtres ou d'un violet pâle, solitaires, un peu inclinées; elle est méd., vulnéraire, très-consolidante et purgative. *Près humides.*

GRATIOLE : *Gratiola.* (Personnée.)

1. **G. officinale** : *G. officinalis.* Vulg. *herbe-au-pauvre-homme.* Fl. axillaires, solitaires, d'un blanc jaunâ-

tre; pl. méd., émétique, fortement purgative, etc.
Lieux aquatiques, bord des étangs.

GRÉMIL : *Lithospermum.* (Borraginée.)

A. *Corolles plus grandes que le calice,* 1.

B. *Corolles à peine plus grandes que le calice.*

B. { *Tiges droites, simples dans leur partie inférieure et rameuses dans leur partie supérieure : semences lisses et luisantes,* 2.
Tiges rameuses dès leur base et un peu couchées : semences ridées, 3.

1. **G. violet** : *L. purpuro-cœruleum.* Fl. d'un violet pourpre, axillaires et formant par leur réunion un long épi terminal. *Bois, champs, bord des chemins.*

2. **G. officinal** : *L. officinale.* Vulg. *herbe-aux-perles.* Fl. blanches, ou d'une couleur pâle, placées dans les aisselles des feuilles et portées sur de très-courts pédoncules; pl. méd., apéritive, etc. *Terrains incultes.*

3. **G. des champs** : *L. arvense.* Fl. petites, blanches et terminales; lorsque la plante est adulte l'écorce de sa racine teint en rouge. *Champs cultivés.*

GROSEILLER : *Ribes.* (Groseiller.)

A. *Arbrisseau épineux : fleurs solitaires, ou réunies au nombre de deux,* 1.

B. *Arbrisseau sans épines : fleurs en grappes.*

B. { *Grappes de fleurs glabres : feuilles sans odeur remarquable,* 2.
Grappes de fleurs velues : feuilles très-odorantes, 3.

1. **G. piquant** : *R. uva-crispa.* Arbrisseau à fl. verdâtres, latérales, attachées une ou deux ensemble à des pédoncules courts et pendants; fruit verdâtre, alim., relâchant; on en cultive une variété dont les fruits sont plus gros et d'un jaune doré ou de couleur rouge; on les nomme grosses groseilles. *L'espèce sauvage se trouve dans les haies.*

2. **G. rouge** : *R. rubrum.* Arbrisseau à fl. d'un blanc jaunâtre ou verdâtre, disposées en grappes simples, pendantes; pl. alim., méd., rafraîchissante, diurétique, etc. *Bois, buissons, cult.*

3. **G. noir** : *R. nigrum.* Vulg. *cassis.* Arbrisseau à fl. en grappes lâches, pendantes, velues, campanulées et d'un vert blanchâtre; pl. alim., méd., stomachique, apéritive. *Bois montagneux, cult.*

GUIMAUVE : *Althæa.* (Malvacée.)
A. *Tiges droites et douces au toucher,* 1.
B. *Tiges couchées et hérissées de poils longs,* 2.

1. **G. officinale** : *A. officinalis.* Fl. blanches, ou légèrement purpurines, presque sessiles et disposées dans les aisselles des feuilles supérieures; pl. méd., très-émolliente et adoucissante. *Lieux humides, bord des ruisseaux.*

2. **G. hérissée** : *A. hirsuta.* Fl. blanches, ou d'un rouge pâle, portées sur de longs pédoncules et disposées dans les aisselles des feuilles. *Haies, lieux incultes.*

GUY : *Viscum.* (Caprifoliacée.)

1. **G. à fruits blancs** : *V. album.* Arbuste à fl. monoïques ou dioïques, d'un jaune verdâtre, axillaires, sessiles et disposées plusieurs ensemble; fruits blancs, petits, presque transparents et remplis d'un suc visqueux; pl. méd., purgative, sudorifique et antispasmodique; glu, teinture jaune. *Parasite sur les pommiers, les chênes, les tilleuls, etc.*

Les Gaulois et leurs druides vénéraient le *guy du chêne,* qui est le plus rare, comme une plante sacrée; ils ne l'abattaient qu'avec une faucille d'or et lui attribuaient un pouvoir merveilleux pour la neutralisation des poisons, des sortilèges, etc.

21.

GYPSOPHILE : *Gypsophila.* (Cariophyllée.)

1. **G. des murs** : *G. muralis.* Fl. couleur de chair, vei-nées de lignes roses, petites, nombreuses, disposées en panicule très-rameuse, quelquefois dioïques par avortement. *Parmi les pierres, le long des chemins et dans les chaumes.*

HARICOT : *Phaseolus.* (Légumineuse.)

1. **H. commun** : *P. vulgaris.* Fl. blanches, un peu jaunâtres avant le développement, en grappes soli-taires, axillaires; pl. alim. *Cult. originaire de l'Inde.*

HÉLIANTHÈME : *Helianthemum.* (Ciste.)

A. *Fleurs blanches.*

B. *Fleurs jaunes.*

A. { *Fleurs disposées en une espèce de panicule ombelli-forme,* 1.
{ *Fleurs en épis : calices légèrement cotonneux, mais non hérissés de longs poils,* 2.

B. { *Fleurs tachées de rouge ou de violet,* 3.
{ *Fleurs toutes jaunes,* 4.

1. **H. à ombelles** : *H. umbellatum.* Fl. blanches, très-fugaces et disposées 5 ou 6 ensemble en ma-nière d'ombelle terminale; il en naît encore quel-ques-unes disposées par étages à la base ou vers le milieu des pédoncules. *Bord des bois et des taillis.*

2. **H. poudreux** : *A. pulverulentum.* Fl. blanches, en grappe simple, à calices larges, obtus, un peu cotonneux sur toute leur surface. *Lieux arides et pierreux.*

3. **H. taché** : *H. guttatum.* Fl. d'un jaune quelque-fois fort pâle, et remarquables par 5 taches violettes ou rouges disposées en rond à la base des pétales; il y en a une variété à pétales sans taches. *Lieux secs et sablonneux.*

4. **H. commun** : *H. vulgare.* Fl. jaunes, en manière d'épi aux extrémités des tiges, et penchées ou pendantes avant leur épanouissement; pl. méd., vulnéraire astringente. *Collines, lieux secs, bord des bois.*

HÉLIOTROPE : *Heliotropium.* (Borraginée.)

1. **H. européen** : *H. europæum.* Vulg. *herbe-aux-verrues.* Fl. blanches, sessiles, petites, nombreuses, unilatérales et disposées sur des épis simples, géminés ou ternés, roulés en spirale avant leur développement; les fruits imitent de petites verrues. *Terrains sablonneux, secs et découverts.*

L'héliotrope cultivé est celui du Pérou, et non celui ci-dessus.

HELLÉBORE : *Helleborus.* (Renonculacée.)

A. *Tige uniflore,* 1.

B. *Tige pluriflore,* 2.

1. **H. d'hiver** : *H. hyemalis.* Hampe terminée par une fleur jaune, assez petite, placée immédiatement sur une feuille orbiculaire jouant le rôle de collerette. *Lieux humides et couverts.*

2. **H. fetide** : *H. fœtidus.* Vulg. *pied-de-griffon.* Fl. verdâtres et un peu rouges en leurs bords, ainsi que les folioles du calice qui sont droites et fermées, ce qui donne à la fleur l'aspect d'une flèche; pl. méd., âcre, purgative, à odeur fétide. *Lieux stériles et pierreux.*

HERNIAIRE : *Herniaria.* (Amaranthacée.)

A. *Feuilles glabres,* 1.

B. *Feuilles velues,* 2.

1. **H. glabre** : *H. glabra.* Fl. petites, verdâtres, sessiles et ramassées par pelotons axillaires qui se développent et s'allongent en rameaux par la suite; pl. méd., astringente, diurétique, etc. *Lieux sablonneux.*

2. **H. velue** : *H. hirsuta.* Cette plante ressemble beaucoup à la précédente et n'en est peut-être qu'une variété, mais elle est velue dans toutes ses parties; elle est aussi astringente et diurétique. *Champs.*

HÊTRE : *Fagus.* (Amentacée.)

1. **H. des forêts** : *F. sylvatica.* Grand arbre à fl. monoïques, verdâtres; le chaton mâle est pendant, globuleux; les fleurs femelles sont réunies 2 ensemble dans un involucre hérissé d'épines molles; les graines, qu'on nomme *faines*, produisent l'huile de ce nom et sont bonnes à manger; le bois est employé au chauffage, au charronnage, etc. *Forêts.*

HIPPOCRÉPIS : *Hippocrepis.* (Légumineuse.)

1. **H. en ombelle** : *H. comosa.* Fl. jaunes, disposées 5 à 8 ensemble en ombelles simples portées sur des pédoncules plus longs que les feuilles. *Prairies pierreuses, arides ou sablonneuses.*

HOTTONE : *Hottonia.* (Primulacée.)

1. **H. aquatique** : *H. palustris.* Vulg. *plumeau.* Pl. aquatique portant à son sommet 3 ou 4 verticilles de fleurs blanches ou quelquefois rougeâtres; les divisions du calice sont courtes et linéaires; celles de la corolle sont profondes et un peu jaunâtres à leur base intérieure. *Étangs, fossés.*

HOUBLON : *Humulus.* (Urticée.)

1. **H. grimpant** : *H. lupulus.* Pl. dioïque, grimpante; fleurs mâles en petites grappes, à calice sans corolle; ces grappes sont remarquables par la couleur dorée et brillante des étamines; les fleurs femelles sont ramassées et forment des espèces de cônes jaunâtres, écailleux; pl. méd., apéritive et sudorifique; on emploie beaucoup le houblon dans la fabrication de la bière et on mange ses jeunes pousses comme des asperges. *Haies, vieux murs, cult.*

HOUQUE : *Holcus.* (Graminée.)

A. *Balles calicinales presque glabres, mais ciliées : barbes surpassant d'une ligne les balles florales*, 1.

B. *Balles calicinales très-velues : barbes peu apparentes*, 2.

1. **H. molle** : *H. mollis.* Maintenant *avoine molle,* (fl. fr.). Panicule un peu resserrée en épi et devenant, à mesure que la fructification se développe, d'un blanc sâle presque roussâtre et mélangé de violet. *Lieux secs.*

2. **H. laineuse** : *H. lanatus.* Maintenant *avoine laineuse,* (fl. fr.), et vulg. *foin-blanc.* Panicule longue de 4 à 8 po., resserrée dans sa jeunesse, et d'une couleur blanche plus ou moins mêlée de violet ; les glumes sont velues, laineuses ; elle donne un foin de médiocre qualité. *Prés.*

HOUX : *Ilex.* (Frangulacée.)

1. **H. commun** : *I. aquifolium.* Arbrisseau à fl. blanches, petites, naissant dans les aisselles des feuilles ; fruits rouges ; pl. méd., émolliente, résolutive et purgative ; on en fait de la glu ; le bois est très-dur et propre aux ouvrages de tour, de marqueterie, etc. *Haies et bois.*

HYDROCHARIS : *Hydrocharis.* (Hydrocharidée.)

1. **H. morrène** : *H. morsus-ranæ.* Plante dioïque à feuilles flottantes, semblables en petit à celles du nénuphar blanc ; les pédoncules sont axillaires et portent chacun une fleur blanche. *Eaux tranquilles.*

HYDROCOTYLE : *Hydrocotyle.* (Ombellifère.)

1. **H. commune** : *H. vulgaris.* Vulg. *écuelle-d'eau.* Fl. blanches naissant dans les aisselles des feuilles ; elles sont fort petites et ramassées 5 à 8 ensemble en une ombelle simple, serrée, ou en une tête très-petite. *Marais.*

21*

HYSOPE : *Hyssopus*. (Labiée.)

1. **H. officinal** : *H. officinalis*. Fl. ordinairement bleues, ou quelquefois blanches ou rouges ; elles sont situées dans les aisselles supérieures des feuilles, tournées la plupart d'un même côté et disposées en manière d'épi terminal ; pl. méd., vulnéraire, cordiale et céphalique ; son odeur est aromatique et assez agréable. *Coteaux, vieux murs, en Provence, etc. Cult.*

IBÉRIDE : *Iberis*. (Crucifère.)

A. *Tige presque nue : les feuilles forment une rosette radicale*, 1.

B. *Tige très-feuillée : les feuilles ne forment pas une rosette radicale*, 2.

1. **I. à tige nue** : *I. nudicaulis*. Maintenant *tabouret à tige nue* (fl. fr.). Fl. blanches, petites, à pétales égaux ; silicule échancrée au sommet ; il y en a plusieurs variétés. *Lieux sablonneux et stériles, bois peu garnis.*

2. **I. amère** : *I. amara*. Vulg. *thlaspi de la petite espèce*. Fl. assez grandes, de couleur blanche tirant quelquefois sur le violet, disposées en corymbe d'abord semblable à une ombelle, puis allongé comme une grappe. *Champs pierreux.*

IMPÉRATOIRE : *Imperatoria*. (Ombellifère.)

1. **I. sauvage** : *I. sylvestris*. Vulg. *angélique-sauvage*. Fl. blanches, un peu couleur de chair, en ombelles hémisphériques, à environ 30 rayons pubescents ; pl. méd. ; les feuilles dissipent les loupes, et la racine est bonne contre l'épilepsie. *Lieux humides, bord des ruisseaux.*

INULE : *Inula*. (Composée.)

A. *Demi-fleurons ayant à peine une ligne de long*, 1.

B. *Demi-fleurons ayant plusieurs lignes de long : écailles calicinales ovales ou ovales-lancéolées.*

C. *Demi-fleurons ayant plusieurs lignes de long : écailles calicinales linéaires : aucune des feuilles caulinaires n'étant 8 fois plus longue que large.*

D. *Demi-fleurons ayant plusieurs lignes de long : écailles calicinales linéaires : plusieurs feuilles de la tige étant 8 fois plus longues que larges.*

B. { *Feuilles larges de plusieurs pouces,* 2.
{ *Feuilles larges d'environ un pouce,* 3.

C. { *Feuilles ridées et fortement amplexicaules,* 4.
{ *Feuilles non ridées et semi-amplexicaules,* 5.

D. { *Feuilles lisses,* 6.
{ *Feuilles velues et n'étant pas sensiblement dentées :*
{ *tiges pubescentes et douces au toucher,* 7.
{ *Feuilles velues et sensiblement dentées, surtout à*
{ *leur base : tiges rudes au toucher,* 8.

1. **I. pulicaire** : *I. pulicaria.* Fl. jaunes, petites et disposées le long et au sommet des rameaux ; demi-fleurons courts et peu apparents ; involucre très-cotonneux ; elle est quelquefois flosculeuse. *Fossés humides, bords des chemins.*

2. **I. aulnée** : *I. helenium.* Vulg. *aulnée.* Fl. jaunes, grandes, en corymbe ; pl. méd., aromatique, tonique, stomachique et résolutive. *Bois, terrains humides.*

3. **I. raide** : *I. squarrosa.* Fl. jaunes, terminales, solitaires ou en petit nombre, presque sessiles, de grandeur moyenne. *Bois, rochers du Midi.*

4. **I. dysentérique** : *I. dysenterica.* Vulg. *herbe-de-Sᵗ-Roch.* Fl. jaunes, solitaires, en corymbe ; pl. méd., tonique, astringente. *Fossés, lieux humides.*

5. **I. œil-de-christ** : *I. oculus christi.* Fl. jaunes, assez grandes, à demi-fleurons peu nombreux. *Lieux montueux et découverts, dans le Midi, etc.*

6. **I. à feuilles de saule** : *I. salicina.* Trois ou quatre fl. jaunes, solitaires sur leur pédoncule et assez grandes. *Prés montagneux.*

7. **I. britanique** : *I. britanica* (et non *britannica*, car elle ne croît pas dans les îles *britanniques*). Fl. assez grandes, d'un beau jaune, solitaires au sommet de chaque rameau, à demi-fleurons étroits et nombreux. *Bord des routes et des fossés.*

8. **I. hérissée** : *I. hirta.* Fl. jaunes, assez grandes, ordinairement au nombre de 5 à 6, disposées en corymbe terminal : elles sont solitaires dans une variété. *Prés montagneux.*

IRIS : *Iris.* (Iridée.)

A. *Fleurs jaunes,* 1.

B. *Fleurs bleuâtres,* 2.

1. **I. faux-acore** : *I. pseudacorus.* Vulg. *iris-jaune, glayeul-des-marais.* Fl. jaunes en petit nombre sur une tige en zig-zag ; ces fleurs sont remarquables par les 3 segments intérieurs de leur périgone qui sont extrèmement petits ; pl. méd. ; racine purgative, astringente et dessicative, donnant une couleur noire et les fleurs une couleur jaune. *Bord des étangs, des fossés, des rivières.*

2. **I. fétide** : *I. fœtidissima.* Vulg. *glayeul-puant.* Fl. assez petites et d'un bleu triste tirant sur le pourpre ; pl. méd., hystérique, anti-asthmatique. *Bois taillis, bord des chemins.*

ISNARDE : *Isnardia.* (Onagraire.)

1. **I. des marais** : *I. palustris.* Plante rampante ou flottante dans l'eau, à fl. sessiles, petites, verdâtres et axillaires ; les fruits semblent être de très-petits clous de girofle. *Fossés et ruisseaux d'eau lente.*

JACINTHE : *Hyacinthus.* (Liliacée.)

A. *Corolle oblongue dont l'entrée est très-ouverte et non rétrécie,* 1.

B. *Corolle globuleuse et rétrecie à son entrée : feuilles presque cylindriques et ayant à peine une ligne de large,* 2.

C. *Corolle ovale ou globuleuse et rétrécie à son entrée :*
feuilles ayant deux à quatre lignes de large.

C. { *Corolles inférieures d'un gris sale,* 3.
{ *Toutes les corolles d'un beau bleu,* 4.

1. **J. des prés** : *H. non scriptus.* Maintenant *scille-penchée* (fl. fr.). Hampe terminée par une grappe de fleurs penchée de côté avant l'entier épanouissement ; ces fleurs sont bleues, quelquefois blanches, en forme de cloche. *Prés et bois.*

2. **J. à feuilles de jonc** : *H. racemosus.* Maintenant *muscari à grappe* (fl. fr.). Fl. petites, nombreuses et disposées en un épi court, ovale et serré ; elles sont bleues, mais leur limbe forme un petit rebord blanc qui se colore par la suite. *Lieux cultivés, allées des jardins, etc.*

3. **J. à toupet** : *H. comosus.* Mantenant *muscari à toupet* (fl. fr.) et vulg. *porreau-sauvage.* Fl. d'un bleu rougeâtre, disposées en un épi fort long, et lâche dans sa partie inférieure. *Champs, lieux cultivés, bord des bois.*

4. **J. botride** : *H. botryoïdes.* Maintenant *muscari botride* (fl. fr.). Fl. à périgone globuleux, bleu, terminé par un très-petit rebord blanc. *Provinces méridionales, Orléans, etc.*

JASIONE : *Jasione.* (Campanulacée.)

1. **J. de montagne** : *J. montana.* Têtes des fleurs assez petites, terminales, d'une belle couleur bleue et portées sur des pédoncules nus et fort longs ; il y en a une variété à fleur blanche, une autre à une seule fleur, et une troisième prolifère. *Coteaux secs, bord des bois.*

JONC : *Juncus.* (Joncée.)

A. *Tige nue : panicule serrée et presque sessile,* 1.
B. *Tige nue : panicule lâche.*

C. *Tige garnie de feuilles canaliculées : fleurs de la panicule solitaires.*

D. *Tige garnie de feuilles cylindriques : fleurs disposées en plusieurs faisceaux sessiles.*

E. *Feuilles planes : fleurs tout-à-fait blanches,* 10.

F. *Feuilles planes : fleurs brunes ou roussâtres.*

B. { *Extrémité des tiges courbée et presque horizontale,* 2.
Tiges entièrement droites : folioles du calice plus courtes que les semences et n'ayant pas plus d'une demi-ligne de long : panicule très-bien fournie, 3.
Tiges entièrement droites : folioles du calice plus longues que les semences et ayant plus d'une ligne de long : panicule très-peu fournie, 4.

C. { *Capsules arrondies : folioles du calice à peine aussi longues que les capsules,* 5.
Capsules allongées : folioles du calice plus longues que les capsules, 6.

D. { *Capsules pointues : tiges ayant au moins huit pouces de haut,* 7.
Capsules obtuses, aussi longues ou plus longues que les folioles du calice : racine bulbeuse, 8.
Capsules obtuses plus courtes que les folioles du calice : tige n'ayant que deux ou trois pouces de haut : racine non bulbeuse, 9.

F. { *Fleurs ramassées en une ou plusieurs têtes compactes.* 11.
Fleurs solitaires sur leurs pédoncules et disposées en une ombelle très-ouverte, 12.

1. **J. aggloméré** : *J. conglomeratus.* Fl. d'un brun roussâtre et disposées en un peloton serré, sessile et latéral. *Marais.*

2. **J. courbé** : *J. inflexus.* Fl. blanchâtres, disposées en une panicule lâche et latérale. *Lieux humides des provinces méridionales, Orléans, etc.*

3. **J. épars** : *J. effusus.* Fl. blanchâtres en panicule ordinairement très-lâche et qui paraît latérale ; quel-

quefois cette panicule est resserrée ; on fait avec ce jonc des cordages, des liens, etc. ; on se sert de sa moëlle pour faire des mèches et différents petits ouvrages. *Marais, lieux humides.*

4. **J. glauque** : *J. glaucus.* (Dub.) Fl. blanchâtres, aussi en panicule. Il est trop différent du jonc épars pour le confondre avec lui ; il n'a presque pas de moëlle, aussi les jardiniers et les vignerons s'en servent-ils pour lier les vignes. *Chemins humides.*

5. **J. bulbeux** : *J. bulbosus.* Fl. brunâtres, en panicule peu étalée et terminale. *Marais, prés humides.*

6. **J. des crapauds** : *J. bufonius.* Fl. verdâtres, solitaires, quelquefois géminées, et diposées aux extrémités et dans les bifurcations des tiges ; il y en a une variété à fleurs toutes solitaires, blanchâtres. *Lieux humides, prés marécageux.*

7. **J. articulé** : *J. articulatus.* Fl. d'un jaune-roussâtre, terminales et disposées en panicule lâche, formée par 2 ou 3 ombelles. *Marais, lieux humides.*

8. **J. humble** : *J. supinus.* Fl. d'un vert roussâtre disposées à la base et à l'extrémité des rameaux supérieurs, en paquets arrondis. *Marais à demi-desséchés.*

9. **J. pygmée** : *J. pygmœus.* Fl. roussâtres, à petites écailles scarieuses et en paquets de 4 à 6 ensemble. *Marais tourbeux.*

10. **J. à fleurs blanches** : *J. niveus.* Maintenant *luzule blanc-de-neige* (fl. fr.). Cette espèce se reconnaît sans peine à la belle couleur blanche de ses fleurs et des écailles qui les entourent ; elles forment un corymbe composé dont les pédicelles portent chacun un faisceau de 5 fleurs environ. *Forêts, lieux humides.*

11. **J. des champs** : *J. campestris.* Maintenant *luzule des champs* (fl. fr.). Cette espèce varie beaucoup

quant à son port; on la distingue des autres luzules en ce qu'elle porte plusieurs épis ovoïdes, sessiles ou pédonculés, lâches ou serrés, droits ou un peu pendants, qui sont disposés en corymbe ou en ombelle incomplète; l'épi du milieu est toujours sessile; les écailles, les fleurs et les capsules sont d'un brun diversement nuancé; il y en a plusieurs variétés, dont une à ombelle vraie. *Lieux secs et arides, bois, marais, montagnes.*

12. **J. des bois** : *J. pilosus.* Maintenant *luzule printannière* (fl. fr.). Fl. en ombelle ou corymbe lâche, simple, dont les pédicelles sont divergents, un peu penchés et ne portent le plus souvent qu'une seule fleur d'un brun un peu nuancé de blanc, et plus grande que dans la plupart des luzules. *Bois.*

JOUBARBE : *Sempervivum.* (Crassulacée.)

1. **J. des toits** : *S. tectorum,* vulg. *artichaut-sauvage.* Rameaux très-ouverts, penchés ou courbés, sur lesquels sont disposées des fleurs presque sessiles, purpurines, et tournées la plupart du même côté; les pétales sont lancéolés, au nombre de 12 à 15; pl. méd., rafraîchissante, émolliente et vulnéraire. *Toits, vieux murs.*

JUSQUIAME : *Hyoscyamus.* (Solanée.)

1. **J. noire** : *H. niger.* Fl. presque sessiles, à odeur désagréable, disposées sur les rameaux en longs épis; elles sont d'un jaune pâle en leur bord et d'un pourpre noirâtre dans leur milieu; pl. vén., méd., narcotique, anodine et résolutive. *Cours, bord des chemins.*

LAITRON : *Sonchus.* (Composée.)

A. *Pédoncules et calices très-glabres, 1.*

B. *Pédoncules et calices chargés de poils glanduleux et visqueux.*

B. { *Base des feuilles dépourvue d'oreillettes*, 2.
{ *Base des feuilles ayant deux oreillettes pointues*, 3.

1. **L. des lieux cultivés** : *S. oleraceus.* Fl. d'un jaune pâle, à pédoncules lisses, glabres, mais un peu cotonneux sous le calice; pl. méd., rafraîchissante; il y en a plusieurs variétés. *Jardins, lieux cultivés.*

2. **L. des champs** : *S. arvensis.* Fl. jaunes, grandes et disposées au sommet en manière d'ombelle. *Champs.*

3. **L. des marais** : *S. palustris.* Fl. jaunes, en corymbe, plus petites que celles de l'espèce précédente. *Lieux aquatiques.*

LAITUE : *Lactuca.* (Composée.)

A. *Fleurs violettes*, 1.

B. *Fleurs jaunes : feuilles étroites dont le lobe terminal est très-allongé*, 2.

C. *Fleurs jaunes : feuilles élargies dont le lobe terminal est fort court, presque triangulaire et denté.*

C. { *Feuilles presque entières*, 3.
{ *Feuilles profondément sinuées*, 4.

1. **L. vivace** : *L. perennis.* Fl. violettes, ou d'un bleu pourpre, en panicule lâche. *Vignes, champs pierreux, etc.*

2. **L. à feuilles de saule** : *L. saligna.* Fl. jaunes, petites, très-rapprochées de la tige, et ne formant pas de panicule. *Bord des champs et des vignes.*

3. **L. vireuse** : *L. virosa.* Fl. jaunes, petites, en corymbe; son suc est violemment narcotique. *Champs, haies, bord des murs.*

4. **L. sauvage** : *L. sylvestris.* Fl. petites, d'un jaune pâle, en panicule allongée et peu garnie; pl. méd., apéritive et un peu narcotique. *Bord des chemins et des vignes.*

LAMIER : *Lamium.* (Labiée.)

A. *Fleurs blanches*, 1.

22.

B. *Fleurs rouges : feuilles de la tige sessiles et obtuses, ou étant presque toutes ramassées en un paquet dense au sommet des tiges.*

C. *Fleurs rouges : feuilles de la tige pétiolées et n'étant pas réunies en grand nombre au sommet des tiges.*

B. { *Feuilles de la tige sessiles et obtuses, 2.*
{ *Feuilles de la tige étant presque toutes réunies en paquet serré au sommet des tiges, 3.*

C. { *Feuilles chargées d'une large raie blanche : tige et pétioles velus, 4.*
{ *Feuilles dépourvues de tache blanche : tige et pétioles à peine velus, au moins lorsque la plante fleurit, 5.*

1. **L. blanc** : *L. album.* Vulg. *ortie-blanche.* Fl. blanches, presque sessiles, disposées dans les aisselles supérieures des feuilles par verticilles très-garnis; la lèvre supérieure de la corolle est velue, ainsi que les anthères qui sont blanches et tachées de noir; pl. méd., vulnéraire, détersive et un peu astringente. *Haies, lieux incultes.*

2. **L. embrassant** : *L. amplexicaule.* Fl. d'un rouge éclatant; le tube de leur corolle est allongé et fort grêle; les dents de la gorge sont à peine visibles. *Lieux cultivés.*

3. **L. pourpre** : *L. purpureum.* Fl. au nombre de 8 à 10 à chaque verticille; elles sont ordinairement purpurines, mais blanches dans une variété qui a les anthères purpurines; cette plante a une odeur puante. *Lieux cultivés.*

4. **L. taché** : *L. maculatum.* Verticilles composés de 8 à 10 fleurs purpurines; feuilles tachées de blanc. *Haies : en Alsace, Provence, Orléanais, etc.*

5. **L. lisse** : *L. lævigatum.* Verticilles de 6 à 8 fleurs, dont la corolle est grande, velue en sa lèvre supér-

rieure et d'un pourpre clair. *Lieux incultes, bord des haies.*

LAMPOURDE : *Xanthium*. (Urticée.)

1. **L. gloutteron** : *X. strumarium.* Vulg. *petite-bardane.* Fl. monoïques, verdâtres, sessiles, en grappes courtes et axillaires ; les mâles en petit nombre, les femelles beaucoup plus nombreuses : toutes les parties de la plante, et surtout les fruits, servent à teindre en jaune. *Haies, bord des chemins.*

LAMPSANE : *Lampsana*. (Composée.)

A. *Tiges feuillées ; fleurs nombreuses, en corymbe paniculé, 1.*

B. *Tiges nues, branchues ; fleurs terminales, 2.*

1. **L. commune** : *L. communis.* Fl. jaunes, petites et disposées en corymbe terminal sur la tige et les rameaux ; pl. méd., vulnéraire, détersive et émolliente. *Lieux cultivés, haies, etc.*

2. **L. fluette** : *L. minima.* Fl. petites, d'un jaune pâle, un peu penchées avant leur développement et portées sur de longs pédoncules renflés au sommet. *Pâturages secs, lieux sablonneux.*

LASER : *Laserpitium*. (Ombellifère.)

1. **L. à larges feuilles** : *L. latifolium.* Fl. blanches et disposées en ombelle terminale fort large et très-ouverte ; pl. méd., à racine aromatique, amère, purgative, etc. *Bois et montagnes.*

LENTICULE : *Lemna*. (Nayade.)

Les lenticules sont de petites plantes assez extraordinaires : elles naissent et flottent librement à la surface des *eaux stagnantes et limpides,* où leurs feuilles réunies forment des tapis de verdure ; on les nomme vulgairement *lentilles d'eau,* parceque ces feuilles sont de la grandeur d'une lentille ; elles sont dépourvues de tiges et émettent en dessous une ou plusieurs racines simples; on trouve difficilement leurs fleurs qui sont exactement sur le bord de ces feuilles et sont monoïques ou hermaphrodites, sans pétales.

Du lieu même où les fleurs ont coutume de naître, sortent incessamment de nouvelles feuilles qui prennent un accroissement rapide et se détachent souvent de la plante-mère spontanément, à la manière des polypes, dont on trouve même quelquefois une espèce (celle d'eau-douce) sur leurs racines.

Les lenticules contribuent à l'assainissement des lieux marécageux, en absorbant l'air malfaisant qui s'élève du fond des eaux, pour le rendre pur ensuite.

Les canards, les oies et les cygnes mangent ces plantes avec avidité. Les trois espèces ci-dessous sont médicinales, résolutives, rafraîchissantes, etc.

A. *Feuilles lancéolées paraissant ordinairement avoir trois lobes pointus*, 1.

B. *Feuilles arrondies : racine solitaire*, 2.

C. *Feuilles arrondies : racines nombreuses et fasciculées*, 3.

1. **L. à trois lobes** : *L. trisulca.* Pl. souvent submergée; fleurs à 2 étamines droites, un peu courbées, dont les anthères sont d'un jaune pâle, avec un rudiment de pistils placé entr'elles. A l'époque de la floraison, vers la fin du printemps, les feuilles qui doivent fleurir s'élèvent à la surface de l'eau.

2. **L. exiguë** : *L. minor.* Cette espèce est la plus commune de toutes; le calice des fleurs est arrondi, diaphane, blanchâtre; les anthères jaunes. Il y en a une variété dont la surface inférieure est renflée et qu'on nomme *lenticule gonflée.*

3. **L. à plusieurs racines** : *L. polyrhiza.* Cette espèce est plus grande, plus ferme et plus arrondie

que la précédente; sa surface inférieure est souvent d'un rouge foncé; elle émet 5 à 8 radicules qui descendent en divergeant; les fleurs ne diffèrent pas de celles de la lenticule exiguë.

LIERRE : *Hedera*. (Caprifoliacée.)

1. **L. grimpant** : *H. helix*. Vulg. *rampant*. Arbrisseau sarmenteux, à fl. petites, verdâtres, disposées en corymbe ou en manière d'ombelle; le fruit est une baie noirâtre; pl. méd., émétique et purgative; on se sert beaucoup des feuilles sur les cautères et les vésicatoires, pour y entretenir la fraîcheur. Il y a une variété de cette plante qui rampe sur la terre. *Bois, haies, vieux murs.*

LILAS : *Lilac*. (Jasminée.)

1. **L. commun** : *L. vulgaris*. Arbrisseau à fl. petites, nombreuses, d'un pourpre violet et disposées en grappes; il y en a une variété à fleurs blanches; celle connue sous le nom de *lilas-varin* a la fleur plus grande et d'un violet plus foncé. *Cult. originaire d'Asie.*

LIMOSELLE : *Limosella*. (Personnée.)

1. **L. aquatique** : *L. aquatica*. Pl. fort petite, à fleurs blanchâtres, petites, campaniformes, découpées en 5 segments pointus, dont un plus petit que les autres. *Lieux humides.*

LIN : *Linum*. (Cariophyllée.)

A. *Fleurs bleues.*

B. *Fleurs rougeâtres*, 3.

C. *Fleurs blanches.*

A. { *Tige droite et haute de plus d'un pied*, 1.
{ *Tige presqu'entièrement couchée et n'ayant pas un pied de haut*, 2.

22*

C. {
Corolle de quatre pièces : tige haute de deux pouces ou environ. 4.

Corolle de cinq pièces : tige haute de cinq pouces ou plus, 5.
}

1. **L. commun** : *L. usitatissimum.* Fl. d'un bleu clair, ou rougeâtres, terminales ou axillaires, à pétales un peu crénelés et onglet blanc ; pl. cult., méd., d'une grande utilité ; on en tire un fil estimé ; sa semence est éminemment émolliente, mucilagineuse et adoucissante ; l'huile de lin est anodine, émolliente et résolutive ; elle sert aussi pour la peinture et l'éclairage. *Champs.*

2. **L. des Alpes** : *L. alpinum.* Fl. d'un beau bleu, au nombre de 2 à 3 vers le sommet des tiges. *Prés montagneux du Jura, des Basses-Alpes, de l'Orléanais, etc.*

3. **L. à feuilles menues** : *L. tenuifolium.* Fl. grandes, terminales et ordinairement purpurines ou couleur de chair. *Collines sèches et arides.*

4. **L. radiola** : *L. radiola.* Fl. blanches, très-petites, très-nombreuses et disposées au sommet des rameaux. *Allées des bois, lieux couverts et humides.*

5. **L. purgatif** : *L. catharticum.* Fl. assez petites, terminales ; leurs pétales sont blancs, jaunâtres en leur onglet, et une fois plus long que le calice ; pl. méd., amère, purgative, etc. *Prés secs.*

LINAIGRETTE : *Eriophorum.* (Cypéracée.)

Cette plante est remarquable lorsqu'elle est en fruit, par ses belles aigrettes blanches et argentées ; on peut, en les faisant carder et les mêlant avec du coton, en obtenir un tissu doux, soyeux et chaud ; on peut aussi en faire du feutre, du papier, etc., et les substituer à la ouate pour garnir les vêtements.

A. *Épis nombreux et pédicellés.*

B. *Épis solitaires et sessiles.*

A.
> *Feuilles planes, excepté au sommet ; pédicelles souvent rameux,* 1.
>
> *Feuilles pliées en carène ; pédicelles toujours simples : tige cylindrique ; aigrette longue,* 2.
>
> *Feuilles pliées en carène ; pédicelles toujours simples : tige presque triangulaire ; aigrette courte,* 3.

B.
> *Écailles florales d'un gris luisant : racine fibreuse ; épi ovale,* 4.
>
> *Écailles florales d'un gris luisant : racine traçante ; épi globuleux,* 5.

1. **L. à plusieurs épis** : *E. polystachion.* Vulg. *lin-des-marais.* Épis nombreux ; tige cylindrique, droite, haute de 15 à 20 po. ; aigrettes pendantes ; écailles florales noirâtres. *Prés marécageux.*

2. **L. à feuille étroite** : *E. angustifolium.* Cette espèce ressemble beaucoup à la précédente ; mais elle en diffère par ses fenilles ; par ses épis plus longs et plus redressés ; par ses écailles scarieuses d'un gris blanchâtre, bordées de blanc ; enfin par ses aigrettes un peu plus longues. *Mêmes lieux.*

3. **L. grêle** : *E. gracile.* Cette espèce diffère des deux précédentes par sa tige menue et presque triangulaire ; par ses feuilles courtes, grêles et à 3 faces ; par ses épis moins nombreux, de moitié plus petits ; et par son aigrette deux fois plus courte. *Prés humides.*

4. **L. engainée** : *E. vaginatum.* Tiges de 10 à 15 po., droites, fermes ; feuilles engainantes jusqu'aux trois quarts de leur longueur ; épi solitaire, terminal, dépourvu de spathe, composé d'écailles grisâtres, scarieuses, un peu luisantes ; soies assez longues. *Marais tourbeux.*

5. **L. en tête** : *E. capitatum.* Cette espèce, longtemps confondue avec la linaigrette engainée, en diffère par sa tige haute de 3 à 4 po seulement ;

par son épi muni d'une spathe brune; enfin par la
brièveté des soies. *Marais tourbeux des hautes montagnes.*

LINAIRE : *Linaria.* (Personnée.)

A. *Feuilles radicales élargies ; celles de la tige sont incisées en découpures linéaires,* 1.

B. *Toutes les feuilles élargies et pétiolées.*

C. *Feuilles étroites et sessiles : fleurs jaunes.*

D. *Feuilles étroites et sessiles : fleurs axillaires d'un
blanc tirant sur le violet,* 7.

E. *Feuilles de la tige étroites et sessiles : fleurs tirant
sur le violet et disposées en épis.*

B. {
 *Feuilles lisses ayant des échancrures qui forment
plusieurs lobes : pétioles plus longs que les feuilles,* 2.
 *Feuilles très-velues, ovales et obrondes : pétioles
plus courts que les feuilles,* 3.
 *Feuilles velues, hastées et pointues à leur extrémité :
pétioles plus courts que les feuilles : rameaux
ouverts à angles droits,* 4.
}

C. {
 *Tiges un peu couchées : pédoncules et calices char-
gés de poils visqueux,* 5.
 *Tiges droites : pédoncules et calices dépourvus de
poils visqueux,* 6.
}

E. {
 Pédoncules et calices chargés de poils visqueux. 8.
 *Pédoncules et calices dépourvus de poils visqueux :
éperon court et obtus,* 9.
 *Pédoncules et calices dépourvus de poils visqueux :
éperon long et pointu,* 10.
}

1. **L. paquerette,** ou *muflier à feuilles de paquerette,
antirrhinum bellidifolium,* et maintenant *anarrhine paquerette* (fl. fr.). Fl. formant des épis très-grêles au
sommet de la tige et des rameaux; elles sont fort
petites, presque sessiles, blanchâtres inférieurement
et d'un bleu violet à leur extrémité : leur éperon
est recourbé et très-petit. *Lieux un peu stériles, bord
des chemins.*

2. **L. cymbalaire** : *L. cymbalaria.* Vulg. *la cymbalaire.* Fl. axillaires, solitaires et portées sur de longs pédoncules; leur couleur est bleue et leur palais jaunâtre; pl. méd., astringente et vulnéraire; on en trouve une variété à fleur blanche. *Fentes des vieux murs.*

3. **L. bâtarde** : *L. spuria.* Vulg. *velvote.* Fl. axillaires, solitaires, portées sur des pédoncules longs et filiformes; elles sont jaunes et leur lèvre supérieure est d'un violet noirâtre; pl. méd., émolliente et résolutive. *Champs.*

4. **L. élatine** : *L. elatine.* Fl. jaunes, petites, solitaires, axillaires et soutenues par des pédoncules plus longs que les feuilles. *Champs.*

5. **L. couchée** : *L. supina.* Fl. terminales disposées en épi lâche, d'un jaune pâle et munies chacune d'un éperon presque droit, assez long et pointu. *Collines arides et sablonneuses, terres labourées, etc.*

6. **L. commune** : *L. vulgaris.* Fl. grandes, droites, ramassées, formant un bel épi au sommet de la plante; leur corolle est d'un jaune pâle, mais le palais qui se trouve à leur entrée est d'un jaune rougeâtre ou de la couleur du safran; pl. méd. fort adoucissante et résolutive. *Terres incultes.*

7. **L. naine** : *L. minor.* Fl. petites d'un rouge un peu violet, blanchâtres en leur lèvre inférieure, solitaires et disposées dans les aisselles des feuilles; leur éperon égale en longueur la moitié de la corolle. *Lieux secs et sablonneux, etc.*

8. **L. des champs** : *L. arvensis.* Fl. en épi vers le sommet des branches, petites, de couleur bleuâtre ou jaunâtre, à éperon blanc recourbé. *Champs cultivés.*

9. **L. rayée** : *L. striata.* Cette espèce se distingue de toutes les autres à sa fleur blanchâtre, marquée

de raies bleues ou violettes, et tachée de jaune sur le palais ; à son éperon très-court, etc.; le port de cette plante est extrêmement variable. *Lieux pierreux.*

10. **L. de pélissier** : *L. pelisseriana.* Fl petites, de couleur violette, avec un palais blanc rayé ; elles ont un éperon droit et un peu plus long que leur corolle. *Lieux pierreux.*

LIONDENT : *Leontodon.* (Composée.)

A. *Fleurs penchées avant leur épanouissement et ayant à peine un demi-pouce de diamètre : tiges n'ayant pas plus de six pouces de haut,* 1.

B. *Fleurs toujours redressées et ayant environ un pouce de diamètre : tiges ayant plus de six pouces de haut,* 2.

1. **L. saxatile** : *L. hirtum.* Maintenant *thrincie hérissée* (fl. fr.). Fl. solitaire, jaune, terminale, penchée avant la floraison ; son involucre est glabre, imbriqué à sa base de petites folioles très-courtes ; les fleurons sont velus à l'orifice de leur tube. *Lieux secs, sablonneux et pierreux.*

2. **L. hérissé** : *L. hispidum.* Hampe terminée par une seule fleur jaune, dont l'involucre est un peu hérissé et dont les fleurons sont remarquables parceque l'entrée de leur tube est garnie de poils et que l'extrémité des dentelures de leur limbe est calleuse, presque glanduleuse. *Prés, lieux pierreux et exposés au soleil.*

LISERON : *Convolvulus.* (Convolvulacée.)

A. *Fleurs blanches ayant plus d'un pouce de diamètre,* 1.

B. *Fleurs rougeâtres ayant à peine un pouce de diamètre,* 2.

1. **L. des haies** : *C. sepium.* Fl. grandes, blanches, solitaires, garnies de deux bractées et portées sur des pédoncules tétragones ; pl. méd., purgative, résolutive et anodine. *Haies.*

2. **L. des champs** : *C. arvensis.* Vulg. *vrillée.* Fl. solitaires, de couleur rose ou blanche, ou quelquefois
panachées, à 2 bractées linéaires très-courtes; pl.
méd., résolutive, anodine et détersive. *Champs et
lieux cultivés.*

LITTORELLE : *Littorella.* (Plantaginée.)

1. **L. des étangs** : *L. lacustris.* Fl. monoïques,
blanches; les mâles à 4 étamines très-longues, solitaires à l'extrémité de la hampe; les femelles, aussi
solitaires à la base de la même hampe, sont sessiles
et surmontées d'un style très-allongé. *Lieux herbeux,
bord des étangs, des mares, etc.*

LOBÉLIE : *Lobelia.* (Campanulacée.)

1. **L. brûlante** : *L. urens.* Fl. bleues portées sur de
courts pédoncules et disposées en une espèce de
grappe ou d'épi terminal; leur corolle est comme
labiée et sa gorge est distinguée par 2 taches pâles
ou blanchâtres. *Prés et buissons humides.*

LOTIER : *Lotus.* (Légumineuse.)

1. **L. à petites cornes** : *L. corniculatus.* Pédoncules
chargés de 8 à 10 fleurs réunies en tête déprimée,
jaunes, et qui deviennent vertes par la dessication;
cette espèce offre un grand nombre de variétés, selon les circonstances de sa végétation. *Prés secs, lieux
humides, bord des bois, lieux pierreux, etc.*

LUPIN : *Lupinus.* (Légumineuse.)

1. **L. à feuilles étroites** : *L. angustifolius.* Fl.
bleues, sessiles, alternes, disposées en épi droit.
Terres sablonneuses.

LUZERNE : *Medicago.* (Légumineuse.)

A. *Fleurs fort petites et solitaires, ou réunies en petit
nombre sur un pédoncule commun : fruit épineux et
très-aplati à ses deux extrémités, 1.*

B. *Fleurs fort petites et solitaires, ou réunies en petit nombre sur un pédoncule commun : fruit épineux et sensiblement arrondi.*

C. *Fleurs fort petites, réunies au nombre de deux ou trois sur un même pétiole, ou formant une tête qui a au plus deux ou trois lignes de long : fruit non épineux.*

D. *Fleurs assez grandes, réunies en épis ou en têtes qui ont plus d'un pouce de long : fruit non épineux.*

B. { *Feuilles glabres et marquées d'une tache brune, 2.*
Feuilles et légumes velus : stipules dentées : pointes des légumes tout-à-fait droites, 3.
Feuilles velues : stipules entières : pointes des légumes ayant leur extrémité courbée en forme d'hameçon, 4.

C. { *Fleurs solitaires, ou presque solitaires : légumes tout-à-fait aplatis ayant la forme et la grandeur d'une pièce de vingt-cinq centimes, 5.*
Fleurs réunies en têtes : légumes fort courts et réniformes, 6.

D. { *Tiges droites : légume faisant plusieurs révolutions sur lui-même, 7.*
Tiges couchées : légume ne faisant sur lui-même qu'une révolution et rarement deux, 8.

1. **L. couronnée** : *M. coronata.* Pl. petite, demi-couchée, pubescente, à fleurs jaunes ; ses fruits ressemblent à 2 couronnes qu'on aurait appliquées l'une sur l'autre. *Champs.*

2. **L. tachée** : *M. maculata.* Le pédoncule qui est plus court que le pétiole porte 2 à 4 petites fleurs jaunes ; gousse à 3 ou 4 tours, en escargot. *Lieux sablonneux un peu humides et herbeux.*

3. **L. raide** : *M. rigidula.* Les pédoncules portent 2 à 3 fleurs jaunes ; gousses à 5 ou 6 tours. *Champs, lieux incultes.*

4. **L. naine** : *M. minima.* Fl. très-petites, axillaires, d'un jaune foncé ; cette espèce se distingue de toutes

les autres à sa surface velue et un peu blanchâtre ; il
y en a plusieurs variétés, dont chacune a son habi-
tation. *Lieux humides, ou secs, ou stériles.*

5. **L. orbiculaire** : *M. orbicularis.* Pl. entièrement
glabre, à fleurs jaunes ; les gousses sont tortillées en
escargot ; elles font 6 tours sur elles-mêmes, et leurs
révolutions sont assez serrées pour former un disque orbiculaire presque plane. *Prés, champs, lieux
cultivés et incultes.*

6. **L. houblon** : *M. lupulina.* Fl. fort petites, de couleur jaune, et portées sur des pédoncules axillaires
beaucoup plus longs que les feuilles ; gousses réniformes ramassées en tête ; il y en a deux variétés.
Champs, pelouses, vieux murs.

7. **L. cultivée** : *M. sativa.* Vulg. *luzerne.* Fl. disposées
en grappes axillaires et ordinairement de couleur
violette ou purpurine, quelquefois jaunâtres ou
bleuâtres ; gousses en escargot, à 2 ou 3 tours ; pl.
cult. pour la nourriture des bestiaux. *Prés, vieux
murs.*

8. **L. en faucille** : *M. falcata.* Fl. disposées en grappes lâches, nues et presque terminales ; elles sont
ordinairement d'un jaune rougeâtre, ou quelquefois
d'un jaune pâle mêlé de bleu ou de violet ; gousses
comprimées, courbées en forme de faucille. *Prés
secs et montueux.*

LYCHNIDE : *Lychnis.* (Cariophyllée.)

A. *Pétales entiers, ou à peine échancrés ; tige visqueuse,* 1.

B. *Pétales légèrement échancrés ; divisions du calice linéaires et plus longues que la corolle, dont la gorge
est nue,* 2.

C. *Pétales échancrés en cœur ; fleurs blanches presque
toujours dioiques,* 3.

23.

D. *Pétales échancrés en cœur; fleurs rouges, quelquefois dioïques*, 4.

E. *Pétales profondément laciniés; tige cannelée, rougeâtre*, 5.

Nota. Les capsules de la première espèce sont à cinq loges; celles des autres n'en ont qu'une.

1. **L. visqueuse** : *L. viscaria.* Fl. rouges, terminales et disposées par bouquets opposés et presque paniculés; tige visqueuse sous les articulations supérieures. *Prairies sèches et sablonneuses, etc.*

2. **L. nielle** : *L. githago* (Agrostemme, Dub.). Vulg. *nielle-des-blés.* Fl. grandes, solitaires, terminales et d'un rouge bleuâtre; la gorge est blanchâtre, piquetée de noir. *Champs, moissons.*

3. **L. dioïque** : *L. dioica.* Vulg. *compagnon-blanc.* Fl. blanches, dioïques par avortement, et disposées en petits bouquets au sommet de la plante sur des pédoncules assez courts. *Lieux secs, le long des chemins et des haies.*

4. **L. des bois** : *L. sylvestris.* Vulg. *compagnon-rouge.* Fl. rouges, quelquefois dioïques, le plus souvent hermaphrodites, en petits bouquets comme celles de l'espèce précédente, avec laquelle celle-ci a plusieurs rapports. *Lieux humides et ombragés.*

5. **L. fleur de coucou** : *L. flos-cuculi.* Fl. grandes, rouges, fort belles et disposées en panicule lâche; leurs pétales sont remarquables par leur limbe profondément lacinié comme dans certains œillets. *Prés humides.*

LYCOPE : *Lycopus.* (Labiée.)

1. **L. européen** : *L. europæus.* Vulg. *pied-de-loup, marrube-d'eau.* Fl. blanches, petites, marquées de petits points rougeâtres, disposées en verticilles ser-

rés et axillaires; pl. méd., astringente, contre la dyssenterie; teinture noire. *Marais, lieux sujets aux inondations.*

LYCOPSIDE : *Lycopsis.* (Borraginée.)

1. **L. des champs** : *L. arvensis.* Vulg. *buglosse-sauvage.* Le limbe de la corolle est bleu, mais le tube et ses écailles sont ordinairement blanchâtres; pl. méd., émolliente, sudorifique, pectorale, etc. *Bord des chemins, lieux secs et pierreux.*

LYSIMAQUE : *Lysimachia.* (Primulacée.)

A. *Tiges droites,* 1.
B. *Tiges couchées,* 2.

1. **L. commune** : *L. vulgaris.* Vulg. *chasse-bosse.* Fl. jaunes, en panicule, au sommet de la tige; les lobes du calice sont bordés d'une ligne pourpre, et leur pointe se tortille avant et après la floraison; cette plante pousse quelquefois du collet de sa racine des jets cylindriques semblables à de petites ficelles, qui atteignent jusqu'à 3 pi. de longueur. *Bord des ruisseaux, prés et autres lieux humides.*

2. **L. nummulaire** : *L. nummularia.* Vulg. *herbe-aux-écus.* Fl. grandes, de couleur jaune, et portées sur des pédoncules axillaires, solitaires et de longueur variable; pl. méd., vulnéraire, astringente et anti-scorbutique. *Lieux humides, prés, bois, etc.*

MACRE : *Trapa.* (Onagraire.)

1. **M. flottante** : *T. natans.* Vulg. *truffe-d'eau, saligot.* Fl. petites, verdâtres, presque sessiles aux aisselles des feuilles; fruits noirs, cornés, munis de 4 cornes pointues et divergentes, remplis d'une pulpe blanche, farineuse, bonne à manger. *Étangs, fossés pleins d'eau.*

MARRONNIER : *Æsculus*. (Érable.)

1. **M. d'Inde** : *Æ. hippocastanum*. Grand arbre d'ornement, à fleurs blanches panachées de rouge ou de
rose, et disposées en thyrse ou grappe pyramidale ;
les fruits nommés *marrons* sont amers, sternutatoires
et astringents ; ils contiennent beaucoup de fécule
et sont assez recherchés des vaches, des chèvres et
des moutons ; l'écorce est tonique, fébrifuge ; le bois
est de médiocre qualité, mais il a celle de n'être
jamais piqué des vers. *Le marronnier est originaire
des Indes et naturalisé en France ; il a été transporté en
Europe vers 1550, et à Paris en 1615.*

MARRUBE : *Marrubium*. (Labiée.)

1. **M. commun** : *M. vulgare*. Vulg. *marrube-blanc*.
Fl. blanches, petites, sessiles et ramassées en grand
nombre à chaque verticille ; leurs calices sont très-
velus et à 10 dents crochues ; pl. méd., apéritive,
fondante et tonique, bonne contre l'asthme, la toux
opiniâtre, etc. *Bord des chemins, lieux incultes, décombres.*

MASSETTE : *Typha*. (Typhacée.)

Fleurs monoïques disposées en 2 chatons cylindriques placés l'un au-dessus de l'autre au sommet
de la tige ; les fleurs mâles ont 3 anthères noirâtres
et pendantes ; le calice des fleurs femelles est remplacé par une houppe de poils.

A. *Feuilles ayant plus d'un pouce de large*, 1.

B. *Feuilles ayant moins d'un pouce de large*, 2.

1. **M. à large feuille** : *T. latifolia*. Vulg. *masse-
d'eau*. Tige de 6 pi. terminée par un épi sans sé-
paration sensible, les fleurs femelles étant très-
rapprochées des fleurs mâles.

Les racines, confites dans le vinaigre, se mangent
en salade ; les feuilles servent à faire des nattes ; le

duvet des fleurs femelles donne une ouate grossière propre à faire des coussins ; on le mêle avec la poix pour calfater les bateaux, et on en fait du feutre. *Lieux aquatiques, bord des étangs.*

2. **M. à feuille étroite** : *T. angustifolia.* Tige de 18 à 36 po. ; les fleurs forment 2 épis cylindriques, assez grêles, placés l'un au-dessus de l'autre ; cette espèce ressemble beaucoup par le port à la précédente. *Bord des fleuves, des lacs et des canaux.*

MATRICAIRE : *Matricaria.* (Composée.)

A. *Feuilles dont les découpures sont élargies et obtuses,* 1.

B. *Feuilles dont les découpures sont linéaires,* 2.

1. **M. officinale** : *M. parthenium.* Maintenant *pyrèthre matricaire* (fl. fr.). Les fleurs ont le disque jaune, la couronne blanche, et sont portées sur des pédoncules rameux disposés en corymbe ; l'involucre est hémisphérique ; pl. méd., vermifuge, hystérique, stomachique, etc. *Lieux incultes et pierreux.*

2. **M. camomille** : *M. camomilla.* Ses fleurs ont le disque jaune, la couronne blanche et l'involucre presque plane ou peu hémisphérique ; leur diamètre est d'environ un pouce ; cette espèce ressemble beaucoup par son port à la camomille puante ; mais son réceptacle n'a pas de paillettes et son odeur est faible et point désagréable ; pl. méd. un peu amère, stomachique, fébrifuge, résolutive et carminative ; on l'emploie souvent à la place de la camomille romaine. *Jardins, lieux cultivés, champs.*

MAUVE : *Malva.* (Malvacée.)

A. *Feuilles supérieures multifides, ou dont les lobes sont profonds et étroits.*

B. *Toutes les feuilles divisées en lobes peu profonds et élargis.*

23*

A.
{
Poils de la tige couchés et non insérés sur un point coloré : les feuilles supérieures ne sont pas découpées jusqu'au pétiole : capsules lisses, **1.**

Poils de la tige redressés et insérés sur un point coloré : folioles extérieures du calice lancéolées : feuilles supérieures multifides ; les inférieures sont réniformes et seulement un peu incisées : fleurs ayant une forte odeur de musc, **2.**

Poils de la tige colorés et insérés sur un point coloré : folioles extérieures du calice linéaires : feuilles supérieures multifides ; les inférieures sont très-incisées : fleurs inodores, **3.**
}

B.
{
Fleurs rouges et assez grandes, **4.**
Fleurs blanchâtres et médiocres, **5.**
}

1. M. alcée : *M. alcea.* Fl. grandes, fort belles, de couleur de chair ou purpurines, pédonculées, disposées dans les aisselles supérieures et au sommet de la tige : les divisions de la corolle sont échancrées et les calices sont velus ; pl. méd., émolliente, adoucissante, ayant les propriétés de la guimauve officinale. *Bord des bois, lieux incultes et couverts.*

2. M. musquée : *M. moschata.* Les fleurs sont grandes, rougeâtres ou purpurines, la plupart terminales, ramassées, et quelques-unes solitaires dans les aisselles supérieures : les divisions de la corolle sont échancrées et les calices sont hérissés de poils et de points colorés semblables à ceux de la tige ; ces fleurs ont une odeur musquée. *Lieux secs et stériles.*

3. M. laciniée : *M. laciniata.* Fl. rougeâtres ou rouges, inodores, à folioles du calice étroites et presque linéaires. Ce n'est, selon de Candolle (fl. fr.), qu'une variété de la mauve musquée. *Mêmes lieux.*

4. M. sauvage : *M. sylvestris.* Vulg. *grande-mauve.* Fl. grandes, pédonculées, axillaires et rougeâtres ou purpurines ; les divisions de leur corolle sont échancrécs; pl. méd., émolliente, laxative et adoucissante. *Lieux incultes, bord des haies.*

5. **M. à feuilles rondes** : *M. rotundifolia.* Vulg. *petite-mauve.* Fl. d'un blanc un peu rougeâtre, axillaires, pédonculées et fort petites; pl. méd., émolliente, laxative, etc., comme la mauve sauvage. *Bord des chemins, lieux incultes.*

MÉLAMPYRE : *Melampyrum.* (Rhinanthacée.)

A. *Fleurs disposées par couple et tournées d'un même côté*, 1.

B. *Fleurs disposées en épis quadrangulaires, dont les bractées sont verdâtres*, 2.

C. *Fleurs disposées en épis non quadrangulaires, dont les bractées sont colorées d'un beau rouge*, 3.

1. **M. des prés** : *M. pratense.* Vulg. *rougeole.* Fl. grêles, allongées, blanches en leur limbe qui forme 2 lèvres à peine ouvertes, assez semblables à la bouche d'un poisson, et qui est constamment taché de jaune. Suivant Linnée, cette plante procure aux vaches beaucoup de beurre d'un beau jaune et de la meilleure qualité. *Prés couverts, bois.*

2. **M. à crêtes** : *M. cristatum.* Ses épis de fleurs sont serrés et imbriqués de bractées d'un vert pâle ou jaunâtres; elles sont dentées et comme ciliées, et enveloppent chacune une fleur dans le pli qu'elles forment : les corolles sont rouges, mais leur limbe, et particulièrement leur lèvre inférieure, est d'une couleur blanche ou jaunâtre. *Bois, prés couverts.*

3. **M. des champs** : *M. arvense.* Vulg. *queue-de-renard, blé-de-vache.* Les fleurs forment un épi conique, très-coloré; les bractées sont planes, bordées de dents sétacées, purpurines, ainsi que les corolles, mais la gorge de ces dernières est de couleur jaune; les dents du calice sont rudes; les semences de cette

plante mêlées avec celles du blé donnent une couleur bleue au pain et rendent son goût désagréable. *Champs, parmi les blés.*

MÉLILOT : *Melilotus.* (Légumineuse.)

A. *Fleurs en épis lâches longs de plus d'un pouce*, 1.

B. *Fleurs réunies en une tête qui n'a pas six lignes de long : corolles défleuries d'un jaune pâle : tiges n'ayant pas six pouces de haut,* 2.

C. *Fleurs réunies en une tête qui n'a pas six lignes de long : corolles défleuries d'une couleur ferrugineuse : tige ayant plus de six pouces de haut,* 3.

1. **M. officinale** : *M. officinalis.* Fl. petites, de couleur jaune, pendantes et disposées sur des épis grêles, lâches et assez longs; pl. méd., carminative, adoucissante, émolliente, résolutive et apéritive; il y en a une variété à fleur blanchâtre, et une autre à gousses noirâtres qui s'élève jusqu'à 6 pi. de hauteur. *Prés, haies, bois.*

2. **M. houblonet** : *Trifolium agrarium* (Linn.). Maintenant *trèfle des campagnes* (fl. fr.). Corolles petites, d'un jaune doré clair, qui ne deviennent pas brunes après la floraison. *Prairies un peu humides, bord des bois, lieux secs.*

3. **M. ferrugineux** : *Trifolium spadiceum* (Linn.) Maintenant *trèfle-bruni* (fl. fr.), et vulg. *trèfle-jaune.* Fl. droites, d'un jaune clair au commencement de la floraison; elles se déjettent en bas et prennent une teinte brune après la fécondation. *Prés secs des montagnes et autres.*

MÉLIQUE : *Melica.* (Graminée.)

1. **M. bleue** : *M. cærulea.* Panicule resserrée, à fleurs garnies de balles de couleur violette un peu noirâtre. *Prés humides.*

MÉLISSE : *Melissa*. (Labiée.)

A. *Feuilles ayant au moins un pouce de large.*

B. *Feuilles n'ayant pas un pouce de large*, 3.

A. { *Fleurs blanches*, 1.
{ *Fleurs rougeâtres*, 2.

1. **M. officinale** : *M. officinalis*. Vulg. *mélisse*, *citronelle*. Fl. petites, de couleur blanche ou incarnate, assez nombreuses et ordinairement tournées toutes du même côté; pl. cult., méd., stomachique, cordiale et céphalique; odeur agréable, citronnée. *Bord des haies.*

2. **M. calament** : *M. calamintha* (Linn.). Maintenant *thym calament* (fl. fr.). Fl. grandes, portées sur des pédoncules très-rameux et disposées en manière de grappe ou de panicule allongée et terminale; elles sont purpurines ou blanchâtres et souvent un peu tachées de violet; pl. méd., carminative, résolutive, etc. *Bord des champs, routes, lieux pierreux.*

3. **M. à petites fleurs** : *M. nepeta* (Linn.). Maintenant *thym népéta* (fl. fr.). Cette espèce ressemble beaucoup à la précédente, mais elle a une odeur plus forte; la corolle est blanche, un peu tachetée de pourpre; les anthères sont violettes; pl. méd., cordiale, stomachique, etc. *Collines pierreuses.*

MÉLITTE : *Melittis*. (Labiée.)

1. **M. à feuilles de mélisse** : *M. melissophyllum*. Fl. axillaires, fort grandes, quelquefois tout-à-fait rougeâtres, mais plus ordinairement de couleur blanche avec une tache incarnate ou purpurine en leur lèvre inférieure. Il y en a une variété à fleurs plus petites, d'un blanc rougeâtre, et la lèvre supérieure entière : une autre a la fleur un peu plus grande, d'un blanc jaunâtre et la lèvre supérieure échancrée; pl. méd., vulnéraire, apéritive, etc. *Bois et lieux couverts.*

MENTHE : *Mentha.* (Labiée.)

Vulg. *baume.*

A. *Verticilles formant une tête terminale*, 1.

B. *Verticilles formant plusieurs épis.*

C. *Verticilles axillaires.*

B. { *Feuilles ovales et ridées*, 2.
{ *Feuilles lancéolées et non ridées, dont la surface inférieure est blanchâtre*, 3.

C. { *Feuilles un peu ridées, velues, pointues et ayant au moins six lignes de large*, 4.
{ *Feuilles fort petites, presque glabres et obtuses*, 5.

1. **M. hérissée** : *M. hirsuta.* Cette espèce présente un grand nombre de variations dans son port, sa couleur, la grandeur des feuilles, etc.; mais on la reconnait toujours à ses fleurs dont les verticilles supérieurs forment des têtes terminales, arrondies et un peu semblables à des épis : elles sont rougeâtres; pl. méd., contre la maladie du charbon, les piqûres d'abeilles, etc. *Bord des eaux et même lieux secs.*

2. **M. à feuilles rondes** : *M. rotundifolia.* Vulg. *menthe-ridée.* Fl. d'un bleu pâle, en épis divergents; cette espèce ressemble beaucoup à la menthe sauvage ci-dessous; elle a les étamines saillantes hors de la corolle; il y en a une variété à étamines renfermées dans la corolle; pl. méd., contre la sciatique. *Décombres humides, pied des murs, etc.*

3. **M. sauvage** : *M. sylvestris.* Fl. en épis allongés, continus et terminaux, d'un rose pourpre très-clair, velues en dehors; il y en a plusieurs variétés. *Décombres humides, pied des murs, etc.*

4. **M. des champs** : *M. arvensis.* Cette espèce se distingue de toutes les autres à son calice qui est court, en forme de cloche et hérissé de poils hori-

sontaux; ses fleurs sont petites, rougeâtres ou violettes et disposées par verticilles axillaires. *Champs,
lieux humides.*

5. **M. pouliot** : *M. pulegium.* Fl. roses ou lilas, disposées par verticilles très-garnis : ces verticilles vont
en diminuant de grandeur et paraissent former un
peu l'épi, mais ils sont tous écartés les uns des autres; pl. méd., sudorifique, céphalique et très-bonne
contre l'asthme, la coqueluche et les rhumes invé-
térés. *Lieux humides.*

Nota. Toutes les menthes sont stomachiques,
hystériques et bonnes pour les coupures.

MÉNYANTHE : *Menyanthes.* (Gentianée.)

A. *Feuilles ternées,* 1.

B. *Feuilles simples,* 2.

1. **M. trèfle d'eau** : *M. trifoliata.* Vulg. *trèfle-d'eau.*
Fl. en thyrse ou grappe pyramidale, à corolles
blanches, un peu rougeâtres, 3 fois plus grandes que
les calices, et à limbe barbu intérieurement; pl.
méd., amère, tonique, anti-scorbutique, stomachique, etc.; elle peut aussi remplacer le houblon dans
la fabrication de la bière. *Lieux aquatiques.*

2. **M. flottant** : *M. nymphoïdes* (Linn.). Maintenant
villarsie faux-nénuphar (fl. fr.). Ses feuilles et ses fleurs
flottent sur l'eau comme celles des nénuphars; les
fleurs forment une espèce d'ombelle, à corolle jaune
et ciliée en ses bords. *Étangs, fossés aquatiques.*

MERCURIALE : *Mercurialis.* (Euphorbiacée.)

A. *Tige rameuse ; feuilles molles, glabres et dentées en
scie,* 1.

B. *Tiges simples ; feuilles dures, velues et crénelées,* 2.

1. **M. annuelle** : *M. annua.* Vulg. *foirolle.* Fl. herbacées, dioïques, très-rarement monoïques, les
mâles ramassées par petits paquets sur des épis

grêles, axillaires ; les femelles presque sessiles et solitaires ou géminées; pl. méd., émolliente et laxative. *Lieux cultivés.*

2. **M. vivace** : *M. perennis.* Vulg. *mercuriale-sauvage.*
Fl. herbacées, dioïques, très-rarement monoïques:
les mâles en longues grappes axillaires ; les femelles
presque solitaires sur des pédoncules assez longs et
aussi axillaires ; pl. vénéneuse. *Bois.*

MICROPE : *Micropus.* (Composée.)

A. *Feuilles inférieures de la tige plus larges que les su-*
   périeures : plante ayant une odeur très-forte, 1.

B. *Feuilles supérieures de la tige aussi larges ou plus*
   larges que les inférieures : plante inodore ou n'ayant
   qu'une faible odeur, 2.

1. **M. à odeur de conize** : *M. conizæus.* Maintenant
micrope droit (fl. fr.). Les fleurs sont jaunâtres, réunies en plusieurs paquets arrondis, environnés de
bractées et placés dans les bifurcations des tiges, à
leur extrémité, etc. ; pl. cotonneuse. *Champs, lieux*
stériles.

2. **M. multicaule** : *M. multicaulis,* et selon la fl. fr.,
simple variété du *micrope droit.* Les fleurs sont jaunâtres, réunies en paquets, etc. Cette plante est
plus cotonneuse que la précédente ; toutes deux ressemblent aux gnaphales. *Champs, lieux stériles.*

MILLEPERTUIS : *Hypericum.* (Hypéricée.)

A. *Tiges et feuilles velues.*

B. *Tiges et feuilles glabres : divisions du calice bordées*
   de points noirs et glanduleux.

C. *Tiges et feuilles glabres : les divisions du calice ne*
   sont point bordées de points noirs et glanduleux.

A. { *Tiges droites et hautes d'un pied ou plus,* 1.
    { *Tiges couchées n'ayant que trois à quatre pouces*
      de haut, 2.

B. { *Tiges droites*, 3.
    { *Tiges couchées*, 4.

C. { *Tige carrée*, 5.
    { *Tige un peu arrondie*, 6.

1. **M. velu** : *H. hirsutum*. Fl. jaunes, en panicule terminale, allongée et assez garnie; les divisions de leur calice sont bordées de points noirs très-abondants. *Bois montagneux*.

2. **M. des marais** : *H. elodes*. Fl. jaunes, en corymbe, qui restent peu de temps épanouies dans le milieu du jour; les calices sont bordés de dents glanduleuses et noirâtres. *Prés très-humides et marais tourbeux*.

3. **M. élégant** : *H. pulchrum*. Fl. d'un beau jaune et disposées en panicule étroite et peu garnie; les calices sont bordés de dentelures noires et glanduleuses : lorsque cette plante vieillit ou se dessèche, elle acquiert une belle couleur rouge dans toutes ses parties. *Bois secs et pierreux*.

4. **M. couché** : *H. humifusum*. Tiges éparses sur la terre; fl. jaunes, terminales ou solitaires sur des pédoncules axillaires; calices bordés de points noirs; il y en a une variété naine. *Terrains sablonneux et pâturages secs*.

5. **M. tétragone** : *H. quadrangulum*. Fl. jaunes, terminales, assez petites, en panicule médiocre; leur calice n'est pas bordé de points noirs. *Marais et fossés humides*.

6. **M. perforé** : *H. perforatum*. Vulg. *millepertuis-officinal*. Fl. jaunes, terminales et disposées en une espèce de panicule ou corymbe assez garni; leur calice est parsemé, ainsi que les feuilles, de points transparents; anthères tachées de noir; pl. méd.,

24.

apéritive, vermifuge, etc.; teinture jaune. *Prés secs, bois, haies, lieux incultes.*

MOLÈNE : *Verbascum.* (Solanée.)

A. *Feuilles et tiges blanches et cotonneuses.*

B. *Feuilles et tiges vertes et non cotonneuses,* 4.

A. {
Feuilles décurrentes sur la tige, 1.

Feuilles non décurrentes : fleurs jaunes portées sur des pédoncules fort courts ; tiges garnies d'un coton abondant : rameaux ouverts comme les branches d'un lustre, 2.

Feuilles non décurrentes : fleurs blanches portées sur des pédoncules longs de trois à quatre lignes ; tiges simplement blanches : rameaux redressés et peu ouverts, 3.
}

1. **M. bouillon-blanc** : *V. thapsus.* Vulg. *bouillon-blanc.* Fl. jaunes, presque sessiles, ramassées 3 ou 4 ensemble par petits paquets, et disposées en un épi cylindrique et fort long ; pl. méd., émolliente, calmante et béchique ; la graine énivre les poissons et pendant cette ivresse on peut les prendre à la main. *Bord des chemins, lieux incultes.*

2. **M. lychnis** : *V. lychnitis.* Fl. petites, en panicule rameuse, d'un jaune pâle ; elles sont peu serrées entr'elles et la partie de la tige qui les soutient est chargée d'une poussière farineuse ; les étamines sont chargées de poils jaunâtres et ont leurs anthères de couleur orangée. *Lieux pierreux, sablonneux et montueux.*

3. **M. blanche** : *V. album.* Ce n'est, selon la fl. fr., qu'une simple variété de la *molène lychnis* ; mais elle a les fleurs blanches, beaucoup plus irrégulières et portées sur des pédoncules plus longs ; elle a aussi un port tout différent, ses rameaux sont redressés, etc. *Mêmes lieux.*

4. **M. blattaire** : *V. blattaria.* Vulg. *herbe-aux-mites,*

Fl. jaunes, en panicule lâche, à rameaux effilés ;
elles sont solitaires sur des pédicelles grêles qui sortent de l'aisselle des feuilles florales ; il y en a une
variété à fleurs blanches. *Lieux secs, terrains glai-
seux, bord des haies et des chemins.*

MONOTROPE : *Monotropa.* (Rhinanthacée.)

1. **M. sucepin** : *M. hypopitys.* Cette plante est d'une
couleur pâle et un peu jaunâtre dans toutes ses parties ; les fleurs sont oblongues, jaunâtres et disposées en épi terminal penché avant leur épanouissement ; la fleur du sommet est à 5 pétales et à 10
étamines ; les autres ont 4 pétales et 8 étamines.
Bois, au pied des pins, des sapins, des hêtres et des chênes.

MONTIE : *Montia.* (Portulacée.)

1. **M. des fontaines** : *M. fontana.* Petite herbe à
fleurs axillaires, petites, blanches, penchées après
la floraison, et rarement épanouies ; il y en a une
variété dont la couleur est un peu jaunâtre ou quelquefois même rougeâtre, et une autre d'un vert
gai, plus grande. *Lieux humides, mares, eaux vives.*

MORELLE : *Solanum.* (Solanée.)

A. *Tige grimpante et ligneuse dans sa partie inférieure,* 1.
B. *Tige herbacée et non grimpante.*

B
*Fleurs en bouquets axillaires : feuilles simples : tiges
presque glabres : fruit noir,* 2.
*Fleurs en bouquets axillaires : feuilles simples : tiges
velues, surtout à leur extrémité : fruits jaunes,* 3.
*Fleurs en ombelle terminale : toutes les feuilles
ailées,* 4.

1. **M. douce-amère** : *S. dulcamara.* Vulg. *vigne-
vierge.* Les fleurs sont d'un bleu violet, disposées en
grappes vers le sommet des tiges, et les baies sont
rouges dans leur maturité ; on en trouve une variété à fleur blanche et une monstruosité à feuilles

panachées ; pl. méd., douce, amère, apéritive, sudorifique, résolutive, etc.; on s'en sert surtout pour les maladies de la peau. *Haies, bord des bois.*

2. **M. noire** : *S. nigrum.* Vulg. *crève-chien.* Les fleurs naissent en petits corymbes pendants ; elles sont petites, de couleur blanche ; il leur succède des baies d'abord rouges, puis noires à leur maturité ; pl. méd., adoucissante et émolliente à l'extérieur, mais poison dangereux à l'intérieur. *Lieux cultivés et incultes, pied des murs.*

3. **M. velue** : *S. villosum.* Elle se distingue de la précédente parcequ'elle est velue sur sa tige, ses pédoncules et les nervures de ses feuilles ; de plus ses baies sont de couleur jaune ou un peu rougeâtre à leur maturité ; pl. méd., adoucissante, etc., comme la morelle noire. *Bord des champs cultivés.*

4. **M tubéreuse** : *S. tuberosum.* Vulg. *pomme-de-terre.* Fl. en corymbe, blanches, violettes, bleues, rougeâtres ou panachées ; baies d'un vert jaunâtre ; tubercules jaunâtres, rougeâtres, brunâtres, etc., arrondis, allongés ou irréguliers, plus ou moins gros

Cette plante si utile n'a été connue en Europe que vers l'an 1590, et propagée en France qu'en 1793 ; la *pomme-de-terre* est un des aliments les plus économiques et les plus sains pour l'homme et les animaux ; on en fait de l'eau-de-vie, de la fécule, du sucre, etc. Les fleurs teignent en jaune ; les tiges fournissent du papier et de la potasse ; la pulpe cuite est employée en cataplasmes émollients ; crue et râpée elle est réfrigérante et sert pour les brûlures, les plaies enflammées, etc. On distingue un grand nombre de variétés de *pommes-de-terre*, dont les principales sont :

La grosse-blanche tachée de rouge, ou *pomme-de-terre à vache*, qui a la chair marquée de points rouges plus ou moins sensibles : c'est la plus vigoureuse, la plus féconde et la plus commune.

La blanche-longue ou *blanche-irlandaise*, à feuillage foncé, très-productive, excellente.

La petite-blanche ou *petite-chinoise*, à tubercules petits, irrégulièrement arrondis; peu productive, très-bonne.

La blanche-ronde-jaunâtre ou *la new-yorck*, à tubercules aplatis, peau fine, chair un peu jaunâtre, panachée; très-délicate à manger.

La petite-jaune-aplatie ou *l'espagnole*; elle a presque la forme d'un haricot, est très-bonne et produit considérablement.

La pelure-d'oignon ou *la précoce*; tubercules longs, aplatis, très-précoces, de bonne qualité.

La rouge-longue ou *pomme-de-terre rouge*, qui est la plus répandue après la grosse-blanche; elle a assez ordinairement la forme d'un rognon; elle est marquée intérieurement d'un cercle rouge et très-bonne.

La rouge-longue-marbrée; tubercules rouges ou marbrés, en dehors et en dedans; qualité médiocre.

La rouge-longue-souris ou *corne-de-vache*; tubercules unis, pointus par un bout; chair blanche, très-bonne; précoce.

La rouge-oblongue; tubercules d'un rouge foncé, presque ronds, blancs en dedans; excellente, très-productive.

La rouge-ronde; elle ressemble à la rouge-oblongue, mais elle est plus arrondie et plus précoce.

La violette; tubercules ronds dans leur jeunesse, puis allongés, tachés en dehors de points violets ou

24*

jaunes; elle est peu productive, mais un peu hâtive et assez bonne.

La plupart de ces variétés se cultivent pour la table; les plus grosses et les plus productives sont préférées pour les animaux.

La pomme-de-terre est originaire de l'Amérique.

MOURON : *Anagallis.* (Primulacée.)

A. *Fleurs bleues,* 1.

B. *Fleurs d'un beau rouge : surface inférieure des feuilles ponctuée,* 2.

C. *Fleurs d'un blanc tirant sur la couleur de chair : surface inférieure des feuilles non ponctuée,* 3.

1. **M. bleu** : *A. cærulea.* Vulg. *mouron-femelle.* Fl. d'une belle couleur bleue qui ne se change point en rouge, comme l'ont avancé plusieurs botanistes, mais seulement quelquefois en blanc; les divisions de la corolle sont un peu dentées à leur sommet; pl. méd., contre la goutte, la manie, l'épilepsie, etc. *Champs et lieux cultivés.*

2. **M. rouge** : *A. phœnicea.* Vulg. *mouron-mâle.* Fl. rouges, axillaires; on en trouve une variété à fleur blanche, avec le centre seulement rouge; pl. méd., aussi contre la goutte, l'épilepsie, etc.; il ne faut pas confondre ces deux espèces avec le *mouron des petits oiseaux,* dont la fleur est blanche, car leur graine est mortelle aux serins. (V. Alsine.) *Champs, vignes, lieux cultivés.*

3. **M. délicat** : *A. tenella.* Fl. roses, axillaires; les découpures de leur corolle sont un peu allongées; tige couchée, filiforme. *Marais, lieux humides.*

MOUTARDE : *Sinapis.* (Crucifère.)

A. *Siliques serrées contre la tige,* 1.

B. *Siliques n'étant pas serrées contre la tige,* 2.

1. **M. noire** : *S. nigra.* Fl. petites, de couleur jaune,

et disposées en grappes terminales; les semences sont globuleuses et de couleur brune; pl. méd., apéritive, stomacale, anti-scorbutique, etc.; c'est avec sa graine qu'on fait la pâte liquide connue sous le nom de *moutarde*. *Champs arides et pierreux.*

2. **M. des champs** : *S. arvensis*. Vulg. *sénevé*. Fl. jaunes, plus grandes que celles de l'espèce précédente; les pétales sont arrondis à leur sommet; les semences sont d'un rouge-brun; on en arrache beaucoup lorsqu'elle est en fleur pour nourrir les vaches. *Bord des champs, principalement dans les avoines.*

MUFLIER : *Antirrhinum*. (Personnée.)

A. *Fleurs disposées en épi terminal*, 1.

B. *Fleurs axillaires*, 2.

1. **M. à grande fleur** : *A. majus*. Vulg. *mufle-de-veau*. Fl. grandes, fort belles, de couleur blanche, rose ou purpurine, avec un palais jaune, et disposées au sommet de la plante; le fruit a quelque ressemblance avec la tête d'un veau ou d'un cochon; pl. cult., méd., vulnéraire, résolutive. *Vieux murs, lieux pierreux.*

2. **M. rubicond** : *A. orontium*. Fl. presque sessiles, solitaires, d'un rouge assez vif; elles sont à peuprès sessiles dans les aisselles supérieures des feuilles; les lobes du calice sont longs et linéaires. *Champs.*

3. **M. à feuilles de pâquerette**. (V. *linaire*.)

MUGUET : *Convallaria*. (Asparagée.)

A. *Tige nue : toutes les feuilles sont radicales*, 1.

B. *Tige feuillée.*

B. { *Feuilles oblongues et lancéolées : pédoncules uniflores ou biflores*, 2.
Feuilles ovales et élargies : pédoncules multiflores, 3.

1. **M. de mai** : *C. majalis*. Fl. blanches, courtes, campanulées ou en grelot, un peu pendantes et

disposées en une espèce de grappe terminale, ou en épi lâche et unilatéral; baies rouges; il y en a une variété à fleur tachée de rouge : les racines et les fleurs, en poudre, sont sternutatoires. *Bois, haies.*

2. **M. anguleux** : *C. polygonatum.* Vulg. *sceau-de-salomon.* Fl. blanches, pendantes et la plupart solitaires; baies d'un bleu foncé; pl. méd.; racine vulnéraire astringente, etc. *Bois.*

3. **M. multiflore** : *C. multiflora.* Vulg. *grand-sceau-de-salomon.* Ses pédoncules portent chacun 2 à 6 fleurs pendantes et blanchâtres; ses baies sont rouges. *Bois, lieux couverts.*

MURIER : *Morus.* (Urticée.)

A. *Feuilles rudes au toucher,* 1.
B. *Feuilles douces au toucher,* 2.

1. **M. noir** : *M. nigra.* Arbre d'une hauteur moyenne, à fleurs monoïques, rarement dioïques, d'un jaune verdâtre, petites, disposées en chatons axillaires, les uns mâles, les autres femelles; fruits d'un pourpre noirâtre, d'une saveur agréable et rafraîchissante; pl. méd., écorce et racine détersives et apéritives; le sirop de mûres est bon pour les maux de gorge et de poitrine. *Cult. originaire de la Perse.*

2. **M. blanc** : *M. alba.* Arbre moins gros et plus élancé que le précédent, à fleurs herbacées, axillaires, monoïques; ses fruits sont petits, blanchâtres, ou légèrement rougeâtres. *Bord des ruisseaux, dans le Midi; il est aussi originaire de la Perse et cultivé pour la nourriture des vers d'soie.*

MYOSOTE : *Myosotis.* (Borraginée.)

A. *Fleurs disposées en épis garnis de feuilles,* 1.
B. *Feuilles disposées en épis dépourvus de feuilles.*

B. { *Fleurs d'un gris bleuâtre : divisions du calice n'é-*
tant pas plus longues que le tube de la corolle :
feuilles peu velues , 2.
Fleurs bleues ou jaunes : divisions du calice plus
longues que le tube de la corolle : feuilles ve-
lues , 3.

1. **M. à fruits de bardane** : *M. lappula.* Les fleurs
sont alternes le long des rameaux, sessiles à l'époque de la floraison, puis portées sur de courts pédicelles ; leur corolle est bleue, fort petite. *Décom-*
bres près des murs , lieux découverts et stériles.

2. **M. vivace** : *M. perennis.* Vulg. *plus je vous vois,*
plus je vous aime. Fl. d'un gris bleuâtre, assez grandes, dont le tube est égal à la longueur des divisions
du calice, ou même un peu plus long ; il y en a
plusieurs variétés. *Prés humides , marais , bois, etc.*

3. **M. annuelle** : *M. annua.* Vulg. *oreille-de-souris.*
Fl. très-petites, bleues, avec le bord de la gorge
jaune ; leur tube est plus court que les divisions du
calice ; il y en a une variété à fleurs jaunes. *Champs ,*
collines sèches.

MYRICA : *Myrica.* (Amentacée.)

1. **M. galé** : *M. gale.* Vulg. *piment.* Petit arbrisseau
branchu et odorant, dont les fleurs sont dioïques
et disposées sur des chatons à écailles un peu luisantes, en croissant ; les femelles ont les fleurs
rougeâtres ; on met cette plante dans les armoires
pour écarter les teignes. *Lieux aquatiques et maré-*
cageux.

NARCISSE : *Narcissus.* (Liliacée.)

1. **N. faux-narcisse** : *N. pseudo-narcissus.* Vulg.
claudinette. La tige porte à son sommet une fleur fort
grande et remarquable par le limbe intérieur de
de son périgone qui est aussi grand que l'extérieur,

campanulé, légèrement frangé en son bord et de couleur jaunâtre; le limbe extérieur est d'un jaune pâle ou blanc; cette fleur donne une belle couleur jaune. *Bois, prés humides.*

NARD : *Nardus.* (Graminée).

1. **N. serré** : *N. stricta.* Tiges très-menues, terminées par un épi droit d'un vert souvent un peu violet, quelquefois d'un violet noirâtre, et composé de fleurs toutes disposées d'un seul côté. *Lieux secs, montagneux et stériles.*

NÉFLIER : *Mespilus.* (Rosacée.)

A. *Fleurs solitaires,* 1.

B. *Fleurs disposées en corymbe,* 2.

1. **N. d'Allemagne** : *M. germanica,* ou *néflier commun.* Arbrisseau à fleurs blanches ou un peu rougeâtres, solitaires, terminant les rameaux et remarquables par les découpures de leurs calices allongées et pointues : il leur succède des fruits assez bons connus sous le nom de *nèfles;* la souche primitive se trouve naturellement dans les bois; il y en a 2 autres variétés plus grandes qui sont cultivées. *Bois et haies.*

2. **N. aubépine** : *M. oxyacantha.* Vulg. *aubépine* ou *épine-blanche.* Arbrisseau élevé, à fleurs blanches disposées par bouquets semblables à des corymbes, qui n'ont ordinairement qu'un seul style, et exhalent une odeur très-agréable; les fruits sont rouges et un peu astringents; il y a une variété cultivée et connue sous le nom *d'épine-rose. Haies, bord des bois.*

NÉNUPHAR : *Nymphæa.* (Papavéracée.)

A. *Fleurs blanches,* 1.

B. *Fleurs jaunes,* 2.

1. **N. blanc** : *N. alba.* Vulg. *lys-des-étangs.* Fl. grandes, s'épanouissant à la surface de l'eau, composées de beaucoup de pétales blancs, plus larges et un peu plus longs que les folioles du calice, qui sont au nom-

bre de 4; les pétales intérieurs vont en diminuant de grandeur; pl. méd. dont la racine est employée dans les insomnies, la fièvre, etc., de même que le sirop de ses fleurs. *Étangs, eaux tranquilles.*

2. **N. jaune** : *N. lutea.* Fl. d'un beau jaune, exhalant une odeur analogue à celle du citron et se soutenant constamment à environ 3 ou 4 po. au-dessus de la surface de l'eau; son calice est à 5 grandes folioles jaunâtres et arrondies; les pétales sont très-petits, disposés sur une ou 2 rangées. *Étangs, eaux tranquilles.*

NÉPÉTA : *Nepeta.* (Labiée.)

1. **N. chataire** : *N. cataria.* Vulg. *herbe-aux-chats.* Fl. verticillées et disposées en épis rameux; elles sont ordinairement de couleur purpurine ou quelquefois blanche; pl. méd., anti-hystérique, carminative, etc.; on lui a donné le nom *d'herbe-aux-chats* parceque ces animaux aiment à se frotter sur cette plante, à cause de son odeur. *Bord des chemins, lieux humides.*

NERPRUN : *Rhamnus.* (Frangulacée.)

A. *Extrémité des anciens rameaux épineuse,* 1.

B. *Extrémité des anciens rameaux nullement épineuse,* 2.

1. **N. purgatif** : *R. catharticus.* Vulg. *bourg-épine.* Arbrisseau à fleurs dioïques, petites, verdâtres et ramassées par bouquets axillaires; elles ont un calice à 4 divisions allongées, 4 pétales et autant d'étamines : les fruits sont des baies assez petites qui deviennent noires en mûrissant; ces baies sont purgatives, très-énergiques et fournissent une couleur connue sous le nom de vert-de-vessie. *Bois, haies, lieux incultes.*

2. **N. bourdaine** : *R. frangula.* Vulg. *bourdaine.* Arbrisseau à fleurs verdâtres, axillaires, peu ramassées et ordinairement toutes hermaphrodites; il leur

succède des baies d'abord rougeâtres, mais qui deviennent noires en mûrissant; pl. méd., émétique, purgative, etc.; l'écorce teint en jaune; le bois sert à la fabrication de la poudre à canon, et les baies fournissent aussi, comme l'espèce précédente, du vert-de-vessie. *Bois, taillis, lieux humides.*

NIGELLE : *Nigella* (Renonculacée.)

1. **N. des champs** : *N. arvensis.* Fl. blanches ou d'un bleu très-pâle, sans collerette, assez grandes et terminant la tige et les rameaux; pl. méd. dont les semences sont incisives, diurétiques, etc. *Champs, parmi les blés.*

NOYER : *Juglans.* (Térébinthacée.)

1. **N. commun** : *J. regia.* Vulg. *noyer-royal.* Grand arbre à fleurs monoïques, dépourvues de corolle; les mâles sont ramassées sur des chatons; les femelles, ordinairement deux ensemble, produisent les *noix* : pl. alim., méd., vermifuge, sudorifique et apéritive; l'huile de noix est émolliente et laxative; on l'emploie pour la table, l'éclairage, la peinture, etc.; le brou et les racines donnent une couleur brunâtre; le bois est très-estimé pour la menuiserie et l'ébénisterie. *Le noyer passe pour originaire de la Perse; il est maintenant commun et cultivé dans presque toute l'Europe.*

OEILLET : *Dianthus.* (Cariophyllée.)

A. *Écailles extérieures aiguës et à peine aussi longues que le calice.*

B. *Écailles extérieures obtuses et souvent plus longues que le calice,* 3.

A. { *Écailles calicinales velues,* 1.
{ *Écailles calicinales glabres,* 2.

1. **OE. arméria** : *D. armeria.* Fl. rouges et disposées par faisceaux peu garnis; le limbe des pétales est

étroit, court et chargé de quelques dents aiguës; le calice, ainsi que ses écailles, sont très-velus dans toute leur longueur. *Lieux stériles, prés, bois.*

2. ŒE. des chartreux : *D. carthusianorum.* Fl. róuges, à pétales dentés, réunies 2 à 5, rarement plus, en faisceau; le calice est coloré et ferrugineux; on en cultive dans les jardins, sous le nom de *bouquet-parfait,* une variété remarquable. *Prés, bois, lieux incultes et stériles.*

3. ŒE. prolifère : *D. prolifer.* Fl. petites, d'un rouge très-pâle, et formant des têtes un peu compactes et terminales; il y en a une variété à fleurs solitaires. *Bord des bois et des champs, lieux stériles.*

ŒNANTHE : *ŒEnanthe.* (Ombellifère.)

A. *Collerette générale nulle, ou d'une à deux folioles.*

B. *Collerette générale de cinq à six folioles; lobes des feuilles supérieures linéaires et entiers, 3.*

A. { *Ombelle de trois à cinq rayons; pétioles fistuleux, 1.*
{ *Ombelle de plus de cinq rayons; feuilles trois fois ailées, 2.*

1. ŒE. fistuleuse : *ŒE. fistulosa.* Cette espèce est très-remarquable par ses feuilles dont les pétioles sont fistuleux; les fleurs sont blanches et forment une ombelle composée ordinairement de 3 rayons qui soutiennent chacun une ombelle particlle très-ramassée, mais plane; la collerette universelle manque très-souvent ou n'a qu'une seule foliole; cette plante est vénéneuse. *Marais.*

2. ŒE. phellandre : *ŒE. phellandrium.* Vulg. *ciguë-aquatique.* Tige de 2 à 3 pi. et plus, dont le bas devient souvent aussi gros que le bras; fleurs blanches, petites, en ombelles de 10 à 12 rayons, portés sur de courts pédoncules; pl. très-vénéneuse, méd., fébrifuge et empl. contre les affections gan-

25.

gréneuses, scrophuleuses, etc. *Fossés, bord des étangs.*

3. **OE. pimprenelle** : *OE. pimpinelloides.* Fl. blanches; l'ombelle est composée de 6 à 12 rayons et la collerette générale de 5 à 6 folioles linéaires; on mange les tubercules de la racine, mais c'est la seule espèce inoffensive. *Prés marécageux.*

ONAGRE : *OEnothera.* (Onagraire.)

1, **O. bisannuelle** : *OE. biennis.* Vulg. *herbe-aux-ânes.* Fl. jaunes, grandes, axillaires, à peuprès disposées en épi terminal, et dont l'odeur approche de celles de l'oranger. *Cette plante est originaire de la Virginie : marais, taillis humides, bord des rivières.*

ONONIS : *Ononis.* (Légumineuse.)

A. *Fleurs rougeâtres,* 1.

B. *Fleurs jaunes,* 2.

1. **O. des champs** : *O. arvensis.* Vulg. *bugrane, arrête-bœuf.* Fl. axillaires, solitaires ou géminées, portées sur de courts pédicelles et variant du pourpre au blanc; le pavillon de leur corolle est fort ample et agréablement rayé; les racines sont si longues et si fortes que deux bœufs attelés à une charrue ont souvent beaucoup de peine à les rompre; pl. méd., apéritive, diurétique, etc. *Lieux sablonneux.*

2. **O. natrix** : *O. natrix.* Les pédoncules portent chacun une fleur jaune assez grande, striée en son pavillon, et sont chargées d'un filet particulier assez long; il y en a une variété dont l'étendard est rayé de lignes purpurines; toutes les parties de cette plante exhalent une odeur désagréable. *Bord des chemins et des bois.*

ONOPORDONE : *Onopordum.* (Composée.)

1. **O. acanthe** : *O. acanthium.* Vulg. *pédane, épine-blanche.* Fl. purpurines, en têtes arrondies, terminant la tige et les rameaux; le réceptacle est bon à

manger comme celui des artichauts : il y en a plusieurs variétés, dont une à fleurs blanches. *Bord des
chemins.*

OPHRYS : *Ophrys.* (Orchidée.)

A. *Tige non feuillée, mais seulement garnie d'écailles
   ressemblant à celles des tiges d'orobanche, 1.*

B. *Tige feuillée : fleurs blanches ou jaunâtres.*

C. *Tige feuillée : pétales de différentes couleurs.*

B. { *Feuilles de la tige ovales et larges d'environ deux
      pouces, 2.*
   { *Feuilles de la tige lancéolées-linéaires, 3.*

C. { *Pétales supérieurs ramassés en forme de casque, 4.*
   { *Pétales supérieurs ouverts et d'un blanc verdâtre, 5.*
   { *Pétales supérieurs ouverts et d'un rouge couleur de
      rose, 6.*

1. **O. nid-d'oiseau** : *O. nidus avis.* Maintenant *épi-
pactis-nid-d'oiseau* (fl. fr.). Fleurs assez nombreuses,
disposées en épi cylindrique et d'une couleur jaunâtre ou roussâtre ; les 5 divisions supérieures sont
courtes et un peu ramassées en casque ; l'inférieure
est pendante et se termine par 2 lobes divergents :
le surnom de nid-d'oiseau vient de la forme de la
racine. *Bois, lieux couverts.*

2. **O. à feuilles ovales** : *O. ovata.* Maintenant *épi-
pactis-ovale* (fl. fr.) Fl. d'un vert pâle et jaunâtre,
nombreuses et disposées en un épi grêle, lâche et
et assez long ; les divisions supérieures sont courtes
et à demi-ouvertes ; l'inférieure est longue, pendante, étroite et à 2 lobes ; la racine ressemble un
peu à celle du nid-d'oiseau. *Bois, prés couverts.*

3. **O. d'été** : *O. æstivalis* (Lam.). Maintenant *néottie-
d'été* (fl. fr.). Fl. petites, pubescentes, inodores,
blanchâtres et disposées en spirale. *Prés humides,
marécages.*

Nota. La plupart des auteurs ont confondu cette espèce, qui fleurit en été, avec la *néottie spirale* (fl. fr.), dont les fleurs sont odorantes et s'épanouissent en automne.

4. **O. homme-pendu** : *O. antropophora.* Ses fleurs représentent en quelque sorte un homme pendu par la tête : cette partie est formée par les divisions supérieures qui sont d'un blanc jaunâtre; la division inférieure forme le corps et les quatre membres; sa couleur tire sur le souffre doré, mais celle de ses lobes ou des membres est d'un rouge ferrugineux. *Prés.*

5. **O. mouche** : *O. myodes.* Fl. disposées en épi lâche, peu garni, et ressemblant à des mouches bleuâtres : les 3 divisions supérieures sont d'un blanc verdâtre; les 2 intérieures sont très-petites, extrêmement grêles et rougeâtres; l'inférieure est pendante et forme le corps de la mouche; elle est chargée d'une tache bleue remarquable. *Pâturages montueux.*

6. **O. araignée** : *O. arachnites.* Fl. grandes, distantes, en petit nombre, formant à peine l'épi : les 3 divisions supérieures et extérieures sont lancéolées et rougeâtres; les 2 intérieures sont très-petites et herbacées; l'inférieure est pendante, large, convexe, velue, d'un rouge brun, marquée vers sa base de quelques lignes jaunâtres et terminées par un lobe pointu; le corps membraneux qui soutient ou reçoit les étamines se termine en avant par un bec très-remarquable. *Prés et pâturages montagneux.*

ORCHIS : *Orchis.* (Orchidée.)

Vulg. *pentecôte.*

A. *Fleurs panachées : pétale inférieur à cinq divisions, savoir : quatre linéaires et une cinquième fort courte et ressemblant à une dent,* 1.

B. *Fleurs panachées : pétale inférieur à cinq divisions,
savoir : deux linéaires, deux élargies et une cinquième
fort courte et ressemblant à une dent.*

C. *Fleurs panachées : pétale inférieur à quatre divisions,* 4.

D. *Fleurs panachées : pétale inférieur à trois divisions :
bractées plus longues que les fleurs,* 5.

E. *Fleurs panachées : pétale inférieur à trois divisions :
bractées plus courtes que les fleurs.*

F. *Fleurs rouges ou violettes veinées de vert,* 8.

G. *Fleurs rouges n'étant ni veinées ni panachées.*

H. *Fleurs blanches ou jaunes n'étant ni veinées ni panachées.*

B. { *Pétale inférieur ayant toutes ses divisions entières
et non dentées,* 2.
*Pétale inférieur dont les deux divisions élargies
sont sensiblement dentées,* 3.

E. { *Fleurs fort petites, d'un rouge sâle mêlé de vert
et dont l'odeur est désagréable,* 6.
*Fleurs fort belles, panachées de blanc et de pour-
pre,* 7.

G. { *Éperon pointu et plus long que l'ovaire,* 9.
Éperon obtus et plus court que l'ovaire, 10.

H. { *Pétale inférieur entier,* 11.
Pétale inférieur à trois divisions, 12.

1. **O. singe** : *O. simia.* Fl. blanchâtres tachées de
pourpre ; division inférieure de la fleur partagée en
4 lanières grêles, linéaires, profondes, qui semblent
les 4 membres d'un singe. *Prés et bois secs.*

2. **O. panach**é : *O. variegata.* Cette espèce est nommée, par Dubois et Linnée, *O. militaire;* mais dans
cette dernière, l'une des plus grandes et des plus
belles du genre (fl. fr.), les fleurs sont d'un rouge
pâle ou d'un violet brun, en épi cylindrique peu
serré, et les feuilles longues et larges ; tandis que
dans l'*O. panaché* les fleurs sont d'un pourpre pâle,

25*

tachetées de points plus foncés. l'épi court et serré, et les feuilles plus étroites ne dépassant guères 3 à 4 li.; du reste, ces deux espèces se ressemblent beaucoup. *Prés et bois.*

3. **O. brun** : *O. fusca.* Ce n'est que la variété à fleurs d'un violet brun de *l'O. militaire* (fl. fr.). *Bois et prés couverts.*

4. **O. brûlé** : *O. ustulata.* Fl. formant un épi un peu dense, d'un pourpre foncé ou noirâtre à son sommet, et panaché de rouge et de blanc dans sa partie inférieure : elles sont petites; leur division inférieure est pendante, blanchâtre et chargée de points rouges; les éperons sont de moitié au moins plus courts que les ovaires. *Prés.*

5. **O. à larges feuilles** : *O. latifolia.* Fl. purpurines formant un épi dense et cylindrique; leur division inférieure est large, ponctuée et légèrement divisée en 3 lobes, dont les 2 latéraux sont réfléchis en arrière; l'éperon est conique : il y en a une variété dont les feuilles sont tachées de noir. *Prés humides.*

6. **O. punais** : *O. coriophora.* Fl. petites, d'un rouge sâle mêlé de vert, disposées en épi un peu serré et exhalant une forte odeur de punaise; les divisions supérieures sont rapprochées, rougeâtres; l'inférieure est verdâtre à 3 lobes; l'éperon est courbé et regarde en bas. *Prés humides.*

7. **O. taché** : *O. maculata.* Ses fleurs blanches, ponctuées de rouge, forment un épi conique, pointu et médiocre : leur division inférieure est presque plane et partagée en 3 lobes : les feuilles sont ordinairement chargées de taches noirâtres. *Bois et prés montagneux.*

8. **O. bouffon** : *O. morio.* Fl. purpurines, quelquefois roses ou blanches, formant un épi assez lâche

ou peu garni; leur division inférieure à 3 ou 4 lobes, est ponctuée; l'éperon est obtus et va en montant. *Pelouses, collines sèches.*

9. **O. à long éperon** : *O. conopsea.* Fl. purpurines, non panachées, odorantes et disposées en un épi long de 4 à 5 po.; les 3 divisions supérieures sont ramassées, les 2 latérales sont très-ouvertes et l'inférieure est à 3 lobes égaux : l'éperon est fort long, en forme de soie, et a été comparé à l'aiguillon d'un insecte. *Prés montueux.*

10. **O. mâle** : *O. mascula.* Fl. grandes, purpurines et formant un bel épi long de 4 po. et un peu lâche; leur division inférieure est large, à 4 lobes et remarquable : l'éperon est obtus et presque droit. *Prés.*

11. **O. à deux feuilles** : *O. bifolia.* Fl. blanches, odorantes, un peu écartées, en longue grappe; l'éperon est grêle, très-allongé; la division inférieure de la fleur est linéaire, obtuse, droite, plus courte que l'éperon et un peu verdâtre. *Bois humides, prés couverts.*

12. **O. pâle** : *O. pallens.* Épi ovale, peu serré, composé de fleurs jaunâtres marquées de veines un peu foncées; les divisions supérieures sont oblongues, ouvertes; l'inférieure est large, à 3 lobes arrondis et d'un jaune plus décidé. *Bois.*

13. **O. à odeur de bouc** : *O. hircina.*

(Satyrion, Dub.)

Tige terminée supérieurement par un long épi de fleurs nombreuses, blanchâtres, d'une odeur de bouc très-désagréable; les 5 divisions supérieures sont ramassées en casque et l'inférieure est fort grande, tachée de pourpre à sa base, et partagée en 3 lanières. *Prés montueux, bord des bois.*

Nota. Les racines d'orchis sont remarquables; les

unes à tubercules ovoïdes ou arrondis, les autres palmées ou cylindriques : elles fournissent *le salep de Turquie*, que nous pourrions aussi en extraire, puisqu'on y emploie principalement *l'orchis mâle* et *l'orchis bouffon*; ce salep est très-nourrissant, pectoral et adoucissant.

ORGE : *Hordeum*. (Graminée.)

A. *Toutes les feuilles bissexuelles et fertiles.*

B. *Fleurs latérales stériles et dépourvues de barbes.*

C. *Fleurs latérales stériles et garnies de barbes.*

A. { *Semences disposées sur six rangs : épis carrés,* 1.
{ *Semences disposées sans ordre remarquable, ou tout au plus sur deux rangs,* 2.

B. { *Barbes écartées en éventail,* 3.
{ *Barbes redressées et peu ouvertes,* 4.

C. { *Barbes longues d'un à deux pouces,* 5.
{ *Barbes n'ayant pas un pouce de long,* 6.

1. **O. à six rangs** : *H. hexastichum*. Vulg. *escourgeon*. Fl. verdâtres, hermaphrodites et fertiles ; épi terminal plus court, plus épais que celui de l'espèce suivante ; pl. alim. *Cult. originaire de Russie*.

2. **O. commune** : *H. vulgare*. Vulg. *orge-carrée*. Fl. verdâtres, hermaphrodites et fertiles; épi terminal d'environ 3 po., presque carré; grain alim., méd., émollient, diurétique, calmant, résolutif et très-nutritif; on le nomme *orge mondé* lorsqu'il est dépouillé de son écorce, *orge-perlé* lorsqu'il est arrondi, et *gruau* lorsqu'il est concassé; on l'emploie en potage, en pain, en tisane, en cataplasmes, etc.; l'orge peut aussi remplacer l'avoine pour la nourriture des chevaux et forme la base principale de la bière. *Cult. originaire de Russie*.

3. **O. pyramidale** : *H. zeocriton*. Vulg. *faux-riz*. Fl. latérales stériles et sans barbes; les balles ne s'ou-

vrent point à la maturité ; épis plus larges à la base qu'au sommet. *Cult. originaire de l'Allemagne.*

4. **O. à deux rangs** : *H. distichum.* Cette espèce d'orge a l'épi allongé , comprimé ; les fleurs latérales sont aussi stériles et sans barbes. *Cult. aussi généralement que l'orge commune.*

5. **O. queue-de-souris** : *H. murinum.* Vulg. *orge-des-murs.* Tiges d'un pi ; épi dense, garni de barbes fort longues. *On la trouve sur les murs et le long des chemins.*

6. **O. faux-seigle** : *H. secalinum.* Tiges grêles, ordinairement droites, longues de 4 à 16 po. ; fleurs disposées en épi allongé, grêle, un peu comprimé. *Prés secs , lieux incultes.*

ORIGAN : *Origanum.* (Labiée.)

1. **O. commun** : *O. vulgare.* Fl. assez petites, d'un rouge clair ou de couleur blanche ; le sommet des calices et les bractées sont d'un rouge violet , ce qui donne un aspect agréable aux panicules de cette plante; les étamines sont plus longues que la corolle; pl. méd., tonique et stomachique. *Bois haies, lieux montagneux.*

ORME : *Ulmus.* (Amentacée.)

A. *Fleurs sessiles : fruit glabre ayant environ cinq à six lignes de diamètre ,* 1.

B. *Fleurs ayant des pédoncules qui ont plus d'un demi-pouce de long : fruit cilié et n'ayant que trois à quatre lignes de diamètre ,* 2.

1. **O. des champs** : *U. campestris.* Grand arbre dont les fleurs naissent avant les feuilles, en paquets serrés presque sessiles , épars le long des branches; elles sont verdâtres, un peu rougeâtres , à 4 ou 5 étamines; les feuilles ont une moitié toujours plus petite que l'autre; le bois , qui est dur et rougeâtre,

est employé dans la menuiserie, l'ébénisterie, le chauffage et surtout le charronnage, pour lequel on préfère *l'orme tortillard*, qui est une variété de l'orme des champs ; il y en a plusieurs autres : le suc de cet arbre est vulnéraire astringent, ainsi que les racines. *Bois montagneux, bord des routes, etc.*

2. O. à fleurs éparses : *U. effusa.* Cet arbre a le port du précédent, avec lequel on l'a souvent confondu, mais il en diffère par ses fleurs et par ses fruits ; ceux-ci sont plus petits et les fleurs ont 6 à 8 étamines, etc. *Bois.*

ORNITHOGALE : *Ornithogalum.* (Liliacée.)

A. *Corolle jaune ou verdâtre.*

B. *Corolle blanche : pétales ayant une raie verte sur le dos.*

A.
- *Fleurs en corymbe ombelliforme : pédoncules rameux*, 1.
- *Fleurs en corymbe ombelliforme : pédoncules simples*, 2.
- *Fleurs en épis*, 3.

B.
- *Fleurs en corymbe ombelliforme*, 4.
- *Fleurs en épis*, 5.

1. O. nain : *O. minimum.* Vulg. *rocambole-jaune.* Fl. jaunes, en corymbe ombelliforme, à pédoncules toujours pubescents, souvent rameux à leur base ; sa tige n'a qu'un po. de hauteur. *Champs, vignes, lieux cultivés.*

2. O. jaune : *O. luteum.* Fl. jaunes, en corymbe ombelliforme, à pédoncules simples, glabres ; sa tige a 3 à 4 po. de hauteur. *Lieux cultivés, prés, champs, etc.*

3. O. des Pyrénées : *O. pyrenaicum.* Hampe de 18 à 24 po., terminée par un épi fort long, pointu et composé de beaucoup de fleurs dont les segments sont verdâtres dans leur milieu et d'un blanc sâle et jaunâtre en leurs bords; il y en a plusieurs variétés. *Bois, lieux cultivés.*

4. **O. en ombelle** : *O. umbellatum.* Vulg. *dame-d'onze-heures.* Hampe terminée par une grappe de fleurs qui semble une véritable ombelle; ces fleurs sont en petit nombre, blanches, avec une longue raie verte sur le dos de chaque segment; elles ne s'épanouissent que vers 11 heures du matin; l'ovaire est d'un jaune verdâtre. *Champs, lieux cultivés.*

5. **O. penché** : *O. nutans.* Grappe de 5 à 6 fleurs, grandes, blanches, avec de larges raies d'un vert jaunâtre sur chaque segment. *Prés, vignes, etc.*

ORNITHOPE : *Ornithopus.* (Légumineuse.)
Vulg. *pied-d'oiseau.*

A. *Corolle jaune,* 1.

B. *Corolle blanche ou rougeâtre,* 2.

1. **O. comprimé** : *O. compressus.* Fl. jaunes réunies 3 à 4 ensemble; légumes longs de 2 po., terminés par une pointe en crochet. *Champs.*

2. **O. délicat** : *O. perpusillus.* Fl. petites, réunies 3 à 4 ensemble, d'un jaune très-pâle, mais dont le pavillon est chargé de stries rougeâtres ou purpurines; légumes n'excédant jamais la longueur d'un pouce : il y en a plusieurs variétés. *Lieux sablonneux et un peu couverts.*

OROBANCHE : *Orobanche.* (Rhinanthacée.)

A. *Tige rameuse,* 1.

B. *Tige simple : fleurs d'un blanc sâle,* 2.

C. *Tige simple : fleurs bleuâtres,* 3.

1. **O. rameuse** : *O. ramosa.* Fl. oblongues, petites, bleuâtres ou jaunâtres, disposées en épis; calice court, divisé en 4 lobes pointus. *Terres cultivées, presque toujours parmi le chanvre.*

2. **O. vulgaire** : *O. vulgaris*. Fl. d'un blanc sâle, rougeâtres, à étamines cotonneuses à leur base, du côté intérieur. *Prés secs et sablonneux.*

3. **O. bleuâtre** : *O. cœrulea*. Épi de 8 à 10 fleurs d'un bleu violet, à bractées pubescentes; corolles pubescentes en dehors; étamines glabres. *Bord des champs, des bois et des prés.*

OROBE : *Orobus.* (Légumineuse.)

1. **O. tubéreux** : *O. tuberosus.* Fl. d'un rose pourpre et disposées 2 à 4 ensemble sur chaque pédoncule; légumes de 15 à 18 li. et d'un rouge noirâtre. *Bois, lieux couverts.*

ORTIE : *Urtica.* (Urticée.)

A. *Grappes de fleurs portées sur des pédoncules assez longs,* 1.

B. *Grappes de fleurs presque sessiles,* 2.

1. **O. dioïque** : *U. dioïca.* Vulg. *grande-ortie.* Fl. dioïques, herbacées, en grappes linéaires un peu pendantes et souvent géminées dans chaque aisselle; cette plante est très-chargée de poils cuisants; apprêtée comme l'épinard elle fournit un aliment agréable; ses tiges produisent du fil passable; les bœufs et les vaches mangent l'ortie avec avidité : elle est méd., apéritive, vulnéraire astringente. *Jardins, haies, champs.*

2. **O. brûlante** : *U. urens.* Vulg. *petite-ortie.* Cette espèce s'élève moins que la précédente; elle est garnie de poils dont la piqûre est plus brûlante; ses fleurs sont monoïques, herbacées et forment des grappes oblongues, serrées, presque sessiles; elle a les propriétés de la grande-ortie. *Lieux cultivés, cours, villages.*

OXALIDE : *Oxalis.* (Géraniée.)

A. *Fleurs blanches,* 1.

B. *Fleurs jaunes,* 2.

1. **O. oseille** : *O. acetosella.* Vulg. *pain-de-coucou.*
Fl. blanches, solitaires, soutenues par des pédoncules faibles; styles égaux à la longueur des étamines
intérieures : c'est de cette plante qu'on tire le *sel
d'oseille;* elle est aussi méd., rafraîchissante, apéritive et anti-scorbutique. *Bois, lieux couverts.*

2. **O. cornue** : *O. corniculata.* Pédoncules axillaires
portant chacun 2 à 5 fleurs de couleur jaune; les siliques sont droites, grêles, prismatiques; mêmes propriétés que la précédente. *Haies, vignes, collines.*

PANAIS : *Pastinaca.* (Ombellifère.)

1. **P. cultivé** : *P. sativa.* Fl. jaunes, petites, régulières, formant des ombelles très-ouvertes, dépourvues de collerette; on en cultive une variété à racine
plus grande pour la cuisine : les semences de panais sont apéritives et vermifuges. *Lieux incultes,
chemins, haies.*

PANIC : *Panicum.* (Graminée.)

A. *Tiges terminées par un seul épi.*
B. *Tiges terminées par une panicule ou portant plusieurs
épis.*

A. { *Épis dont les filets sont rudes et accrochants*, 1.
{ *Épis dont les filets ne sont ni rudes ni accrochants*, 2

B. { *Tiges portant plusieurs épis*, 3.
{ *Tiges terminées par une panicule*, 4.

1. **P. verticillé** : *P. verticillatum.* Épi cylindrique,
verdâtre et remarquable par les filets très-accro-
chants dont il est garni. *Champs, jardins.*

2. **P. vert** : *P. viride.* Vulg. *miliasse.* Cette espèce a
beaucoup de rapport avec la précédente; son épi
est verdâtre, mais point accrochant. *Lieux sablonneux et cultivés.*

3. **P. pied-de-coq** : *P. crus galli.* Fl. en panicule
composée d'épis verdâtres, rudes au toucher. *Champs
et lieux cultivés.*

26.

4. **P. millet** : *P. miliaceum.* Vulg. *millet.* On reconnait facilement cette plante à sa panicule grande, lâche, pendante à son sommet; fleurs solitaires, dont la glume est marquée de nervures vertes; graine blanche, jaune ou noirâtre dans diverses variétés; elle sert à nourrir la volaille, les oiseaux, etc. *Originaire de l'Inde, cult.*

PANICAUT : *Eryngium.* (Ombellifère.)

1. **P. des champs** : *E. campestre.* Vulg. *chardon-roland* ou *chardon-d-cent-têtes.* Fl. blanchâtres, sessiles, disposées en têtes serrées; ces têtes sont petites, terminales et très-nombreuses; les folioles de l'involucre sont étroites, raides et épineuses; pl. méd., apéritive, diurétique, etc. *Bord des chemins, lieux incultes.*

PAQUERETTE : *Bellis.* (Composée.)

1. **P. vivace** : *B. perennis.* Vulg. *petite-marguerite.* Fl. radiées, à disque jaune et couronne blanche, souvent un peu purpurine en dessous; pl. méd., vulnéraire; astringente, béchique et apéritive : il y en a plusieurs variétés cultivées. *Pelouses, bord des chemins.*

PARIÉTAIRE : *Parietaria.* (Urticée.)

A. *Toutes les fleurs soit hermaphrodites, soit femelles, disposées en paquets sessiles,* 1.

B. *Une fleur femelle entre deux fleurs mâles dont le calice ou la corolle forme un tube long d'une ligne ou plus,* 2.

1. **P. officinale** : *P. officinalis.* Vulg. *casse-pierre.* Fl. herbacées, petites, axillaires et ramassées plusieurs ensemble par pelotons presque sessiles; les unes sont femelles et les autres hermaphrodites : pl. méd., apéritive, émolliente, résolutive et surtout diurétique. *Bord des haies, vieux murs.*

2. **P. de Judée** : *P. judaica.* Fl. herbacées, sessiles,

axillaires et remarquables en ce que les fleurs mâles sont allongées en un tube cylindrique et saillant. *Vieux murs.*

PARISETTE : *Paris.* (Asparagée.)

1. **P. à quatre feuilles** : *P. quadrifolia.* Vulg. *raisin-de-renard.* Fl. verdâtre, solitaire, terminale; baie à quatre angles, arrondie, noirâtre, vénéneuse; racine émétique, purgative. *Bois.*

PARNASSIE : *Parnassia.* (Capparidée.)

1. **P. des marais** : *P. palustris.* Tiges simples, terminées chacune par une fleur assez grande, de couleur blanche, munie de 5 nectaires qui se divisent chacun en 4 ou 5 branches terminées par un globule jaune, glanduleux. *Prés humides, marais des montagnes.*

PARONYQUE : *Paronychia* (Amaranthacée.)

1. **P. verticillée** : *P. verticillata.* Fl. blanchâtres, fort petites et verticillées dans les aisselles des feuilles; les folioles de leur périgone sont pointues et concaves intérieurement, ou un peu creusées en capuchon. *Mares, lieux humides.*

PASPALE : *Paspalum.* (Graminée.)

A. *Feuilles velues en leur superficie : fleurs la plupart géminées le long de l'axe de l'épi,* 1.

B. *Feuilles seulement velues à l'entrée de leur gaine : presque toutes les fleurs solitaires le long de l'épi,* 2.

1. **P. sanguin** : *P sanguinale.* Vulg. *miliasse.* Épis linéaires, disposés 4 à 6 ensemble : fleurs disposées deux à deux; glumes à 2 valves très-inégales, souvent purpurines. *Jardins, champs, vignes.*

2. **P. pied-de-poule** : *P. dactylon.* Vulg. *gros-chien-dent.* Cette espèce est remarquable en ce que sa tige rampe sous terre ou à la surface du sol, et émet de ses nœuds des racines perpendiculaires et fibreuses;

les épis naissent quatre ou cinq ensemble au sommet des rameaux ; ils sont linéaires, presque droits, ordinairement rougeâtres : les racines sont apéritives, diurétiques et rafraîchissantes, presqu'autant que celles du *froment rampant*, qui est le *vrai chiendent* ; elles servent aussi à faire des brosses et de petits balais. *Champs, lieux sablonneux.*

PASSERAGE : *Lepidium.* (Crucifère.)

A. *Feuilles radicales simples ou légèrement pinnatifides.*

B. *Feuilles radicales ailées ou très-profondément pinnatifides, 3.*

A. { *Feuilles de la tige linéaires et nullement dentées , 1.*
{ *Feuilles de la tige ovales-lancéolées et dentées , 2.*

1. **P. ibéride** : *L. iberis.* Fl. blanches, très-petites et disposées en corymbes peu garnis et peu étalés ; silicules ovales, pointues, entières et nullement échancrées ; pl. méd , anti-scorbutique et apéritive. *Lieux pierreux, bord des chemins.*

2. **P. à large feuille** : *L. latifolium.* Fl. blanches, très-petites et formant des grappes presque paniculées au sommet de la plante ; silicules ovales-arrondies ; pl. méd.; mêmes propriétés que la précédente. *Lieux un peu couverts.*

3. **P. des décombres** : *L. ruderale* (Linn.) Maintenant *tabouret-des-décombres* (fl. fr.), et vulg. *cresson-des-ruines.* Fl. blanches, extrêmement petites et disposées en grappes terminales ; leur corolle manque quelquefois et les étamines ne sont souvent qu'au nombre de 2 ; silicules très-petites, ovales, obtuses, légèrement échancrées ; pl. méd., fébrifuge. *Lieux stériles, décombres, pied des murs.*

PASTEL : *Isatis.* (Crucifère.)

1. **P. des teinturiers** : *I. tinctoria.* Fl. petites, jaunes et disposées en panicule ; siliques nombreuses,

pendantes, lancéolées; pl. méd., résolutive; elle
fournit une teinture bleue; il y en a plusieurs variétés. *Côtes sèches et pierreuses.*

PATURIN : *Poa.* (Graminée.)

A. *Épillets composés de deux à cinq fleurs : tige n'ayant
pas plus d'un pied.*

B. *Épillets composés de deux à cinq fleurs : tige ayant
plus d'un pied : panicule lâche et pendante,* 3.

C. *Épillets composés de deux à cinq fleurs : tige ayant
plus d'un pied : panicule dont les rameaux sont ouverts ou redressés.*

D. *Épillets de plus de cinq fleurs : tige haute de trois à
quatre pieds : feuilles larges de trois à quatre lignes,* 7.

E. *Épillets de plus de cinq fleurs : tige ayant à peine
douze à quinze pouces de haut : feuilles n'ayant pas
deux lignes de large.*

A. { *Collet de la racine bulbeux : feuilles courtes et très-
étroites,* 1.
*Collet de la racine non bulbeux : feuilles presq'aussi
longues que les tiges et larges d'environ une ligne
et demie,* 2.

C. { *Feuilles larges d'environ une ligne et demie,* 4.
*Feuilles planes ayant à peine une ligne de large :
panicule garnie et ouverte,* 5.
*Feuilles capillaires et roulées en leurs bords : pani-
cule très-peu garnie et presqu'entièrement re-
dressée,* 6.

E. { *Tige droite et comprimée,* 8.
Tige droite et arrondie : épillets verdâtres, 9.
*Tige couchée et arrondie : épillets d'un beau vio-
let,* 10.

1. **P. bulbeux** : *P. bulbosa.* Tiges à articulations
d'un rouge noirâtre; épillets verdâtres et composés
de 3 ou 4 fleurs, dont les valves s'allongent communément en manière de feuilles, ce qui fait pa-

26*

raître la panicule feuillée, chevelue et comme fri-
sée. *Bord des chemins, pâturages montueux.*

2. **P. annuel** : *P annua.* Rameaux de la panicule
ouverts à angles droits, et communément géminés ;
épillets verdâtres ou rougeâtres, à 3 ou 4 fleurs.
Bord des chemins, des champs, lieux cultivés et incultes.

3. **P. des bois** : *P. nemoralis.* Fl. en panicule
très-lâche, peu étalée; épillets très-petits et d'un
vert blanchâtre. *Bois couverts.*

4. **P. des prés** : *P. pratensis.* Panicule diffuse, un
peu compacte; épillets ovales-oblongs; fleurs vertes
ou panachées de vert et de pourpre. *Prés, bord des
chemins, etc.*

5. **P. rude** : *P. scabra.* Tiges rudes, au-dessous de
la panicule, qui est assez grande, étalée et d'un
vert foncé tirant sur le pourpre. *Prés.*

6. **P. à feuille étroite** : *P. angustifolia.* Panicule
plus ou moins étalée, plus ou moins garnie, selon
les variétés ; cette espèce ressemble par sa floraison
à la précédente. *Prés et champs.*

7. **P. aquatique** : *P. aquatica.* Panicule terminale
très-ample, à épillets allongés, composés de 6 à
8 fleurs et d'une couleur pâle ou d'un rouge brun
mêlé de vert. *Fossés aquatiques, bord des étangs.*

8. **P. comprimé** : *P. compressa.* Panicule un peu
étroite, plus ou moins resserrée, unilatérale, ayant
une raideur sensible, mais moindre que celle du
paturin raide : épillets pointus, verdâtres, à valves
rougeâtres à leur sommet, ce qui leur donne un
aspect très-agréable. *Murs, lieux sablonneux.*

9. **P. raide** : *P. rigida.* Panicule raide, disposée
d'un seul côté; épillets verdâtres renfermant 6 à
12 fleurs; toute la plante prend quelquefois une
teinte violette. *Lieux secs, arides et sablonneux.*

10. **P. amourette** : *P. eragrostis*. Panicule fort belle, à épillets droits, de couleur brune ou d'un violet noirâtre, et de 7 à 10 fleurs. *Décombres, lieux incultes.*

Nota. Les paturins, en général, fournissent un excellent fourrage et forment la base de nos prairies. (Voyez aussi *fétuque.*)

PAVOT : *Papaver.* (Papavéracée.)

A. *Capsules glabres.*

B. *Capsules velues ou hérissées.*

A. { *Capsules ovales : fleurs ayant plus de deux pouces de diamètre*, 1.
     Capsules allongées : fleurs ayant à peine un pouce de diamètre, 2.

B. { *Capsules ovales et presque globuleuses*, 3.
     Capsules allongées étant deux ou trois fois plus longues que larges, 4.

1. **P. coquelicot** : *P. rhœas.* Vulg. *coquelicot.* Fl. grandes, terminales et d'un rouge éclatant ; leurs pétales ont une tache noirâtre à leur base : la capsule est en forme de toupie ; pl. méd., sudorifique, pectorale et somnifère. *Champs cultivés, moissons.*

2. **P. douteux** : *P. dubium.* Cette espèce a beaucoup de rapport avec la précédente ; ses fleurs sont rouges, terminales, mais petites ; il leur succède des capsules allongées, un peu grêles. *Champs cultivés.*

5. **P. hybride** : *P. hybridum.* Fl. rouges, terminales et assez petites, à onglets noirâtres ; capsule ovale, globuleuse, très-hérissée de poils raides. *Champs cultivés.*

4. **P. argémoné** : *P. argemone.* Fl. rouges, à onglet noir, plus petites que celles du coquelicot, et portées sur de longs pédoncules ; la capsule est oblongue, rétrécie à la base, en forme de massue, hérissée de poils rares. *Lieux cultivés.*

PÉDICULAIRE : *Pedicularis*. (Rhinanthacée.)
A. *Tige presque nulle ou rampante*, 1.
B. *Tige droite et haute d'un ou plusieurs pieds*, 2.
1. **P. des bois** : *P. sylvatica*. Fl. sessiles, ramassées la plupart au sommet de la tige et des rameaux ; quelques-unes seulement sont isolées ; leur corolle est d'un rouge pâle, tachée en sa gorge. quelquefois blanche, allongée et fort gêle ; calice très-enflé, à 5 lobes découpés irrégulièrement. *Bois marécageux, surtout dans les montagnes.*
2. **P. des marais** : *P. palustris*. Fl. purpurines, presque sessiles, axillaires et solitaires à chaque aisselle ; les inférieures sont écartées, les supérieures rapprochées en épi feuillé ; le calice est presque à 2 lèvres découpées en forme de crète. *Marais herbeux et découverts.*

PÉPLIDE : *Peplis*. (Salicariée.)
1. **P. pourpier** : *P. portula*. Fl. très-petites, solitaires, couleur de chair, axillaires et sessiles. *Marais, bord des étangs et des mares.*

PERVENCHE : *Vinca*. (Apocynée.)
1. **P. couchée** : *V. minor*. Fl. solitaires, axillaires, soutenues par des pédoncules plus longs que les feuilles et d'une belle couleur bleue ; on en trouve quelquefois de blanches et très-rarement d'un rouge obscur ; pl. méd., vulnéraire astringente et fébrifuge ; c'était la préférée de J.-J. Rousseau. *Bois et haies.*

PEUCÉDANE : *Peucedanum*. (Ombellifère.)
A. *Feuilles plusieurs fois de suite partagées en trois*, 1.
B. *Feuilles deux ou trois fois ailées*, 2.
1. **P. officinal** : *P. officinale*. Vulg. *queue-de-pourceau*. Fl. jaunes ; ombelles un peu lâches, ouvertes et disposées au sommet de la tige et des rameaux ; pl.

méd., vulnéraire apéritive et pectorale. *Lieux couverts, gras et un peu humides.*

2. **P. silaüs** : *P. silaüs.* Vulg. *persil-bâtard.* Fl. jaunâtres; ombelles lâches, très-ouvertes et terminales; la collerette générale est à une ou 2 folioles et souvent nulle; pl. méd., diurétique et carminative. *Prés humides.*

PEUPLIER : *Populus.* (Amentacée.)

A. *Feuilles velues et cotonneuses en dessous*, 1.

B. *Feuilles glabres et deltoïdes : pétioles et nervures des feuilles jaunâtres*, 2.

C. *Feuilles glabres et un peu arrondies : pétioles et nervures des feuilles de couleur brune*, 3.

1. **P. blanc** : *P. alba.* Vulg. *P. de Hollande.* Arbre très-élevé, à feuilles blanches en dessous; les fleurs qui sont dioïques naissent avant les feuilles, en chatons oblongs, à écailles jaunâtres, qui sortent de bourgeons bruns écailleux; les fleurs mâles ne contiennent que 8 étamines; le bois, doux et liant, sert à faire des meubles; les chèvres et les moutons recherchent les feuilles de cet arbre. *Bois, jardins, etc.*

2. **P. noir** : *P. nigra.* Arbre très-élevé, à feuilles vertes, vernissées sur leurs faces : les chatons mâles sont grêles et chaque fleur contient 16 à 22 étamines à anthères purpurines; les chatons femelles sont plus longs et ont les fleurs un peu écartées; le bois sert à faire des poutres et des planches; l'écorce teint en jaune; on en fait des chapeaux, des nattes, etc.; les bourgeons sont émollients, calmants et entrent dans la composition de l'onguent *populeum.* *Bord des eaux, prairies, etc.*

3. **P. tremble** : *P. tremula.* Vulg. *tremble.* Arbre assez élevé, à feuilles portées sur un pétiole si long

et si comprimé que le moindre vent les agite ; les
fleurs sont semblables à celles du peuplier blanc ;
le bois est blanc, tendre ; on en fait des sabots, des
allumettes, des voliges, etc. *Lieux froids et humides.*

PHALANGÈRE : *Phalangium.* (Liliacée.)

A. *Tige simple,* 1.

B. *Tige rameuse,* 2.

1. **P. fleur-de-lys** : *P. liliago.* Fl. blanches, fort
écartées les unes des autres à la base de l'épi et très-
rapprochées à son sommet ; les segments des fleurs
sont très-minces et chargés de 3 raies sur leur dos ;
le pistil est sensiblement incliné. *Bois herbeux et
montagneux.*

2. **P. rameuse** : *P. ramosum.* Fl. blanches, moins
grandes que celles de l'espèce précédente, avec laquelle celle-ci a beaucoup de rapport ; le pistil n'est
point incliné. *Lieux incultes et montagneux.*

PHALARIS : *Phalaris.* (Graminée.)

A. *Tiges rameuses : balles sensiblement échancrées à leur
sommet,* 1.

B. *Tiges simples : balles pointues.*

B. { *Panicule resserrée : balles non ciliées,* 2.
{ *Panicule non resserrée : balles ciliées,* 3.

1. **P. phléole** : *P. phleoides.* Fl. formant un épi
grêle assez semblable à celui de la phléole des prés ;
glumes et valves blanchâtres. *Prés, bord des bois.*

2. **P. roseau** : *P. arundinacea.* Panicule resserrée,
colorée ou bigarrée de violet et de verdâtre, à fleurs
unilatérales. *Bord des rivières et des ruisseaux.*

3. **P. à fleurs-de-riz** : *P. orizoides.* Maintenant
léersie d fleurs-de-riz (fl. fr.). Fleurs en panicule lâche ; glumes blanchâtres. *Prés humides, bois marécageux.*

PHLÉOLE : *Phleum.* (Graminée.)

A. *Tiges simples.*

B. *Tiges rameuses*, 3.

A. {
   Tige droite : balles terminées par deux dents lon-
     gues d'une demi-ligne, 1.
   Tige couchée dans sa partie inférieure : balles ter-
     minées par deux dents très-courtes : racine bul-
     beuse, 2.

1. **P. des prés** : *P. pratense.* Tige un peu coudée à la base, terminée par un épi verdâtre, obtus, assez grêle ; balles fort petites, nombreuses, blanches sur leur dos, vertes sur les côtés ; c'est un excellent fourrage. *Prés.*

2. **P. noueuse** : *P. nodosum.* Racine bulbeuse ; balles très-petites, blanchâtres, violettes ou purpurines ; il y en a une variété naine. *Bord des chemins et des fossés humides.*

3. **P. schœnoïde** : *P. schœnoides* (Linn.). Les balles calicinales étant pointues et non terminées par 2 dents, Dubois pense qu'on devrait rapporter cette plante au genre phalaris.

PICRIDE : *Picris.* (Composée.)

1. **P. épervière** : *P. hieracioides.* Toutes les parties de cette plante sont chargées de poils fort rudes, crochus et en forme d'Y à leur extrémité ; les fleurs sont jaunes, terminales, assez grandes, portées 2 ou 3 ensemble au haut de chaque pédoncule. *Champs.*

PIGAMON : *Thalictrum.* (Renonculacée.)

A. *Fleurs droites et assez larges : rameaux redressés et peu ouverts,* 1.

B. *Fleurs penchées et assez petites : rameaux très-ouverts,* 2.

1. **P. jaunâtre** : *T. flavum.* Vulg. *rhubarbe-des-pauvres.* Fl. droites formant une panicule jaunâtre et

terminale ; les étamines sont au nombre de 17 ou environ, et ont les filets d'un jaune pâle ; la racine peut servir à teindre en jaune ; on prétend qu'elle est purgative. *Prés humides, bord des haies et des fossés.*

2. **P. mineur** : *T. minus.* La panicule de fleurs est nue, très-lâche et occupe la plus grande partie de la tige ; les fleurs sont d'un blanc jaunâtre, penchées ; capsules très-pointues. *Bois et prés montagneux.*

PIMPRENELLE : *Poterium.* (Rosacée.)

1. **P. sanguisorbe** : *P. sanguisorba.* Vulg. *petite-pimprenelle.* Fl. verdâtres ou rougeâtres, terminales et disposées en tête ; les unes sont femelles et n'ont que 2 styles plumeux et rougeâtres, ce sont les supérieures ; d'autres sont mâles et ont 30 à 40 étamines fort longues ; d'autres enfin sont hermaphrodites : pl. méd., apéritive, vulnéraire et quelquefois astringente ; elle entre comme assaisonnement dans les salades. *Prés secs et montagneux.*

PIN : *Pinus.* (Conifère.)

A. *Cônes pointus au sommet, à peu près égaux aux feuilles ; écailles terminées en massue, à quatre angles,* 1.

B. *Cônes obtus au sommet, souvent opposés, beaucoup plus courts que les feuilles,* 2.

1. **P. sauvage** : *P. sylvestris.* Vulg. *pinasse, pinéastre.* Grand arbre à fleurs monoïques, en chatons ; cônes courts, ternes, coniques, pointus, d'un gris cendré, pendants vers la terre : le bois est employé pour le chauffage, la charpente et la menuiserie ; le liber et les jeunes pousses sont regardés comme diurétiques et anti-scorbutiques : cette espèce est la plus répandue, elle forme de vastes forêts dans la plus grande partie de la France et surtout dans les pays de montagnes ; il y en a une variété à cônes redressés. *Vosges, Lyonnais, Provence, etc.*

2. **P. maritime** : *P. maritima.* Arbre moins élevé que le précédent ; fleurs monoïques, en chatons ; cônes d'une grosseur médiocre, d'un jaune luisant, étroits, allongés, élargis à leur base ; il y en a une variété à cônes deux fois plus gros : c'est de cette espèce de pin qu'on tire particulièrement le goudron et plusieurs autres produits résineux utiles dans les arts. *Sables maritimes, Provence, etc.*

PISSENLIT : *Taraxacum.* (Composée.)

1. **P. dent-de-lion** : *T. dens-leonis.* Hampe uniflore ; fleur jaune, assez grande, à calice composé de 2 rangs d'écailles, dont l'extérieur, lorsque la fleur est développée, se trouve tout-à-fait réfléchi ; l'aigrette des semences est portée sur un long pédicule ; pl. méd., amère, stomachique, très-apéritive et diurétique : on la mange en salade. *Prés, chemins, etc.*

PLANTAIN ; *Plantago.* (Plantaginée.)

A. *Feuilles laciniées ou lancéolées.*

B. *Feuilles ovales.*

A. { *Feuilles laciniées et pinnatifides*, 1.
  { *Feuilles lancéolées et très-allongées*, 2.

B. { *Tiges et feuilles pubescentes et blanchâtres*, 3.
  { *Tiges et feuilles vertes*, 4.

1. **P. corne-de-cerf** : *P. coronopus.* Fl. en épi grêle, long de 2 pouces et d'un vert blanchâtre. *Pelouses, lieux secs.*

2. **P. lancéolé** : *P. lanceolata.* Fl. en épi ovale, brun, serré, à peine 2 fois aussi long que large ; pl. méd.; feuilles vulnéraires astringentes, bonnes pour les coupures. *Prés secs.*

3. **P. moyen** : *P. media.* Fl. en épi allongé, cylindrique, brun : pl. méd. contre la fièvre. *Lieux secs.*

4. **P. à grandes feuilles** : *P. major.* Fl. en épi

droit, cylindrique; elles sont verdâtres et serrées, excepté vers le bas de l'épi; pl. méd., vulnéraire astringente, bonne pour les yeux; les oiseaux mangent sa graine. *Lieux secs, bord des chemins.*

5. **P. à petites feuilles** : *P. minima.* Cette plante semble être la miniature du plantain à grandes feuilles, et n'en est, selon plusieurs auteurs, qu'une variété; mais de Candolle (fl. fr.), en fait une espèce particulière : sa hauteur totale ne dépasse pas 12 à 15 li.; l'épi est ovale, court, composé de 3 à 6 fleurs peu serrées. *Lieux fangeux.*

6. **P. pucier** : *P. psyllium.* (*Pulicaire,* Dub.). Vulg. *herbe-aux-puces.* Fl. en épis ovoïdes, serrés; tige feuillée; pl. méd., à graines mucilagineuses, émollientes et adoucissantes. *Champs des provinces méridionales.*

POIRIER : *Pyrus.* (Rosacée.)

A. *Fruits et feuilles glabres,* 1.

B. *Fruits et surface inférieure des feuilles cotonneux,* 2.

1. **P. commun** : *P. communis.* Vulg. *poirier-sauvage,* Arbre élevé, épineux dans son jeune âge, à fleurs blanches, assez grandes, naissant 5 ou 6 ensemble, en petits bouquets, avant les feuilles; le nombre des variétés cultivées se monte à plus de 200; les fruits du poirier sauvage sont âpres, petits et de formes variées; on en fait du cidre, du vinaigre et de l'eau-de-vie; les poires fondantes et douces sont rafraîchissantes et légèrement laxatives; le bois de poirier est très-dur, rougeâtre, on l'emploie pour la menuiserie, l'ébénisterie, etc., et surtout pour la gravure et la sculpture. *Forêts, champs, haies.*

2. **P. coignassier** : *P. cydonia.* Arbre médiocre, souvent tortu, à fleurs grandes, d'un blanc mêlé de

rose, solitaires à l'aisselle des feuilles supérieures ; les fruits sont gros, jaunâtres, odorants et couverts d'un duvet fin ; il y en a plusieurs variétés : pl. cult., méd., vulnéraire, astringente, stomachique ; pepins adoucissants. *Haies des provinces méridionales.*

POIS : *Pisum.* (Légumineuse.)

A. *Pédoncules à plusieurs fleurs, pétioles cylindriques,* 1.

B. *Pédoncules à une seule fleur,* 2.

1. **P. cultivé** : *P. sativum.* Vulg. *petit-pois.* Fl. grandes, blanches, roses ou violettes, à pédoncules multiflores ; pl. alim. ; farine résolutive ; décoction laxative et adoucissante ; il y en a plusieurs variétés. *Jardins.*

2. **P. des champs** : *P. arvense.* Vulg. *pisaille, pois-de-pigeon.* Cette espèce diffère du pois cultivé parce qu'elle est plus petite dans toutes ses parties et que ses pédicelles ne portent qu'une seule fleur blanche ; on l'emploie comme fourrage et sa graine sert à la nourriture de la volaille. *Champs, moissons.*

POLYCNÈME : *Polycnemum.* (Chénopodée.)

1. **P. des champs** : *P. arvense.* Fl. d'un blanc verdâtre, très-petites, axillaires, solitaires et sessiles ; étamines à anthères purpurines. *Champs sablonneux.*

POLYGALA : *Polygala.* (Rhinanthacée.)

Vulg. *laitier, herbe-au-lait.*

A. *Feuilles radicales élargies et arrondies,* 1.

B. *Toutes les feuilles lancéolées-linéaires : fleurs bleues ou rouges,* 2.

C. *Toutes les feuilles lancéolées-linéaires : fleurs grises et véinées,* 3.

1. **P. amer** : *P. amara.* Cette plante est extrèmement voisine de la suivante et n'en est peut-être qu'une simple variété ; cependant elle est de moitié plus petite et d'une saveur un peu amère ; elle a les mêmes propriétés. *Bois humides, prairies montueuses.*

2. **P. commun** : *P. vulgaris.* Tiges grêles et longues de 4 à 12 po.; les fleurs, à 2 lèvres, forment une grappe terminale ordinairement unilatérale; elles sont penchées, bleues, violettes, roses ou blanches, selon les variétés; le limbe inférieur de chacune d'elles se termine par une houppe ou barbe colorée; pl. méd., sudorifique, béchique, légèrement émétique et purgative. *Prés, bois.*

3. **P. de Mont-pellier** : *P. monspeliaca.* Quelques auteurs ont encore regardé cette plante comme une variété du polygala commun, mais elle en diffère parceque les grandes divisions de son calice sont oblongues et non ovoïdes, etc. *Collines sèches.*

Nota. On assure que les polygalas donnent beaucoup de lait aux vaches qui en mangent; de là le nom générique qu'elles portent, et qui vient du grec.

POMMIER : *Malus.* (Rosacée.)

1. **P. commun** : *M. communis.* Vulg. *pommier-sauvage.* Arbre de moyenne grandeur, à rameaux épineux dans son jeune âge; à fleurs blanches mêlées de rose, assez grandes, disposées en ombelles presque sessiles, axillaires et terminales; fruits petits, très-acerbes. *Bois, haies, lieux incultes.*

Le pommier cultivé n'est point épineux; il y en a un grand nombre de variétés, dont les fruits sont plus ou moins gros, plus ou moins bons et de diverses couleurs; les pommes, en général, sont saines et agréables, pectorales, légèrement rafraîchissantes et laxatives; on en fait des cataplasmes contre les maux d'yeux.

Le pommier à cidre forme une classe particulière, cultivée surtout en Normandie.

Le bois du pommier est employé par les menuisiers, les ébénistes et les tourneurs, il sert aussi pour le chauffage et fait un feu vif et durable.

POPULAGE : *Caltha*. (Renonculacée.)

1. **P. des marais** : *C. palustris.* Vulg. *souci-d'eau.* Fl. d'un beau jaune, pédonculées, assez grandes, composées de 5 pétales oblongs, d'un grand nombre d'étamines, et de 10 à 12 ovaires qui se changent en capsules polyspermes; cette plante est âcre, un peu caustique et détersive; on se sert des fleurs pour teindre en jaune, et pour colorer le beurre. *Marais, bord des fossés et des étangs.*

PORCELLE : *Hypochœris.* (Composée.)

A. *Feuilles glabres,* 1.

B. *Feuilles velues et tachées : tiges très-velues et ordinairement simples,* 2.

C. *Feuilles velues : tiges glabres et très-rameuses,* 3.

1. **P. glabre** : *H. glabra.* Fl. jaunes, de moyenne grandeur, à calice très-glabre, assez semblable à ceux des scorzonères. *Collines, prés humides, bois.*

2. **P. tachée** : *H. maculata.* Ses feuilles sont souvent marquées de taches d'un rouge brun; la tige se divise en 2 à 5 rameaux allongés, presque nus, terminés chacun par une grande fleur jaune.

3. **P. à longues racines** : *H. radicata.* Vulg. *salade-de-porc.* Fl. jaunes, solitaires sur leur pédoncule un peu renflé; calices un peu ventrus. *Prés, bord des chemins.*

POTAMOT : *Potamogeton.* (Alismacée.) Vulg. *épi-d'eau.*

A. *Feuilles multifides,* 1.

B. *Feuilles linéaires, ressemblant à celles des plantes graminées.*

C. *Feuilles ovales ou lancéolées, ayant à peine un demi-pouce de large.*

27*

D. *Feuilles ovales ou lancéolées, ayant toujours plus d'un
demi-pouce et souvent plus d'un pouce de large.*

B. { *Tige cylindrique*, 2.
{ *Tige comprimée*, 3.

C. { *Épi porté sur un pédoncule long de plus d'un
{   pouce*, 4.
{ *Épi presque sessile*, 5.

D. { *Feuilles amplexicaules*, 6.
{ *Feuilles simplement sessiles ou presque sessiles*, 7.
{ *Feuilles portées sur des pétioles longs de plus d'un
{   pouce*, 8.

Nota. Les potamots sont des herbes aquatiques
qui naissent au fond des étangs, des rivières, etc.,
et s'élèvent à la surface pour fleurir : les fleurs sont
d'un blanc sale, ou verdâtres.

1. **P. à dents-de-peigne** : *P. pectinatum.* Fl. en épi
grêle, allongé, interrompu. *Fossés, marais, etc.*

2. **P. gramen** : *P. gramineum.* Épi assez court, non
interrompu, à pédoncule épais. *Eaux stagnantes.*

3. **P. comprimé** : *P. compressum.* Épis courts, arrondis, composés de 4 à 6 fleurs. *Fossés d'eaux stagnantes.*

4. **P. crépu** : *P. crispum.* Épis courts, serrés, arrondis, composés de 5 à 7 fleurs. *Fossés, ruisseaux.*

5. **P. serré** : *P. densum.* Tige grêle, fourchue à son
extrémité; épi court, arrondi, composé de 4 à 6
fleurs. *Ruisseaux et rivières.*

6. **P. embrassant** : *P. perfoliatum.* Épis axillaires,
composés de 10 à 15 fleurs. *Étangs, lacs, fleuves.*

7. **P. luisant** : *P. lucens.* Épis serrés; tiges longues
et rameuses; feuilles luisantes. *Lacs, rivières.*

8. **P. nageant** : *P. natans.* Épi cylindrique, serré,
pédonculé; tiges longues, rameuses. *Eaux tranquilles.*

POTENTILLE : *Potentilla.* (Rosacée.)

A. *Fleurs blanches,* 1.

B. *Fleurs jaunes : tiges droites ou feuilles ailées.*

C. *Fleurs jaunes : tiges couchées et feuilles digitées.*

B. { *Tiges droites : feuilles digitées,* 2.
    { *Tiges couchées : feuilles ailées,* 3.

C. { *Toutes les feuilles à cinq ou sept digitations : tiges*
    { *ayant plus d'un pied de long,* 4.
    { *Feuilles de la tige la plupart ternées : tiges ayant*
    { *moins d'un pied,* 5.

1. **P. fraisier** : *P. fragaria.* Vulg. *fraisier-stérile.*
Fl. blanches, assez petites ; le réceptacle des semences se dessèche et ne grandit point. *Bois, lieux arides.*

2. **P. argentée** : *P. argentea.* Fl. petites, jaunes, terminales, et portées sur des pédoncules un peu
courts ; elles ont leur calice velu et cotonneux ; les
pétales sont très-obtus, non échancrés. *Lieux secs
et incultes.*

3. **P. argentine** : *P. anserina.* Vulg. *argentine, herbe-
aux-oies.* Fl. jaunes, axillaires, solitaires, et portées
sur de longs pédoncules radicaux ; les feuilles sont
assez grandes, ailées, velues, verdâtres en dessus,
mais blanchâtres, soyeuses et luisantes en dessous ;
pl. méd., vulnéraire astringente et dessicative.
Lieux humides, bord des chemins.

4. **P. rampante** : *P. reptans.* Vulg. *quinte-feuille.*
Fl. jaunes, axillaires, solitaires et soutenues par de
fort longs pédoncules ; pl. méd., vulnéraire astringente, etc. *Lieux humides et couverts, bord des champs.*

5. **P. printannière** : *P. verna.* Fl. jaunes, assez petites ; leurs pétales sont un peu en cœur et quelquefois tachées de roux à leur base ; les lobes du
calice sont pointus : cette plante est très-variable
dans son port et dans sa grandeur. *Bord des chemins,
collines sèches, etc.*

POURPIER : *Portulaca.* (Portulacée.)

1. **P. cultivé** : *P. oleracea.* Fl. jaunes, sessiles, réunies plusieurs ensemble vers le sommet des branches; elles s'ouvrent à 11 heures du matin et se flétrissent vers 2 heures de l'après-midi; il y en a plusieurs variétés; le pourpier est sain et rafraîchissant, vermifuge et fébrifuge. *Spontané dans les lieux cultivés.*

PRIMEVÈRE : *Primula.* (Primulacée.)

A. *Diamètre des fleurs plus grand que la longueur du tube : fleurs droites, solitaires sur leur pédoncule, ou formant des ombelles portées sur des tiges très-courtes,* 1.

B. *Fleurs penchées formant une ombelle portée sur un pédoncule long de plusieurs pouces : diamètre des fleurs plus petit que la longueur du tube,* 2.

1. **P. à grande fleur** : *P. grandiflora.* Hampe d'un à 2 po.; fleur inodore et d'un jaune pâle; il y en a plusieurs variétés. *Prés et bois humides.*

2. **P. officinale** : *P. officinalis.* Vulg. *coucou.* Fl. odorantes, en ombelle, penchées ou pendantes du même côté; leur limbe est concave, jaune, marqué de cinq taches orangées : pl. méd.; ses racines sont sternutatoires; les fleurs et les feuilles sont cordiales, anodines et résolutives; les feuilles se mangent en salade. *Prés et bois un peu humides.*

3. **P. élevée** : *P. elatior.* Cette espèce, confondue souvent tantôt avec la primevère officinale, dont elle a le port, tantôt avec la primevère à grande fleur, dont elle a les caractères, est réellement distincte de l'une et de l'autre : sa hampe porte plusieurs fleurs droites ou irrégulièrement penchées, inodores et d'un jaune pâle; le calice est à 5 dents pointues, comme dans la primevère à grande fleur,

mais au lieu d'atteindre la sommité du tube de la corolle, elles en dépassent à peine le milieu. *Prés et bois humides.*

PRUNIER : *Prunus.* (Rosacée.)

A. *Arbre épineux*, 1.

B. *Arbre non épineux*, 2.

1. **P. épineux** : *P. spinosa.* Vulg. *prunellier, épine-noire.* Arbrisseau à écorce brune et fleurs blanches, solitaires, ou en petits bouquets, paraissant avant les feuilles; les fruits, d'abord verdâtres, deviennent d'un bleu foncé en mûrissant; ils sont petits, ronds, acerbes et connus vulgairement sous le nom de *prunelles :* ces fruits sont laxatifs lorsqu'ils sont bien mûrs, et astringents auparavant; on en fait du vin et de l'eau-de-vie ; on s'en sert aussi pour colorer le vin ordinaire : les fleurs sont sudorifiques et laxatives : l'écorce est astringente, fébrifuge et donne une teinture rouge. *Bois, haies, lieux arides.*

2. **P. domestique** : *P. domestica.* Arbre d'une hauteur moyenne, à écorce brune, un peu cendrée; fleurs blanches, quelquefois roses ou rouges, naissant avant les feuilles, et solitaires ou géminées, ou groupées par 3, 4, 5; fruits ovales ou arrondis, blancs, jaunes, verts, rouges, pourpres, violets, etc., de grosseur et de saveur variées, plus ou moins adhérents aux noyaux, et couverts d'une poussière glauque; la culture en a développé une foule de variétés, parmi lesquelles on distingue : la mirabelle, la reine-claude, le perdrigon, la couetsche, le damas, la jacinthe, la royale, l'impériale et la Sainte-Catherine, avec laquelle on fait les excellents *pruneaux de Tours*, qui sont les plus renommés.

Les prunes, en général, sont humectantes, rafraîchissantes et laxatives; on en fait du sucre, des

compotes, des confitures, etc. ; les *pruneaux* cuits
sont sains et conviennent aux malades et aux con-
valescents : il découle du prunier une gomme
nourrissante, émolliente et très-adoucissante ; son
bois est dur, veiné d'une belle couleur rougeâtre,
et employé par les menuisiers, les ébénistes et les
tourneurs. *Le prunier épineux est probablement le type
naturel de tous ceux cultivés.*

PULMONAIRE : *Pulmonaria.* (Borraginée.)
A. *Feuilles radicales ovales et un peu en cœur,* 1.
B. *Feuilles radicales lancéolées et étroites,* 2.

1. **P. officinale** : *P. officinalis.* Vulg. *coucou-bleu.*
Fl. bleues ou rougeâtres, disposées en grappe ou
bouquet terminal ; pl. méd., vulnéraire, pectorale
et adoucissante : il y en a une variété à fleurs blanches. *Bois.*

2. **P. à feuille étroite** : *P. angustifolia.* Fl. bleues
ou rougeâtres, formant des bouquets assez lâches ;
cette plante a les mêmes propriétés que la précédente. *Bois montagneux.*

RADIS : *Raphanus.* (Crucifère.)

1. **R. sauvage** : *R. raphanistrum.* Vulg. *ravenelle,
raifort-sauvage.* Fl. assez grandes, disposées en grappes terminales et variant dans leur couleur ; on les
trouve quelquefois d'un rouge-violet bien marqué ;
d'autre fois elles sont blanches, avec des veines
bleuâtres ; enfin souvent on les observe d'un jaune
pâle ; les siliques sont cylindriques, striées, articulées, et terminées par une longue pointe : cette
plante nuit aux céréales, sa graine étant dangereuse.
Bord des champs et des chemins.

RAIPONCE : *Phyteuma.* (Campanulacée.)
A. *Fleurs blanches, disposés en épis allongés,* 1.

B. *Fleurs bleuâtres, disposées en épis courts et orbiculaires*, 2.

1. **R. en épi** : *P. spicata.* Fl. ordinairement blanchâtres, mais bleues dans la souche primitive, en épi cylindrique, serré, d'un à 2 po., à bractées lancéolées-linéaires, peu apparentes; la racine est charnue, blanchâtre et bonne à manger. *Bord des haies, pâturages montagneux.*

2. **R. orbiculaire** : *P. orbicularis.* Fl. bleuâtres et ramassées en une tête terminale, arrondie ou orbiculaire; il y en a plusieurs variétés. *Lieux montagneux.*

RAPETTE : *Asperugo.* (Borraginée.)

1. **R. couchée** : *A. procumbens.* Fl. petites, violettes, axillaires et presque solitaires. *Bord des chemins, champs, haies.*

RATONCULE : *Myosurus.* (Renonculacée.)

1. **R. naine** : *M. minimus.* Vulg. *queue-de-rat.* Fl. d'un vert jaunâtre, solitaires, terminales, très-petites : après la floraison le pédicelle qui soutient les ovaires s'allonge au point que ceux-ci sont disposés en une longue queue droite, serrée et cylindrique. *Lieux humides, marais salés.*

RENONCULE : *Ranunculus.* (Renonculacée.)

1re Section. *Fleurs blanches.*

2e Section. *Fleurs jaunes : plantes dont les feuilles sont simples, ou dont les semences sont garnies latéralement de pointes raides.*

3e Section. *Fleurs jaunes : plantes dont les feuilles sont découpées et dont les semences ne sont pas garnies latéralement de pointes raides.*

1re Section.

A. *Toutes les feuilles ayant des découpures linéaires.*

B. *Toutes les feuilles, ou au moins les supérieures, étant élargies.*

A. {
Découpures des feuilles rangées comme autour d'un cercle, 1.

Découpures des feuilles courtes, capillaires et rameuses, 2.

Découpures des feuilles très-longues, parallèles et non capillaires, 3.
}

B. {
Toutes les feuilles élargies et sans découpures linéaires, 4.

Les feuilles inférieures, qui sont plongées dans l'eau, à découpures linéaires : les supérieures élargies et arrondies, 5.
}

2ᵉ Section.

A. *Feuilles simples.*

B. *Feuilles découpées : semences garnies latéralement de pointes raides.*

A. {
Toutes les feuilles sessiles : tiges droites, 6.

Feuilles inférieures pétiolées : tiges trop faibles pour se soutenir droites, 7.
}

B. {
La plupart des feuilles à découpures profondes et linéaires : semences très-hérissées de pointes raides, 8.

Presque toutes les feuilles lobées et incisées : semences médiocrement hérissées, 9.
}

3ᵉ Section.

A. *Calice réfléchi, ou des rejets rampants à la base des tiges.*

B. *Calice simplement ouvert, aucun rejet rampant à la base des tiges : feuilles lisses.*

C. *Calice simplement ouvert, aucun rejet rampant à la base des tiges : feuilles velues.*

A. {
Calice réfléchi sur le pédoncule, 10.

Calice simplement ouvert : des rejets rampants à la base des tiges, 11.
}

B. {
Ovaires peu serrés et formant une tête irrégulière : les pétales avortent presque toujours, 12.

Ovaires nombreux et serrés formant un cylindre : les pétales se développent presque toujours, 13.
}

C. { *Tiges hautes de trois ou quatre pouces*, 14.
Tiges hautes d'un pied ou plus : feuilles légèrement velues, 15.
Tiges hautes d'un pied ou plus, et hérissées de longs poils : feuilles très-velues et presque soyeuses, 16.

1. **R. rayonnée** : *R. circinatus.* (Dub.) Fl. blanches : ce n'est, selon la fl. fr., qu'une des variétés de la renoncule aquatique ci-dessous. *Mares et fossés pleins d'eau.*

2. **R. pectinée** : *R. pectinatus.* (Dub.) Fl. blanches; feuilles courtes et capillaires comme les dents d'un peigne. *Bord des fleuves et des rivières.*

3. **R. flottante** : *R. fluitans.* (Dub.) Fl. blanches; c'est encore une variété de la renoncule aquatique, dont la tige et les feuilles s'allongent beaucoup. (Fl. fr.) *Eaux profondes et courantes.*

4. **R. à feuilles de lierre** : *R. hederaceus.* Fl. blanches; elle ressemble aux variétés de la renoncule aquatique qui croissent hors de l'eau; mais sa fleur est trois fois plus petite, composée de pétales presque linéaires et un peu pointus. *Mares, lieux humides et bourbeux.*

5. **R. aquatique** : *R. aquatilis.* Vulg. *grenouillette.* Fl. blanches; cette espèce se distingue de toutes les renoncules, 1°. par ses pétales munis d'un onglet jaune, un peu rétrécis à la base, très-obtus ou un peu échancrés au sommet en forme de coin ou de cœur; 2°. par ses fleurs axillaires, solitaires et pédonculées; 3°. par sa superficie toujours glabre; 4°. par ses feuilles arrondies et divisées en 3 ou 5 lobes cunéiformes lorsqu'elles naissent hors de l'eau, déchiquetées en lanières nombreuses et linéaires lorsqu'elles croissent sous l'eau: pl. vénéneuse; il y en

28.

a plusieurs variétés tellement prononcées qu'on peut les désigner sous des noms spéciaux. *Mares, fossés, eaux stagnantes.*

6. **R. langue** : *R. lingua.* Vulg. *grande-douce.* Fl. grandes, terminales et d'un beau jeaune ; leurs pétales sont luisants et leur calice est un peu velu ; pl. âcre et caustique. *Bord des étangs et des fossés aquatiques.*

7. **R. flammète** : *R. flammula.* Vulg. *petite-douce.* Fl. jaunes, terminales et moins grandes que dans l'espèce précédente ; pl. âcre, caustique et nuisible aux bestiaux ; il y en a plusieurs variétés. *Prés humides.*

8. **R. des champs** : *R. arvensis.* Fl. terminales, assez petites et d'un jaune pâle ; il leur succède des semences comprimées et hérissées latéralement de pointes nombreuses et fort grandes ; cette espèce est très-âcre et vénéneuse. *Champs, parmi les blés.*

9. **R. à petite fleur** : *R. parviflorus.* Fl. jaunes, petites, solitaires. *Champs, bord des chemins.*

10. **R. bulbeuse** : *R. bulbosus.* Vulg. *bassin.* Fl. jaunes, terminales, solitaires, peu nombreuses et remarquables par leur calice tout-à-fait réfléchi lorsqu'elles sont entièrement épanouies ; pl. méd., très-caustique ; on s'en sert contre la teigne. *Prés, jardins, bord des haies.*

11. **R. rampante** : *R. repens.* Vulg. *pied-de-poule.* Fl. jaunes, terminales, peu nombreuses et soutenues par des pédoncules sillonnés : cette plante n'est point âcre ou fort peu. *Prés, lieux cultivés et un peu couverts.*

12. **R. tête d'or** : *R. auricomus.* Fl. jaunes, terminales et remarquables par leurs pétales qui ne se développent que les uns après les autres et qui avortent quelquefois. *Bois, lieux couverts.*

13. **R. scélérate** : *R. sceleratus*. Fl. d'un jaune pâle, nombreuses, terminales et fort petites; feuilles d'un vert pâle; fruit oblong et un peu conique; pl. méd., vén., très-âcre, détersive, caustique et dépilatoire. *Marais, bord des eaux.*

14. **R. cerfeuil** : *R. chærophyllos*. Hampe droite, chargée d'une ou deux fleurs jaunes; fruit oblong, presque cylindrique. *Lieux secs, montagneux et couverts.*

15. **R. âcre** : *R. acris*. Vulg. *bouton-d'or*. Fl. terminales, d'un beau jaune; leurs pétales sont luisants et comme vernissés; pl. fort âcre et caustique; il y en a plusieurs variétés. *Prés, pâturages.*

16. **R. laineuse** : *R. lanuginosus*. Fl. jaunes, terminales; feuilles grandes, d'un vert obscur en dessus, blanchâtres, très-velues et presque cotonneuses en dessous. *Bois et prés des montagnes.*

Nota. On prétend que cette espèce n'est pas malfaisante, mais on doit généralement se défier des plantes du genre et même de toutes celles de la famille des renonculacées, qui sont plus ou moins âcres et vénéneuses.

RENOUÉE : *Polygonum.* (Polygonée.)

A. *Feuilles en cœur et un peu triangulaires : tiges droites.*
B. *Feuilles en cœur et un peu triangulaires : tiges couchées ou grimpantes.*
C. *Feuilles ovales-lancéolées : fleurs axillaires,* 5.
D. *Feuilles allongées : fleurs en épi et n'ayant que cinq étamines,* 6.
E. *Feuilles lancéolées ou lancéolées-linéaires : fleurs en épi ayant six étamines.*

A. { *Fleurs blanches,* 1.
{ *Fleurs verdâtres,* 2.

B. { *Semences garnies de trois ailes très-saillantes :*
tiges grimpantes, 3.
Semences nullement ailées : tiges rampantes, 4.

E. {
Feuilles n'ayant pas trois lignes de large : tiges
couchées, 7.
Feuilles ayant plus de trois lignes de large : épi
dense, 8.
Feuilles ayant plus de trois lignes de large et une
saveur âcre et brûlante : épi peu serré, 9.

1. **R. sarrazin** : *P. fagopyrum.* Vulg. *blé-noir, sar-*
razin. Fl. blanches ou rougeâtres, disposées par
bouquets au sommet de la tige et des rameaux; la
la graine sert à la nourriture de la volaille et des
chevaux; réduite en farine elle est souvent mélangée dans le pain. *Pl. cult., originaire d'Asie.*

2. **R. de Sibérie** : *P. tartaricum.* Vulg. *sarrazin-de-*
Sibérie. Fl. verdâtres; farine plus amère que la pré-
cédente : les graines plaisent peu à la volaille.
Cultivée.

3. **R. des buissons** : *P. dumetorum.* Vulg. *grande-*
vrillée-bâtarde. Fl. blanches ou rosées, ramassées par
petits bouquets, les uns axillaires, les autres disposés en épis lâches ou en grappes menues et terminales. *Haies et lieux couverts.*

4. **R. liseron** : *P. convolvulus.* Vulg. *petite-vrillée-*
bâtarde. Fl. un peu rougeâtres, la plupart axillaires,
penchées; les feuilles, en forme de flèche, acquièrent dans les lieux secs une couleur rouge très-
remarquable : cette espèce ressemble beaucoup à
la précédente. *Champs et lieux cultivés.*

5. **R. des petits oiseaux** : *P. aviculare.* Vulg. *trai-*
nasse. Tiges couchées; fl. très-petites, solitaires ou
ramassées 2 à 4 par paquets dans les aisselles des

feuilles ; leur périgone est vert à sa base, et blanc ou
rougeâtre en ses bords ; il y en a une variété dont
les tiges ne sont qu'à demi-couchées : pl. méd., vulnéraire astringente, émétique et purgative ; les oiseaux recherchent sa graine. *Champs, lieux incultes,
bord des chemins.*

6. **R. amphibie** : *P. amphibium.* Fl. rouges, disposées en épis serrés, terminaux, ovoïdes dans la
variété aquatique, allongés dans la variété terrestre.
Marais, fossés aquatiques.

7. **R. fluette** : *P. pusillum.* Épis très-grêles dont
les fleurs roses sont écartées et peu colorées. *Lieux
humides et sablonneux.*

8. **R. persicaire** : *P. persicaria.* Vulg. *persicaire.* Fl.
en épis denses et rougeâtres ; il y en a une variété
à fleurs blanches et une autre dont les feuilles sont
chargées d'une tache brune dans le milieu : pl. méd.,
vulnéraire, astringente et détersive. *Lieux humides,
bord des chemins et des fossés.*

9. **R. poivre-d'eau** : *P. hydropiper.* Vulg. *poivre-d'eau.*
Fl. rougeâtres, médiocrement colorées, disposées
en épis lâches et grêles ; pl. méd., diurétique, vulnéraire astringente et très-détersive. *Lieux humides.*

RÉSÉDA : *Reseda.* (Capparidée.)
A. *Toutes les feuilles simples.*
B. *Feuilles pinnatifides,* 3.
A. { *Calice à quatre divisions : tiges droites,* 1.
{ *Calice à cinq ou six divisions : tiges couchées,* 2.

1. **R. herbe-à-jaunir** : *R. luteola.* Vulg. *gaude.* Fl.
petites, de couleur jaune herbacée et disposées en
un épi fort long, nu et terminal ; quelquefois la tige
est rameuse et se termine par plusieurs épis : on
emploie toute la plante pour teindre en jaune ; sa
racine est apéritive. *Bord des chemins.*

2. **R. faux-sésame** : *R. sesamoides.* Fl. blanches, disposées en épis terminaux cylindriques; les calices sont fort petits ; les pétales sont inégalement découpés. *Champs sablonneux.*

3. **R. jaune** : *R. lutea.* Fl. en épi ou en une espèce de grappe droite, nue, terminale et jaunâtre; leur calice est à 6 divisions profondes et étroites ; les étamines, ainsi que les pétales, sont d'un jaune pâle. *Lieux sablonneux, vieux murs.*

RHINANTHE : *Rhinanthus.* (Rhinanthacée.)

A. *Calice glabre,* 1.

B. *Calice velu,* 2.

1. **R. glabre** : *R. glabra.* Vulg. *crête-de-coq, sonnette, cocriste.* Fleurs en épi terminal, muni de bractées assez larges, lancéolées, dentées; corolles jaunes, à lèvre supérieure courte et très-comprimée; calice ventru; mauvais foin. *Prés et pâturages.*

2. **R. velue** : *R. hirsuta.* Cette espèce ressemble à la précédente, mais elle en diffère par ses calices constamment hérissés de poils, et par ses fleurs d'un jaune moins foncé et souvent tachées sur leur lèvre inférieure. *Prés secs.*

ROBINIER : *Robinia.* (Légumineuse.)

1. **R. faux-acacia** : *R. pseudacacia.* Vulg. *acacia.* Arbre élevé, épineux, à fleurs blanches, formant de belles grappes pendantes, et d'une odeur très-agréable; l'acacia est généralement cultivé en France, soit pour l'ornement, soit pour le chauffage, l'ébénisterie, le tour, etc.; son bois est d'un jaune marbré. On cultive aussi le *robinier rose,* à rameaux mousseux, le *robinier visqueux,* et quelques autres. *Amérique septentrionale.*

RONCE : *Rubus.* (Rosacée.)

A. *Feuilles ailées,* 1.

B. *Feuilles digitées.*

B. { *Toutes les feuilles n'ayant que trois folioles : fruit composé d'un petit nombre de baies, 2.*
Plusieurs feuilles à cinq folioles : fruit composé d'un grand nombre de baies, 3.

1. **R. framboisier** : *R. idœus*, ou *ronce du mont Ida.* Arbrisseau à fleurs blanches, disposées sur des pédoncules velus et un peu rameux; il leur succède des fruits rougeâtres, blancs dans une variété, et que tout le monde connaît sous le nom de *framboises*; on en fait du vin, de l'eau-de-vie, et un sirop très-agréable, rafraîchissant, fébrifuge et bon pour les maux de gorge; l'infusion des fleurs est bonne pour les yeux; les feuilles sont vulnéraires astringentes et détersives. *Lieux pierreux de la Suisse, de l'Alsace, etc.*

2. **R. à fruit bleuâtre** : *R. cœsius.* Arbrisseau à fleurs blanches, en panicules lâches; les baies sont bleuâtres, couvertes d'une poussière fine, et composées de grains assez gros et peu nombreux. *Haies, bord des chemins, pied des murs.*

3. **R. arbrisseau** : *R. fruticosus.* Vulg. *ronce-des-haies.* Fl. blanches ou un peu rougeâtres et disposées en bouquet terminal; les fruits sont composés de grains nombreux, noirâtres, luisants; ils sont connus sous le nom de *mûres sauvages*, et sont d'une saveur aigrelette, un peu sucrée; les feuilles sont vulnéraires détersives; on s'en sert contre les dartres et les vieilles plaies; le sirop de mûres est bon pour les maux de gorge. *Haies, buissons, bord des bois.*

ROSEAU : *Arundo.* (Graminée.)
A. *Feuilles larges de dix à douze lignes,* 1.
B. *Feuilles n'ayant que deux à trois lignes de large,* 2.
1. **R. commun** : *A. phragmites.* Vulg. *roseau-à-balais.* Tiges de 3 à 6 pi. et plus; fleurs en panicule grande,

lâche, très-garnie et d'un pourpre noirâtre d'abord, puis cendrée : les poils qui environnent les fleurs sont longs et soyeux : toute la plante est sucrée, principalement la racine qui est sudorifique et diurétique; on fait avec ce roseau des balais, des nattes, d'excellentes couvertures de maisons, du fourrage, de la litière, de la couleur verte, etc. *Bord des étangs, des rivières, lieux aquatiques.*

2. **R. plumeux** : *A. calamagrostis.* Maintenant *calamagrostis-lancéolée* (fl. fr.). Tiges de 3 à 4 pi.; panicule fort étroite, presque en épi et très-resserrée; les fleurs ont leurs glumes très-aiguës, panachées de vert et d'un violet noirâtre dans leur jeunesse; elles deviennent ensuite blanchâtres ou jaunâtres, et paraissent alors plumeuses par la quantité de poils soyeux dont elles sont garnies; il y en a une variété moins grande. *Bois et prés couverts.*

ROSIER : *Rosa.* (Rosacée.)

A. *Fleurs blanches.*

B. *Fleurs plus ou moins rouges : feuilles glabres.*

C. *Fleurs plus ou moins rouges : feuilles couvertes de poils blanchâtres ou visqueux.*

A. { *Pédoncules dépourvus d'aiguillons,* 1.
{ *Pédoncules garnis d'aiguillons nombreux,* 2.

B. { *Fleurs d'un rouge très-foncé,* 3.
{ *Fleurs d'un rouge très-pâle,* 4.

C. { *Feuilles odorantes et chargées de poils glanduleux*
{   *et roussâtres,* 5.
{ *Feuilles velues et blanchâtres : fruits très-gros,* 6.

1. **R. des champs** : *R. arvensis.* Arbrisseau tortueux, souvent rampant, qui s'élève à peine à la hauteur de 3 pi.; les fleurs naissent 1 à 5 ensemble; elles sont blanches, odorantes; leur calice a le tube sphérique, glabre : cette espèce est très-re-

marquable par son style, en colonne allongée, glabre, à plusieurs stigmates. *Haies, collines, bord des
champs.*

2. **R. blanc** : *R. alba.* Arbrisseau très-rameux, haut
de 3 à 6 pi.; fleurs grandes, tout-à-fait blanches et
odorantes; elles ont les divisions de leur calice pinnatifides et le tube de ce calice est glabre, ovoïde :
pl. cult., méd., astringente. *Haies, collines.*

3. **R. de France** : *R. gallica.* Arbrisseau connu
sous le nom de *rose de provins*, à fleur grande, d'un
rouge pourpre très-foncé : la variété qu'on nomme
rose bigarrée, a la fleur panachée de bandes purpurines, roses ou blanches; et celle qu'on nomme
naine, ne diffère de la rouge que par sa stature moins
élevée et le tube de son calice plus hérissé : ces
plantes sont pectorales, et vulnéraires astringentes.
Collines boisées et pierreuses.

4. **R. des chiens** : *R. canina.* Vulg. *églantier-sauvage.*
Arbrisseau élégant, à rameaux élancés et fleurs d'un
blanc-rose; le tube du calice et le fruit sont ovoïdes;
les pistils sont courts et libres, caractère qui distingue cette espèce de la rose des champs : la variété dite *des haies* a les fruits très-allongés; une
autre a les feuilles pubescentes en dessous et les
fruits presque sessiles. On trouve souvent sur ces
rosiers une grosse gale spongieuse nommée *bédéguar*,
qu'on dit vulnéraire astringente, de même que le
fruit; la racine est employée contre la rage, et
c'est de là que vient le nom de *rosier-des-chiens*.
Bois, haies, buissons.

5. **R. rouill**é : *R. rubiginosa.* Vulg. *églantier-rouge.*
Arbrisseau à fl. rouges, petites, à pétales échancrés
en cœur, à fruits ellipsoïdes. *Lieux secs et pierreux,
le long des champs et des routes.*

6. R. velu : *R. villosa.* Arbrisseau droit, rameux, à fleurs d'un rouge assez foncé ; le calice a le tube globuleux , qui se change en un fruit très-gros, hérissé, couleur de sang. *Collines et bois montueux.*

Nota. Outre les rosiers dont nous venons de parler, il y en a bien d'autres, et on cultive dans les jardins un grand nombre d'espèces à fleurs doubles, dont les principales sont : *l'églantier jaune, le rosier-capucine, le R. en toupie, le R. à cent-feuilles, le R. mousseux, le R. de tous les mois, le R. pompon, le R. musqué, etc.* On peut consulter, à ce sujet, l'almanach du Bon-Jardinier, ainsi que les ouvrages de MM. **Vibert** et **Boitard.**

ROSSOLIS : *Drosera.* (Capparidée.)

A. *Feuilles rondes,* 1.
B. *Feuilles ovales,* 2.

1. **R. à feuilles rondes** : *D. rotundifolia.* Fl. blanchâtres, petites, disposées en épi unilatéral ; tiges nues ; feuilles radicales remarquables par les poils rouges dont elles sont hérissées : pl. méd. contre l'asthme, la toux invétérée, etc. *Lieux humides, marécageux et tourbeux.*

2. **R. à feuilles longues** : *D. longifolia.* Cette espèce ressemble beaucoup à la précédente, mais ses feuilles oblongues l'en distinguent suffisamment : mêmes propriétés. *Mêmes lieux.*

RUBANIER : *Sparganium.* (Typhacée.)

1. **R. rameux** : *S. ramosum.* Tige d'un à 3 pi.; fleurs herbacées, monoïques, en boule, formant une panicule composée de plusieurs branches partant de l'aisselle des feuilles supérieures; corolle nulle; calice à 3 folioles. *Bord des fleuves, des étangs.*

RUMEX : *Rumex*. (Polygonée.)

Vulg. *patience.*

A. *Fleurs dioiques.*

B. *Fleurs bissexuelles : semences renfermées dans trois valves entières et dépourvues de glandes.*

C. *Fleurs bissexuelles : semences renfermées dans trois valves entières, dont une au moins porte une glande qui ressemble à un grain de millet.*

D. *Semences renfermées dans trois valves dentées, dont une seule porte une glande bien développée; les autres avortent ordinairement : feuilles radicales ayant deux échancrures qui leur donnent la forme d'un violon, 7.*

E. *Semences renfermées dans trois valves dentées qui portent des glandes semblables à un grain de millet.*

A. { *Feuilles étroites : tiges n'ayant jamais un pied de haut, 1.*
Feuilles ayant au moins un pouce de large : tige haute de plus d'un pied, 2.

B. { *Feuilles ayant à peine deux pouces de long, 3.*
Feuilles ayant plus de six pouces de long, 4.

C. { *Feuilles frisées en leurs bords : chacune des trois valves de la semence portant une glande qui ressemble à un grain de millet, 5.*
Feuilles à peine ondulées : une seule des valves de la semence portant une glande qui ressemble à un grain de millet, 6.

E. { *Feuilles sans échancrure à l'insertion du pétiole, 8.*
Feuilles échancrées à l'insertion du pétiole et pointues à leur extrémité supérieure, 9.
Feuilles échancrées à l'insertion du pétiole et obtuses à leur extrémité, 10.

[1]. **R. petite-oseille** : *R. acetosella.* **Vulg.** *oseille-de-mouton.* Épis de fleurs très-menus, quelquefois ramassés et assez courts, d'autres fois très-lâches et presque filiformes; ces fleurs sont petites; les divi-

sions du périgone sont rougeâtres. *Bord des champs, lieux sablonneux.*

2. **R. oseille** : *R. acetosa.* Vulg. *oseille-des-prés.* Les fleurs forment des grappes rameuses ; elles sont ordinairement rougeâtres, quelquefois blanches, toujours dioïques ; pl. cult., alim., méd., rafraîchissante, diurétique, astringente et éminemment antiscorbutique ; les feuilles et le *sel-d'oseille* enlèvent facilement les taches d'encre ; la racine teint en rouge. *Prés.*

3. **R. à écussons** : *R. scutatus.* Vulg. *oseille-ronde.* Les fleurs sont hermaphrodites, rougeâtres, disposées en épis grêles et rameux ; il y en a plusieurs variétés, dont l'une est cultivée ; elle est rafraîchissante, apéritive, diurétique et d'une saveur agréable. *Montagnes du Midi, etc.*

4. **R. aquatique** : *R. aquaticus.* Vulg. *grande-patience.* Tige de 3 à 6 pi. ; feuilles très-grandes, surtout les radicales ; fleurs herbacées, verticillées, en épis longs et rameux ; la racine est purgative, tonique et bonne dans les maladies de la peau. *Bord des étangs, des fossés et des rivières.*

5. **R. crépu** : *R. crispus.* Vulg. *oseille-de-crapaud* ou *oseille-sauvage.* On distingue facilement cette espèce à ses feuilles étroites, lancéolées, très-ondulées et comme frisées en leurs bords ; fleurs herbacées, en épis rameux. *Fossés, lieux humides.*

6. **R. patience** : *R. patientia.* Vulg. *patience-des-jardins.* Tige de 3 pi. et plus ; fleurs verdâtres, en épis rameux ; pl. cult., alim., méd.; sa racine est amère, astringente, stomachique et dépurative ; on l'emploie surtout dans les maladies de la peau et on mange les feuilles sous le nom d'*épinards-immortels.* *Pâturages montagneux.*

7. **R. violon** : *R. pulcher.* Fl. verdâtres en demi-verticilles; feuilles radicales remarquables, de la forme d'un violon. *Bord des chemins et des haies.*

8. **R. maritime** : *R. maritimus.* Fl. verdâtres, en verticilles serrés et feuillés, occupant la plus grande partie de la longueur de la tige et des rameaux; toute la plante jaunit et paraît sèche à la maturité. *Bord des étangs et des fossés aquatiques.*

9. **R. à feuilles aiguës** : *R. acutus.* Vulg. *patience-sauvage.* Fl. en verticilles le long des rameaux supérieurs; elles sont pendantes, verdâtres : la racine, de même que celle du n° 6, est employée comme amère, astringente, stomachique et dépurative. *Fossés et terrains humides.*

10. **R. à feuilles obtuses** : *R. obtusifolius.* Vulg. *patience-sauvage.* Fl. herbacées, rougeâtres, formant une panicule serrée : la racine a les mêmes propriétés que celles précédentes, n°° 6 et 9. *Lieux stériles et humides.*

SABLINE : *Arenaria.* (Cariophyllée.)

A. *Feuilles ovales.*
B. *Feuilles étroites et linéaires.*

A. { *Feuilles pétiolées, à trois ou cinq nervures*, 1.
{ *Feuilles sessiles, et sans nervures*, 2.

B. { *Fleurs rouges*, 3.
{ *Fleurs blanches, beaucoup plus grandes que les calices*, 4.
{ *Fleurs blanches, à peine aussi grandes que les calices*, 5.

1. **S. à trois nervures** : *A. trinervia.* Fl. blanches et solitaires : les pétales sont plus courts que les folioles du calice; celles-ci sont lancéolées, aiguës, courbées en carène, membraneuses et blanches sur les bords. *Bois.*

29.

2. **S. a feuilles de serpolet** : *A. serpillifolia*. Fl. petites, blanches, naissant dans les bifurcations et
vers le sommet des tiges : les corolles sont plus
courtes que le calice. *Murs, champs sablonneux.*

3. **S. à fleur rouge** : *A. rubra*. Fl. rouges ou d'un
pourpre bleuâtre ; les pétales sont à peine plus
grands que le calice. *Lieux sablonneux.*

4. **S. de montagne** : *A. montana*. Fl. blanches,
beaucoup plus grandes que les calices, et solitaires sur leurs pédoncules qui sont assez longs :
il y en a plusieurs variétés. *Lieux arides, sablonneux
et montueux.*

5. **S. à feuilles menues** : *A. tenuifolia*. Fl. nombreuses, fort petites, de couleur blanche, et à peine
aussi grandes que les calices ; il y a plusieurs variétés de cette espèce. *Murs, haies, lieux sablonneux.*

SAFRAN : *Crocus.* (Iridée.)

1. **S. cultivé** : *C. sativus.* Sa fleur pousse avant les
feuilles, et ressemble à celle du colchique d'automne ; elle est d'un pourpre violet ; le style porte
un stigmate remarquable, d'un rouge orangé et
d'une odeur aromatique : le safran est tonique, stomachique et calmant, mais dangereux à grande
dose : il donne une belle teinture jaune et on l'emploie dans la cuisine comme aromate. *Originaire
du levant, cult.*

SAGINE : *Sagina.* (Cariophyllée.)

A. *Tiges droites*, 1.

B. *Tiges couchées*, 2.

1. **S. droite** : *S. erecta*. Fl. assez grandes, solitaires,
sur des pédicelles qui naissent à l'aisselle des feuilles
et qui sont très-longs ; les pétales sont blancs,
oblongs, entiers, plus courts que le calice. *Prés
stériles, bruyères, bord des bois.*

2. **S. couchée** : *S. procumbens.* Pédoncules uniflores, pétales blancs, beaucoup plus courts que le calice et difficiles à apercevoir ; ils manquent même quelquefois. *Bord des murs, cours, terrains sablonneux.*

SAGITTAIRE : *Sagittaria.* (Alismacée.)

1. **S. en flèche** : *S. sagittifolia.* Fl. monoïques, blanches, verticillées 3 à 3 par étage ; tige droite, haute de 4 à 8 po. au-dessus de la surface de l'eau; feuilles en fer de flèche. *Étangs, fossés, bord des rivières.*

SAINFOIN : *Hedysarum.* (Légumineuse.)

1. **S. cultivé** : *H. onobrychis.* Maintenant *esparcette cultivée* (fl. fr.). Ses fleurs forment des épis soutenus par de longs pédoncules axillaires ; elles sont d'un rouge vif ou blanchâtres, et leur pavillon surtout est agréablement rayé de pourpre ; on cultive cette plante et on en fait d'excellentes prairies artificielles. *Collines, pâturages secs et crayeux.*

SALICAIRE : *Lythrum.* (Salicariée.)

A. *Feuilles opposées : fleurs en épi,* 1.

B. *Feuilles alternes : fleurs axillaires,* 2.

1. **S. commune** : *L. salicaria.* Fl. purpurines, formant de beaux épis aux extrémités de la tige et des rameaux; elles ont un calice strié et à 12 dents, 6 pétales oblongs et une douzaine d'étamines : pl. méd., vulnéraire astringente. *Lieux aquatiques.*

2. **S. à feuilles d'hysope** : *L. hyssopifolia.* Ses fleurs n'ont que 6 étamines et un pareil nombre de pétales rougeâtres et lancéolés ; elles sont axillaires, ordinairement solitaires et presque sessiles. *Champs humides.*

SALSIFIX : *Tragopogon.* (Composée.)

1. **S. des prés** : *T. pratense.* Vulg. *barbe-de-bouc, bombarde.* Fl. solitaires, grandes, terminales et de

couleur jaune; calice un peu plus grand que la corolle; feuilles embrassantes, longues, lisses, pointues et tortillées : pl. alim. cult., méd., apéritive,
sudorifique et dépurative. *Prés.*

SAMOLE : *Samolus.* (Primulacée.)

1. **S. de Valerandus** : *S. valerandi.* Vulg. *mouron-
d'eau.* Fl. blanches, disposées en grappes droites et
terminales; elles ont une corolle en soucoupe, partagée en cinq découpures ovales-obtuses. *Lieux
aquatiques, bord des ruisseaux.*

SANICLE : *Sanicula.* (Ombellifère.)

1. **S. d'Europe** : *S. europæa.* Fl. blanches, fort petites et ramassées en ombellules globuleuses; les
rayons de l'ombelle universelle sont longs et communément au nombre de cinq, dont quatre sont
trifides à leur sommet et portent chacun trois ombelles partielles : pl. méd., très-vulnéraire, astringente et détersive. *Bois.*

SAPONAIRE : *Saponaria.* (Cariophyllée.)
Vulg. *savonaire.*

A. *Calice à cinq angles*, 1.
B. *Calice cylindrique*, 2.

1. **S. des vaches** : *S. vaccaria.* Fl. rouges, petites,
disposées en niveau ou en espèce de corymbe; elles
sont remarquables par leurs calices à 5 angles très-
saillants et verdâtres. *Champs de blés, moissons.*

2. **S. officinale** : *S. officinalis.* Fl. terminales, d'une
odeur assez agréable et disposées en bouquet semblables à une ombelle; elles sont blanches, ou
quelquefois un peu rougeâtres vers leur sommet;
leur calice est cylindrique : pl. méd., amère, dépurative, sudorifique et diurétique; elle contient un
principe savonneux qui la rend propre à détacher

le linge et les étoffes. *Bord des champs, des haies et des vignes.*

SARRÈTE : *Serratula.* (Composée.)

1. **S. des teinturiers** : *S. tinctoria.* Fl. terminales, purpurines, ou blanches dans une variété; les folioles de l'involucre sont un peu rougeâtres, légèrement cotonneuses sur le bord; les poils de l'aigrette sont jaunâtres : le suc de cette plante fournit une teinture jaune fort belle. *Bois et prés couverts.*

SAUGE : *Salvia.* (Labiée.)

A. *Bractées larges, colorées et plus longues que les calices,* 1.

B. *Bractées non colorées et plus courtes que les calices,* 2.

1. **S. sclarée** : *S. sclarea.* Vulg. *orvale, toute-bonne.* Fl. bleuâtres, disposées en épi garni de bractées concaves, dont les supérieures ont une couleur violette : pl. méd., stimulante, sudorifique, sternutatoire et stomachique, d'une odeur forte et pénétrante; elle communique au vin le goût de muscat. *Lieux chauds et arides.*

2. **S. des prés** : *S. pratensis.* Fl. fort grandes, ordinairement de couleur bleue, au nombre de 5 à 6 par verticille et disposées en un bel épi allongé et terminal; la lèvre supérieure de la corolle est en faucille et laisse paraître le style qui forme à son extrémité une grande saillie; il y en a une variété à fleurs blanches; cette espèce a des propriétés analogues à celles de la précédente. *Prés, lieux secs.*

SAULE : *Salix.* (Amentacée.)

Les fleurs sont dioïques ou très-rarement monoïques, et ont une à cinq étamines (ordinairement deux): elles sont disposées en chatons ovoïdes ou cylindriques, terminaux ou latéraux, naissant avant, après ou avec les feuilles.

29*

Le genre des saules est peu connu parcequ'il réunit toutes les difficultés que la distinction des plantes peut présenter : 1° ces arbres sont dioïques, de sorte que la connaissance d'un seul individu ne complète pas celle de l'espèce. 2° Les fleurs naissent souvent à des époques différentes des feuilles. 3° Les feuilles offrent peu de variétés dans leur forme et leur division. 4° Les saules naissent facilement de bouture, cause fréquente de variétés. 5° La culture change entièrement leur port, etc., etc. Les caractères qu'offrent les chatons femelles sont sujets à moins de variations que toutes les autres parties; on doit surtout observer si les capsules sont glabres ou velues.

Il y a un grand nombre d'espèces de saules, dont nous ne donnons ci-dessous que les principales.

A. *Feuilles glabres, garnies de stipules.*

B. *Feuilles glabres, dépourvues de stipules, et dont plusieurs sont opposées : fleurs à une étamine.*

C. *Feuilles glabres, dépourvues de stipules et toutes alternés : fleurs ayant plus d'une étamine.*

D. *Feuilles velues, même dans leur parfait développement.*

A {
Feuilles dont la longueur est au plus double de la largeur, 1.

Feuilles dont la longueur égale trois ou quatre fois la largeur : stipules larges et dentées : fleurs à deux étamines : écorce noirâtre ou purpurine, 2.

Feuilles dont la longueur égale trois ou quatre fois la largeur : stipules assez petites : fleurs à trois étamines : écorce d'un jaune brun, 3.
}

B {
Feuilles bleuâtres et dont les supérieures sont opposées, 4.

Feuilles vertes : les supérieures sont alternes, 5.
}

C {
Feuilles ayant au moins un pouce de large, 6.

Feuilles ayant à peu près six lignes de large, 7.
}

D. {
Feuilles arrondies et n'étant pas deux fois plus longues que larges, 8.

Feuilles très-allongées et très-sensiblement dentées : arbre élevé, 9.

Feuilles très-allongées et presque entières : arbrisseau d'une hauteur médiocre, 10.
}

1. **S. fragile** : *S. fragilis.* Arbre à rameaux nombreux, fragiles à leur articulation ; ses feuilles sont un peu velues dans leur jeunesse seulement, d'un vert presque égal sur les 2 surfaces ; les fleurs naissent après ou avec les premières feuilles ; les écailles sont jaunâtres et velues ; les chatons mâles, longs de 2 à 3 po., paraissent avant les femelles qui sont plus longs ; capsules glabres. *Bord des ruisseaux, fleuves et rivières.*

2. **S. amandier** : *S. amygdalina.* Arbre médiocre, à rameaux très-flexibles revêtus d'une écorce noirâtre ou purpurine ; chatons courts, paraissant après les feuilles ; capsules glabres : les vanniers l'emploient pour des ouvrages grossiers. *Lieux humides.*

3. **S. à trois étamines** : *S. triandra.* Arbrisseau à écorce glabre, d'un vert gris ou jaunâtre, quelquefois tachetée sur les jeunes branches ; les chatons paraissent après les feuilles et ne dépassent pas 18 li. de longueur : les écailles des femelles sont d'un vert-jaunâtre ; capsules glabres ; ce saule est aussi employé par les vanniers, comme le précédent. *Bord des fleuves et rivières, dans les lieux sablonneux.*

4. **S. à une étamine** : *S. monandra.* Arbrisseau à rameaux droits, luisants, d'abord rouges, puis jaunes : les chatons souvent opposés, sont sessiles, ovales-cylindriques, courts, cotonneux et naissent avant les feuilles ; capsules velues ; les rameaux servent à faire des paniers *Lieux humides, bord des eaux.*

5. **S. pourpré** : *S. purpurea*. Vulg. *osier-des-tonneliers*. Ce n'est qu'une variété du précédent (fl. fr.), et qui n'en diffère que par les feuilles : les tonneliers s'en servent pour les cercles des tonneaux, et les vignerons pour attacher la vigne. *Mêmes lieux.*

6. **S. à cinq étamines** : *S. pentandra*. Ce saule abonde en caractères distinctifs; c'est un grand arbrisseau entièrement glabre et visqueux sur les feuilles et les jeunes pousses; les chatons naissent après les feuilles; ils sont cylindriques et longs de 18 à 24 li.; les écailles sont brunes; les capsules sont glabres, un peu visqueuses et terminées par un bec allongé et comprimé. *Bord des ruisseaux, sur les hautes montagnes.*

7. **S. jaune** : *S. vitellina*. Vulg. *osier-jaune*. Arbre remarquable par la belle couleur jaune de ses jeunes branches, des pétioles et des nervures de ses feuilles, et même des écailles de ses chatons, qui sont cylindriques et naissent après les feuilles; les capsules sont glabres : on le voit rarement fleurir, parcequ'on coupe chaque année ses branches et qu'on l'empêche de grandir; il ressemble beaucoup au saule blanc; on le cultive parceque ses branches souples et menues sont propres à faire des liens, des paniers, etc. *Fossés, lieux humides.*

8. **S. marceau** : *S. capræa*. Arbuste dont le tronc est cendré, légèrement fendillé, et dont les rameaux sont d'un vert jaunâtre ou cendré; les chatons naissent avant les feuilles; les mâles sont ovoïdes, épais, odorants, longs de 2 po. à 2 po. 1/2, à écailles soyeuses; les femelles sont oblongs; les capsules velues : il y a plusieurs variétés de cette espèce; ses jeunes branches servent à faire des paniers. *Collines sèches.*

9. **S. blanc** : *S. alba*. Arbre à écorce grise, gercée,

un peu rude ; celle des rameaux lisse, verdâtre ;
les chatons naissent un peu après les feuilles ; les
mâles sont longs de 2 po. 1/2 à 3 po. ; les capsules
glabres, un peu ventrues à leur base. On cultive ce
saule soit comme bois de chauffage, soit pour faire
des cercles de tonneaux, etc. ; l'écorce et les feuilles
sont astringentes et fébrifuges : il y en a une variété
à chatons monoïques. *Bois, routes, villages, etc.*

10. **S. à longues feuilles** : *S viminalis.* Arbrisseau
à écorce brune ou verte ; les chatons naissent avant
les feuilles ; ils sont sessiles, rapprochés, ovales-
oblongs ; capsules velues : ce saule offre diverses variétés quant à la couleur de son bois, aussi porte-t-il
les noms d'*osier-blanc, osier-noir, osier-vert ;* ses branches servent à faire des liens. *Lieux humides.*

SAXIFRAGE : *Saxifraga.* (Saxifragée.)
A. *Feuilles inférieures arrondies et crénelées, 1.*
B. *Feuilles inférieures allongées et trifides, 2.*

1. **S. granulée** : *S. granulata.* Fl. assez grandes,
terminales et de couleur blanche, à calices et pédoncules chargés de poils courts et visqueux ; les
petits grains qui naissent sur la racine sont ovoïdes
et ressemblent à ceux des chapelets ; ils sont apé-
ritifs et diurétiques. *Prés secs, bord des bois.*

2. **S. à trois doigts** : *S. tridactylites.* Fl. blanches,
petites, terminant la tige et les rameaux. *Champs,
toits, vieux murs.*

SCABIEUSE : *Scabiosa.* (Dipsacée.)

Les corolles sont généralement monopétales,
à 4 ou 5 lobes inégaux et à double calice.

A. *Réceptacle des fleurs seulement velu et dépourvu de
paillettes.*
B. *Réceptacle des fleurs chargé de paillettes.*

A. { *Feuilles de la tige pinnatifides*, 1.
    { *Toutes les feuilles simples*, 2.

B. { *Toutes les feuilles simples*, 3.
    { *Feuilles de la tige multifides*, 4.

1. **S. des champs** : *S. arvensis.* Fl. d'un bleu rou-geâtre, terminales; les fleurettes de la circon-férence sont plus grandes que celles du centre : pl. méd., cordiale, vulnéraire et sudorifique; il y en a plusieurs variétés, dont une à feuilles presque toutes entières et non découpées. *Champs, prés, bord des chemins.*

2. **S. des bois** : *S. sylvatica.* Fl. grandes, terminales, d'un bleu rougeâtre, et ressemblant à celles de la précédente; les feuilles sont traversées par une ner-vure blanche. *Bois des montagnes.*

3. **S. succise** : *S. succisa.* Vulg. *mors-du-diable*, par-ceque sa racine est comme rongée à son extrémité; fleurs bleues, terminales, souvent au nombre de trois, et formant des têtes légèrement convexes; les fleurettes ne sont point inégales entr'elles : pl. méd., sudorifique et vulnéraire. *Bois, collines sèches.*

4. **S. colombaire** : *S. columbaria.* Les fleurs d'un bleu cendré, sont portées sur des pédoncules nus et fort longs; les fleurettes extérieures sont plus grandes que celles du centre; il y en a plusieurs va-riétés. *Lieux secs et montueux, prés et moissons.*

SCANDIX : *Scandix.* (Ombellifère.)

A. *Semences étant au moins six fois plus longues que larges*, 1.

B. *Semences velues n'étant pas six fois plus longues que larges*, 2.

1. **S. peigne-de-Vénus** : *S. pecten veneris.* Vulg. *aiguille-de-berger.* Fl. petites, blanches, irrégulières et formant des ombelles peu garnies; fruits termi-

nés chacun par une corne comprimée, très-longue, imitant une aiguille ou une dent de peigne. *Champs, parmi les blés.*

2. **S. à fruits courts** : *S. anthriscus.* Maintenant *caucalide à feuilles de cerfeuil.* (Fl. fr.) Cette plante ressemble beaucoup au cerfeuil cultivé; fl. blanches, très-petites, presque régulières; leurs ombelles sont la plupart latérales et formées par 4 ou 6 rayons filiformes; fruits ovoïdes, d'un vert foncé, hérissés de pointes raides et crochues; le vulgaire confond cette espèce avec la ciguë. *Haies, bord des champs.*

SCILLE : *Scilla.* (Liliacée.)

Vulg. *jacinthe.*

A. *Feuilles filiformes n'ayant pas une ligne de large,* 1.

B. *Feuilles planes et larges de deux ou trois lignes.*

B. { *Plante n'ayant que deux ou trois feuilles,* 2.
{ *Plante ayant plus de trois feuilles,* 3.

1. **S. d'automne** : *S. autumnalis.* Hampe grêle; fleurs petites, bleues ou purpurines, et un peu disposées en corymbe, avec une bractée sous chaque pédicelle. *Prés et champs.*

2. **S. à deux feuilles** : *S. bifolia.* Fl. d'un beau bleu, au nombre de 4 à 10, disposées en grappe lâche, dépourvues de bractées et composées de six segments ouverts en étoile; il y en a une variété à fleurs blanches et une autre à fleurs violettes. *Bois, lieux couverts, pâturages.*

3. **S. fausse-jacinthe** : *S. lilio-hyacinthus.* Hampe chargée à son sommet de plusieurs fleurs bleues, ouvertes en étoile, avec une bractée sous chaque pédicelle. *Bois.*

SCIRPE : *Scirpus.* (Cypéracée.)

A. *Tiges capillaires : fleurs terminales.*

B. *Tiges cylindriques et non capillaires, terminées par un seul épi.*

C. *Tiges cylindriques et non capillaires, terminées par plusieurs épis*, 5.

D. *Tiges cylindriques : fleurs latérales.*

E. *Tiges triangulaires.*

A. { *Tiges simples*, 1.
   { *Tiges rameuses et flottantes*, 2.

B. { *Tiges hautes de six pouces ou plus*, 3.
   { *Tiges n'ayant pas plus de quatre pouces de haut*, 4.

D. { *Tiges capillaires, hautes de deux à trois pouces : épillets un peu pédonculés*, 6.
   { *Tiges non capillaires, hautes de quatre à six pouces : épillets tout-à-fait sessiles*, 7.

E. { *Ombelle dont les rayons sont simples*, 8.
   { *Ombelle dont les rayons sont composés*, 9.

1. **S. épingle** : *S. acicularis*. Tiges très-grêles, hautes de 2 à 5 po.; épis terminaux, solitaires, oblongs, verdâtres ou panachés de brun, et composés d'un petit nombre de fleurs : cette plante forme des gazons très-fins. *Bord des étangs, lieux humides.*

2. **S. flottant** : *S. fluitans*. Tiges grêles, flasques, longues lorsque la plante flotte sur l'eau, plus courtes lorsqu'elle croît sur la terre; épi ovale, court, solitaire, terminal, blanchâtre. *Mares, étangs, lieux fangeux.*

3. **S. des marais** : *S. palustris*. Tiges ordinairement d'un à 2 pi., en touffe; épi terminal, oblong, pointu, droit, presque toujours solitaire, à écailles blanchâtres, marquées de deux bandes brunes longitudinales; fleurs au nombre de 10 à 30 : il y a plusieurs variétés de cette plante, toutes de hauteurs très-différentes, depuis quelques pouces jusqu'à 2 ou 3 pi. *Marais, fossés desséchés, etc.*

4. **S. de Sologne** : *S. soloniensis.* (Dub.) Tiges nombreuses, réunies en gazon, un peu couchées et

hautes de 3 à 4 po.; épi terminal, conique, long de
2 à 3 li.; les écailles qui séparent les fleurs portent
une raie verte sur le dos lorsque la plante est jeune,
et deviennent ensuite rousses. *Bois.*

5. **S. des lacs** : *S. lacustris.* Vulg. *jonc-des-tonneliers.*
Tiges de 3 à 6 pi.; épillets roussâtres et tournés souvent du même côté; écailles brunes, scarieuses; ce
scirpe sert aux tonneliers et aux tourneurs, qui le
mêlent avec la paille des chaises. *Lacs, étangs, rivières.*

6. **S. en forme de crin** : *S. setaceus.* Tiges de 2 à
3 po., grêles et fines comme des soies; épis naissant
2 ou 3 ensemble au sommet de la tige; épillets presque sessiles; écailles brunes, avec la nervure du
milieu verte. *Bord des étangs et des fleuves.*

7. **S. couché** : *S. supinus.* Cette espèce, qu'on a
quelquefois réunie à la précédente, en diffère parcequ'elle est deux fois plus grande dans toutes ses
parties et que ses épillets sont tout-à-fait sessiles.
Mêmes lieux.

8. **S. maritime** : *S. maritimus.* Cette plante a entièrement le port des souchets; sa tige est haute
d'un à 3 pi.; ses épillets sont assez gros, ovales-coni-
ques, d'un brun roussâtre, barbus à leur extrémité, et disposés par paquets de 3 à 7 au sommet
de chaque pédoncule. *Marais, bord des eaux.*

9. **S. des bois** : *S. sylvaticus.* Tige de 18 po., terminée supérieurement par une panicule ombelliforme et très-rameuse; épillets ovales, très-nombreux, extrêmement petits, d'un vert sale ou roussâtre, et ramassés 2 à 5 ensemble au sommet des
divisions des pédoncules. *Bois, lieux humides et couverts.*

30.

SCOLYME : *Scolymus*. (Composée.)

1. **S. taché** : *S. maculatus*. Fl. jaunes, petites, et dont les anthères sont d'un brun rougeâtre ; graines sans aigrettes, feuilles épineuses, souvent tachées de bandes blanches. *Bord des champs.*

SCORZONÈRE : *Scorzonera*. (Composée.)

A. *Feuilles laciniées ou sinuées.*

B. *Feuilles entières ou dentées, mais nullement sinuées.*

A. {
    Pédoncules garnis de petites écailles membraneuses : calices n'ayant aucune dent à leur base, 1.
    Pédoncules dépourvus d'écailles membraneuses : calices ayant à leur base une dent rejetée en dehors, 2.
}

B. {
    Tige presque nue, ne portant qu'une ou deux fleurs : feuilles très-étroites et presque linéaires, 3.
    Tige presque nue, ne portant qu'une ou deux fleurs : feuilles lancéolées et élargies, 4.
    Tige feuillée et pluriflore, 5.
}

1. **S. d'automne** : *S. autumnale*. Maintenant *liondent-d'automne*, (fl. fr.). Fleurs jaunes, portées sur des pédoncules nus, écailleux, et un peu renflés sous le calice ; aigrette sessile, mais plumeuse. *Bord des chemins et des champs.*

2. **S. paucifide** : *S. laciniata*. Maintenant *podosperme-découpé*, (fl. fr.). Fl. jaunes et terminales ; les écailles du calice sont remarquables par une petite dent située un peu au-dessous de leur extrémité et rejetée en dehors. *Bord des champs.*

3. **S. à feuille étroite** : *S. angustifolia*. Tige simple, presque nue, terminée par une seule fleur jaune, rougeâtre en dehors. *Bois, rochers.*

4. **S. humble** : *S. humilis*. Fl. jaunes ; les folioles de l'involucre sont un peu laineuses. *Prés secs, bois.*

5. **S. d'Espagne** : *S. hispanica*. Vulg. *salsifix-d'Espagne*. Sa tige, branchue vers le sommet, porte 5 à

6 fleurs jaunes, solitaires et terminales; pl. cult.,
alim., méd., cordiale, sudorifique et stomachique.
Prés du Midi.

SCROPHULAIRE : *Scrophularia.* (Personnée).

A. *Feuilles ailées et très-incisées ,* 1.

B. *Feuilles crénelées , ayant à leur base deux oreilles en
forme d'ailes ,* 2.

C. *Feuilles simples et dentées ,* 3.

1. **S. canine** : *S. canina.* Fl. terminales, de couleur
purpurine et noirâtre; elles forment une espèce de
grappe ou de panicule nue et étroite : ces fleurs
sont petites, portées deux ou trois sur chaque pédoncule, et remarquables par leur pistil et deux de
leurs étamines qui font une saillie hors de la corolle : il y en a plusieurs variétés. *Lieux secs ou gra-
veleux, bord des torrents.*

2. **S. aquatique** : *S. aquatica.* Vulg. *herbe-au-siége,
bétoine-aquatique.* Fl. rougeâtres et de couleur ferrugineuse, formant une grappe interrompue et
terminale; odeur forte et désagréable; on la nomme
herbe-au-siége, parceque pendant une partie du siége
de la Rochelle on n'employait que cette plante pour
guérir tous les blessés; sa racine et ses feuilles sont
résolutives, très-émollientes et vulnéraires. *Bord
des eaux vives.*

3. **S. noueuse** : *S. nodosa.* Vulg. *grande-scrophulaire.*
Fl. d'une couleur purpurine-noirâtre, disposées en
une espèce de grappe rameuse et terminale; odeur
fétide; racine noueuse; pl. méd., résolutive, tonique, sudorifique et vermifuge. *Lieux couverts, bois,
haies.*

SÉDUM : *Sedum.* (Crassulacée.)
Vulg. *orpin.*

A. *Feuilles ayant environ un pouce de large*, 1.

B. *Feuilles étroites : fleurs blanchâtres.*

C. *Feuilles étroites : fleurs jaunes.*

B. { *Feuilles cylindriques et arrondies*, 2.
   { *Feuilles planes*, 3.

C. { *Tige droite ayant à peine quatre pouces de haut*, 4.
   { *Tige ayant plus de quatre pouces de haut, et dont*
   { *l'extrémité est penchée avant l'épanouissement*
   { *des fleurs*, 5.

1. **S. reprise** : *S. telephium.* Vulg. *joubarbe-des-vignes.*
Fl. purpurines ou blanchâtres, disposées en corymbe
serré et terminal; pl. méd., anodine, rafraîchissante, vulnéraire et résolutive. *Vignes, bois, lieux
pierreux.*

2. **S. blanc** : *S. album.* Vulg. *trique-madame, joubarbe-blanche.* Fl. d'un blanc de lait, avec les anthères
purpurines, et disposées en cime rameuse qui imite
un corymbe; pl. cult., méd., astringente, rafraîchissante ; on la mange en salade. *Vieux murs, lieux
secs et pierreux.*

3. **S. faux-ognon** : *S. cepæa.* Fl. petites, nombreuses, blanchâtres et disposées en une panicule qui
s'allonge en manière de grappe droite. *Lieux pierreux et couverts, coteaux, pied des murs.*

4. **S. âcre** : *S. acre.* Vulg. *orpin-brûlant, poivre-des-
murs.* Fl. d'un jaune vif, sessiles le long des rameaux de la cime; celle-ci se divise le plus souvent
en trois branches : pl. vén., méd., émétique,
purgative et anti-scorbutique. *Vieux murs, lieux
secs exposés au soleil.*

5. **S. réfléchi** : *S. reflexum.* Fl. jaunes, terminales,
portées sur de courts pédoncules, et disposées en
une espèce de corymbe rameux, un peu serré, et
dont les côtés sont quelquefois recourbés ou con-
tournés. *Murs, bois, lieux secs.*

SEIGLE : *Secale.* (Graminée.)

1. **S. cultivé** : *S. cereale.* Fl. verdâtres, en épi un peu grêle et chargé de barbes assez longues ; épillets biflores : la farine de seigle fait un pain nourrissant, mais un peu lourd ; elle est émolliente, résolutive et détersive ; la paille sert à couvrir les toits, à faire des liens, des nattes, des chaises, des corbeilles, etc. ; *l'ergot du seigle,* qui est une petite corne d'un brun violet, qu'on trouve quelquefois sur les épis, est un poison dangereux. *Cult. originaire de l'Asie.*

SÉLIN : *Selinum.* (Ombellifère.)

A. *Folioles des feuilles lancéolées et de couleur glauque,* 1.

B. *Folioles des feuilles cunéiformes, incisées et d'un vert obscur,* 2.

C. *Folioles des feuilles nombreuses, petites : collerette universelle nulle, ou à une seule foliole,* 3.

1. **S. des cerfs** : *S. cervaria.* Fl. blanches, disposées en ombelles terminales, à 8 ou 10 rayons ; collerette générale à 6 ou 8 folioles lancéolées ; fruits glabres. *Lieux pierreux des montagnes, forêts, etc.*

2. **S. de montagne** : *S. oreoselinum.* Fl. blanches, en ombelles terminales assez garnies : collerette générale à 8 ou 10 folioles linéaires, pointues, étalées ou réfléchies : la racine est incisive, diurétique et sudorifique. *Bois et lieux montagneux.*

3. **S. à feuilles de carvi** : *S. carvifolia.* Fl. blanches, régulières, et formant au sommet de la tige et des rameaux des ombelles évasées et assez garnies ; collerette générale nulle ou à une seule foliole ; fruit comprimé, ailé. *Bois humides, prés, au pied des montagnes.*

SENEÇON : *Senecio.* (Composée.)

A. *Fleurs flosculeuses,* 1.

30*

B. *Fleurs radiées, dont les demi-fleurons sont extrême-*
ment courts.

C. *Fleurs radiées, dont les demi-fleurons sont longs de*
plusieurs lignes et non repliés sur eux-mêmes.

B. $\begin{cases} \textit{Plante très-visqueuse, 2.} \\ \textit{Plante nullement visqueuse, 3.} \end{cases}$

C. $\begin{cases} \textit{Feuilles multifides et à découpures linéaires, 4.} \\ \textit{Feuilles seulement pinnatifides, mais velues et blan-} \\ \quad \textit{châtres : l'extrémité des écailles calicinales tire} \\ \quad \textit{sur le rouge, 5.} \\ \textit{Feuilles vertes et seulement pinnatifides : l'extré-} \\ \quad \textit{mité des écailles calicinales est noire, 6.} \end{cases}$

1. **S. commun** : *S. vulgaris.* Fl. jaunes, sans couronne, cylindriques, éparses et un peu pendantes;
pl. méd., émolliente et résolutive. *Lieux cultivés.*

2. **S. visqueux** : *S. viscocus.* Toute la partie supérieure de la plante est garnie d'une humeur visqueuse et un peu odorante; ses fleurs sont petites,
terminales et d'un jaune pâle; les demi-fleurons
sont très-petits, roulés en dehors et quelquefois
nuls. *Lieux montagneux, bord des bois.*

3. **S. des bois** : *S. sylvaticus.* Plante inodore et nullement visqueuse, à fleurs cylindriques, jaunes,
petites, disposées en corymbe droit et terminal; les
demi-fleurons sont très-petits et roulés en dehors.
Bois peu touffus.

4. **S. à feuilles d'aurone** : *S. abrotanifolius.* Le haut
de la tige est presque nu et porte une, deux ou
trois fleurs pédonculées, un peu écartées, d'un
jaune doré, de 18 à 24 li. de diamètre; leur involucre est court, hémisphérique; les demi-fleurons
ont le limbe allongé, étalé, terminé par 5 dents.
Lieux montagneux.

5. **S. à feuilles de roquette** : *S. erucæfolius.* Les

tiges sont droites, cotonneuses; les fleurs forment un corymbe terminal, très-semblable à celui de la jacobée; leur involucre est hémisphérique. *Lieux montagneux, bois taillis, bord des fossés, etc.*

6. **S. jacobée** : *S. jacobæa.* **Vulg.** *jacobée, herbe-de-Saint-Jacques.* Fl. jaunes, nombreuses, disposées en corymbe terminal; l'involucre est sillonné, court et cylindrique; les demi-fleurons sont oblongs, terminés par 3 dents, d'abord planes, puis roulés en dessous : pl. méd., vulnéraire, détersive, émolliente; il y en a plusieurs variétés. *Prés, chemins, lieux pierreux.*

SÉSÉLI : *Seseli.* (Ombellifère.)

1. **S. élevé** : *S. elatum.* Fl. blanches, rougeâtres avant leur épanouissement, et formant des ombelles nombreuses qui ont à peine un po. de diamètre. *Lieux montagneux, bord des bois.*

SHÉRARDE : *Sherardia.* (Rubiacée.)

1. **S. des champs** : *S. arvensis.* Fl. bleuâtres ou purpurines, terminales et ramassées en ombelle; celle-ci est garnie d'une collerette en étoile, à folioles glabres. *Champs.*

SILENÉ : *Silene.* (Cariophyllée.)

A. *Fleurs blanches,* 1.

B. *Fleurs rouges, réunies en faisceau, et dont le calice est très-étroit dans sa partie inférieure,* 2.

C. *Fleurs rougeâtres, dont le calice est plus large à la base qu'à son extrémité.*

C. { *Pétales échancrés à leur sommet,* 3.
{ *Pétales entiers ou peu échancrés,* 4.

1. **S. penché** : *S. nutans.* Fl. penchées ou pendantes, disposées en panicule lâche sur des pédoncules communs opposés; leur corolle est blanche, quelquefois

rougeâtre en dehors, et ses pétales sont à moitié bifides. *Bord des bois et des vignes, prés secs, etc.*

2. **S. arméria** : *S. armeria.* Vulg. *attrape-mouche.* Fl. rougeâtres, terminales et disposées par faisceaux, dont la réunion forme une espèce de corymbe; les pétales sont entiers ou échancrés, ordinairement roses, blancs dans une variété; l'extrémité de la tige est visqueuse. *Bois pierreux du Midi.*

3. **S. conique** : *S. conica.* Fl. rougeâtres, oblongues, terminales et remarquables par leur calice conique, pointu, chargé de 30 stries et à 5 dents profondes; les pétales sont couleur de rose et bifides au sommet de leur limbe. *Lieux sablonneux, moissons.*

4. **S. conoïde** : *S. conoidea.* Cette espèce ressemble beaucoup à la précédente; mais elle en est certainement distincte par ses pétales moins échancrés, souvent entiers; fleurs rougeâtres. *Bord des champs, lieux sablonneux.*

SISYMBRE. *Sisymbrium.* (**Crucifère.**)
Voyez aussi *cresson* et *vélar*.

A. *Tiges couchées.*

B. *Tiges droites : siliques ayant à peine six lignes de long.*

C. *Tiges droites : siliques ayant plus de six lignes de long.*

A. { *Lobe terminal des feuilles très-obtus*, 1.
{ *Lobe terminal des feuilles pointu*, 2.

B. { *Toutes les feuilles pinnatifides; leurs découpures sont lancéolées et dentées : tiges ayant à peine dix ou douze pouces de haut : siliques cylindriques*, 3.

Plusieurs feuilles entières et très-obtuses : tiges ayant à peine un pied : siliques presque globuleuses, 4.

Plusieurs feuilles entières; les autres ont des découpures linéaires : tiges hautes de deux ou trois pieds, 5.

C. {
Feuilles plusieurs fois ailées , 6.
Feuilles seulement pinnatifides : fleurs étant à peine plus grandes que les calices , 7.
Feuilles seulement pinnatifides : fleurs fort belles, beaucoup plus grandes que les calices , 8.
}

1. **S. des vignes** : *S. vimineum.* Cette plante est fort petite ; les fleurs sont jaunes et extrêmement petites ; les pétales dépassent à peine le calice. *Vignes, murailles, lieux arides.*

2. **S. sauvage** : *S. sylvestre.* Fl. d'un jaune doré, disposées en grappes, qui à la fin de la floraison sont longues et flexueuses ; le calice est coloré. *Marais, bord des rivières et des ruisseaux.*

3. **S. des marais** : *S. palustre.* Fl. d'un jaune pâle, disposées en grappes qui s'allongent à la maturation ; les pétales sont plus courts que le calice. *Lieux humides ou inondés.*

4. **S. amphibie** : *S. amphibium.* (Variété terrestre.) Fl. jaunes, disposées en grappes, qui s'allongent pendant la floraison ; pétales plus longs que le calice. *Bord des rivières, des ruisseaux et des étangs.*

5. **S. aquatique** : *S. aquaticum.* (Dub.) Ce n'est, je crois, que la variété aquatique du précédent, qui n'en diffère que par la taille et les feuilles. *Mares et fossés pleins d'eau.*

6. **S. sagesse** : *S. sophia.* Vulg. *talictron, sagesse-des-chirurgiens.* Fl. extrêmement petites et jaunâtres, en grappes terminales ; pétales moins longs que le calice ; pl. vulnéraire, astringente, vermifuge et fébrifuge. *Murs, décombres, lieux incultes.*

7. **S. irio** : *S. irio.* Fl. jaunes, disposées en grappes nombreuses qui s'allongent après la floraison ; calice

jaunâtre ; pl. méd., antiscorbutique et pectorale. *Bord des chemins, lieux cultivés, etc.*

8. S. à feuilles menues : *S. tenuifolium.* Vulg. *sisymbre-brûlant.* Fl. jaunes, assez grandes, terminales ; pl. anti-scorbutique, extrêmement âcre et brûlante. *Lieux incultes, murs, etc.*

SOLIDAGE : *Solidago.* (Composée.)

1. S. verge-d'or : *S. virgaurea.* Vulg. *verge-d'or.* Tige de 2 à 3 pi., portant à son sommet de belles grappes de fleurs jaunes, dont les demi-fleurons sont très-écartés ou en petit nombre : il y en a plusieurs variétés ; pl. méd., vulnéraire astringente, diurétique et apéritive. *Bois et lieux pierreux.*

SORBIER : *Sorbus.* (Rosacée.)

A. *Feuilles cotonneuses en dessous,* 1.

B. *Feuilles glabres des deux côtés,* 2.

1. S. domestique : *S. domestica.* Arbre à fleurs blanches, disposées en corymbe et remplacées par des fruits nommés *sorbes,* d'un rouge jaunâtre et semblables à de petites poires ; ces fruits sont astringents ; on en fait du cidre ; le bois est très-dur et estimé des menuisiers, des tourneurs et des mécaniciens. *Bois.*

2. S. des oiseleurs : *S. aucuparia.* Arbre à fleurs blanches, disposées en corymbe sur des pédoncules rameux ; fruits d'un beau rouge, qui attirent les oiseaux pendant l'hiver. *Bois, cult.*

SOUCHET : *Cyperus.* (Cypéracée.)

A. *Tige n'ayant pas plus de huit pouces de haut.*

B. *Tige ayant au moins un pied de haut,* 3.

A. { *Épillets bruns,* 1.
{ *Épillets jaunâtres,* 2.

1. S. brun : *C. fuscus.* Cette plante ressemble beaucoup à la suivante, mais elle a les épillets noirâtres, petits, étroits et presque linéaires. *Lieux humides et aquatiques.*

2. **S. jaunâtre** : *C. flavescens.* Tiges nombreuses, disposées en gazon, portant chacune à leur sommet une panicule ou une ombelle composée de quelques pédoncules inégaux qui soutiennent chacun 5 à 10 épillets sessiles, ramassés, lancéolés et jaunâtres. *Prés humides.*

3. **S. long** : *C. longus.* Vulg. *souchet-odorant.* Tige d'un à 3 pi.; épillets extrêmement petits, linéaires, pointus et roussâtres; la collerette a trois de ses feuilles fort longues : la racine a une odeur de violette; elle est amère, stomachique, diurétique, tonique et sudorifique. *Marais, lieux humides.*

Le célèbre *papyrus, jonc-du-nil,* ou *souchet-à-papier,* n'est qu'une espèce de ce genre; les égyptiens en faisaient du papier, de petites barques, des corbeilles, des voiles, des nattes, etc. On croit même que ce fut dans une corbeille de papyrus, enduite de bitume, que Moïse fut exposé sur les eaux, et trouvé par la fille de Pharaon.

SOUCI : *Calendula.* (Composée.)

1. **S. des champs** : *C. arvensis.* Fl. jaunes, terminales; écailles de l'involucre aiguës et disposées sur 2 rangs; pl. méd., apéritive, sudorifique et antispasmodique; on mange les feuilles en salade. *Champs et vignes.*

SPARGOUTE : *Spergula.* (Cariophyllée.)

A. *Feuilles verticillées,* 1.

B. *Feuilles opposées,* 2.

1. **S. des champs** : *S. arvensis.* Fl. blanches, terminales, presque paniculées, et portées sur des pédoncules divergents et pendants après la floraison; on

en fait des prairies artificielles qui augmentent le lait des vaches et donnent le fameux beurre de spargoute. *Champs sablonneux.*

2. **S. fausse-sagine** : *S. saginoides.* Fl. blanches, à pétales plus courts que le calice, dont les folioles sont obtuses. *Bord des bois, lieux humides, etc.*

SPIRÉE : *Spiræa.* (Rosacée.)

1. **S. ulmaire** : *S. ulmaria.* Vulg. *reine-des-prés.* Fl. petites, nombreuses. de couleur blanche et ramassées au sommet de la tige en panicule un peu serrée; fruit à capsules torses, en spirale : pl. méd., vulnéraire astringente, tonique et sudorifique. *Prés humides,*

STATICE : *Statice.* (Plumbaginée.)

1. **S. arméria** : *S. armeria.* Hampe cylindrique, au sommet de laquelle se trouve une tête de fleurs serrées, blanches ou le plus souvent d'un rouge très-pâle, renfermées dans un involucre écailleux et à plusieurs rangs; gaine rousse et déchirée : il y en a plusieurs variétés cultivées sous le nom de *gazon-d'olympe. Plaine et collines arides.*

STELLAIRE : *Stellaria.* (Cariophyllée.)

A. *Pédoncules pluriflores.*

B. *Pédoncules uniflores ou biflores,* 3.

A. { *Corolle deux fois plus grande que le calice,* 1.
     Corolle dont la longueur surpasse très-peu celle du calice, 2.

1. **S. holostée** : *S. holostea.* Fl. grandes et de couleur blanche; les folioles du calice sont lisses, membraneuses sur les bords. *Bois, haies,*

2. **S. graminée** : *S. graminea.* Fl. blanches, assez petites, remarquables par leur calice à 3 nervures saillantes et par leurs pétales bifides au-delà de moitié; les panicules sont lâches, toujours terminales; les bractées sont scarieuses. *Prés, bord des bois.*

3. **S. aquatique** : *S. aquatica.* Fl. blanches, latérales, rarement solitaires, plus ordinairement disposées en petites panicules axillaires; les bractées
sont scarieuses ; le calice a ses folioles marquées de
3 nervures. *Marais, lieux humides.*

STELLÈRE : *Stellera.* (Thymelée.)

1. **S. passerine** : *S. passerina.* Vulg. *herbe-à-l'hirondelle.* Fl. d'un blanc jaunâtre, petites, axillaires,
sessiles, et ramassées 2 ou 3 ensemble dans chaque
aisselle, surtout les inférieures; les feuilles ressemblent à la langue d'un passereau, d'où lui vient son
nom. *Champs.*

STIPE : *Stipa.* (Graminée.)

1. **S. empennée** : *S. pennata.* Tiges de 18 po., droites,
grêles, feuillées et terminées par une panicule
étroite et pauciflore ; chaque fleur est chargée d'une
barbe longue de 6 à 8 po., plumeuse, blanche, et tor-
due en spirale dans sa partie inférieure. *Lieux secs,
montagneux et pierreux.*

Cette plante a pour congénère la *stipe tenace,*
connue généralement sous le nom de *sparte,* qui
croît en Espagne, et dont on fait ces beaux ouvrages
dits de *sparterie,* tels que tapis, corbeilles, nattes,
cordages, etc., si recherchés des anciens et des
modernes.

SUREAU : *Sambucus.* (Caprifoliacée.)

A. *Tige ligneuse.*

B. *Tige herbacée,* 1.

A. { *Fleurs en corymbe,* 2.
{ *Fleurs en grappe,* 3.

1. **S. yèble** : *S. ebulus.* Vulg. *sureau-nain.* Fl. blanches ou rougeâtres, et disposées en ombelle terminale; étamines violettes; fruits noirs : pl. méd.,

31.

purgative, sudorifique et résolutive. *Bord des che-*
mins et des fossés humides.

2. **S. noir** : *S. nigra.* Arbrisseau à fleurs blanches,
odorantes, petites, nombreuses, terminales et disposées en manière d'ombelle sur des pédoncules
particuliers, rameux ; fruits d'abord rouges et ensuite noirâtres : pl. méd., purgative, sudorifique
et résolutive : teinture violette. *Haies, lieux humides.*

3. **S. à grappes** : *S. racemosa.* Arbrisseau à fleurs
d'un blanc jaunâtre, terminales, disposées en grappes
ovales, presque droites ; fruits rouges. *Lieux mon-*
tagneux et autres.

TABOURET : *Thlaspi.* (Crucifère.)

A. *Plante ayant la silique triangulaire ou les feuilles*
　velues.

B. *Plante ayant la silique arrondie et les feuilles lisses.*

A. { *Silique triangulaire*, 1.
　　{ *Silique arrondie : feuilles velues*, 2.

B. { *Plante ayant une odeur d'ail, et dont la silique*
　　　est entourée d'un rebord large, 3.
　　{ *Plante inodore, dont la silique n'a qu'un rebord*
　　　médiocre, 4.

1. **T. bourse-à-pasteur** : *T. bursa-pastoris.* Fl.
blanches et fort petites ; elles sont toujours disposées
en corymbe, mais comme leur pédoncule com-
mun s'allonge, les siliques sont en grappe : pl. méd.,
vulnéraire astringente et fébrifuge ; il y en a plusieurs
variétés. *Champs et lieux cultivés.*

2. **T. des campagnes** : *T. campestre.* Fl. petites,
de couleur blanche, et disposées en grappes terminales ; les calices sont un peu rougeâtres à leur
sommet ; l'échancrure des siliques est très-petite.
Champs, moissons, prés.

3. **T. des champs** : *T. arvense.* Vulg. *monnoyère.*
Fl. blanches, assez petites et disposées en corymbe,
ou en grappes droites et terminales : silicules profondément échancrées au sommet. *Champs, lieux
cultivés.*

4. **T. enfilé** : *T. perfoliatum.* Les fleurs forment des
grappes d'abord serrées, ensuite très-allongées ; les
pétales sont blancs, très-petits, et cependant plus
grands que le calice ; silicule en forme de cœur
renversé. *Champs, pâturages pierreux.*

TAMME : *Tamus.* (Asparagée.)

1. **T. commun** : *T. communis.* Vulg. *sceau-de-notre-
dame.* Pl. dioïque, à tiges grimpantes ; fl. herbacées
ou d'un blanc jaunâtre ; les individus mâles sont
disposés en grappes très-allongées, lâches et axillaires ; les femelles en grappes courtes ; baies rouges :
pl. méd. ; sa racine est résolutive et vulnéraire,
bonne pour les contusions, ce qui l'a fait nommer
racine-de-femmes-battues. Haies et bois.

TANAISIE : *Tanacetum.* (Composée.)

1. **T. commune** : *T. vulgare.* Vulg. *barbotine.* Fl.
jaunes, nombreuses, en corymbes placés au sommet des tiges et des rameaux : pl. méd., tonique,
stomachique, sudorifique et fébrifuge, d'une odeur
forte ; on en retire une couleur verte. *Murs, lieux
pierreux, haies.*

THÉSION : *Thesium.* (Éléagnée.)

1. **T. à feuilles de lin** : *T. linophyllum.* Fl. petites,
herbacées, en petites grappes formant panicule ; il
y en a plusieurs variétés. *Collines, prés secs, bord
des bois.*

THYM : *Thymus.* (Labiée.)
Voyez aussi *mélisse.*

A. *Toutes les fleurs axillaires,* 1.

B. *Plusieurs fleurs en tête, ou en épi terminal,* 2.

1. **T. des champs** : *T. acinos.* Fl. rougeâtres ou purpurines, tachées de blanc en leur lèvre inférieure, et 5 ou 6 à chaque verticille ; leur calice est remarquable par les stries nombreuses et saillantes dont il est chargé. *Champs, lieux secs et pierreux.*

2. **T. serpollet** : *T. serpillum.* Vulg. *serpollet, thym-de-bergère.* Fl. disposées en épi court ou en manière de tête aux extrémités des branches ; elles sont d'un pourpre plus ou moins foncé, ou quelquefois tout-à-fait blanches ; leur calice est ordinairement coloré d'un pourpre presque violet : pl. méd., tonique, céphalique, stomachique et antispasmodique ; il y en a une variété remarquable par son odeur de citron. *Collines, bord des chemins secs.*

TILLEUL : *Tilia.* (Tiliacée.)

A. *Arbre de cinquante à soixante pieds ; feuilles d'environ dix-huit lignes à deux pouces de diamètre ,* 1.

B. *Arbre moins élevé ; feuilles plus larges , plus molles , plus velues ,* 2.

1. **T. à petites feuilles** : *T. microphylla.* Vulg. *tilleul-des-bois.* Fl. d'un blanc sâle, odorantes, disposées plusieurs ensemble sur un pédoncule rameux au sommet, adhérent à sa base avec une bractée oblongue et membraneuse, d'un vert jaunâtre ; le bois de tilleul est blanc et tendre ; on en fait quantité d'ouvrages légers de menuiserie et de sculpture ; on fait aussi des cordes avec la moyenne écorce : pl. méd., antispasmodique, cordiale, diurétique, etc. *Bois.*

2. **T. à grandes feuilles** : *T. platyphyllos.* Arbre moins élevé que le précédent, à feuilles d'environ un tiers plus grandes, à fleurs semblables, mais s'épanouissant un mois plutôt ; on le cultive sous le nom de *tilleul de Hollande. Bois.*

TOFIELDIE : *Tofieldia.* (Colchicacée.)

1. **T. des marais** : *T. palustris. (Narthèce caliculé,* Dub.) Tige de 4 à 8 po.; fleurs petites, verdâtres, portées sur de très-courts pédoncules et ramassées en épi terminal un peu interrompu. *Lieux humides des hautes montagnes.*

TOQUE : *Scutellaria.* (Labiée.)

A. *Feuilles lancéolées : fleurs bleues,* 1.
B. *Feuilles ovales : fleurs rouges,* 2.

1. **T. tertianaire** : *S. galericulata.* Fl. bleues ou violettes, 3 ou 4 fois plus longues que leur calice, disposées 2 à 2, et souvent tournées d'un même côté; on croit cette plante bonne pour la fièvre tierce, d'où lui vient son nom de *tertianaire;* elle fournit une teinture noire. *Bord des eaux.*

2. **T. naine** : *S. minor.* Les fleurs ressemblent à celles de la précédente par leur forme et leur disposition, mais elles sont plus petites et simplement rougeâtres; la lèvre inférieure de leur corolle est d'une couleur pâle et chargée communément de petits points bruns. *Bord des étangs.*

TORDYLE : *Tordylium.* (Ombellifère.)

1. **T. élevé** : *T. maximum.* Fl. blanches, les extérieures rougeâtres en dessous; fruits ovoïdes, comprimés, velus, garnis d'un rebord un peu renflé et rougeâtre. *Bord des champs, lieux incultes.*

TORMENTILLE : *Tormentilla.* (Rosacée.)

1. **T. droite** : *T. erecta.* Fl. nombreuses, petites, solitaires, en panicule, et de couleur jaune : pl. méd., vulnéraire astringente et cordiale; elle donne une teinture rouge. *Bord des bois et des chemins, près secs.*

31*

TRAGUS : *Tragus*. (Graminée.)

1. **T. en grappe** : *T. racemosus*. Tige de 7 à 8 po.,
feuillées, un peu coudées inférieurement ; épi grêle,
linéaire, lâche, et rougeâtre dans sa maturité. *Lieux
sablonneux.*

TRÈFLE : *Trifolium*. (Légumineuse.)
Voyez aussi *mélilot*.

A. *Fleurs blanches, très-peu nombreuses, disposées en
ombelle plutôt qu'en tête, et enveloppées après la floraison de filaments entrelacés qui s'enfoncent en terre,* 1.

B. *Fleurs d'un jaune soufré ou doré.*

C. *Fleurs rouges, dont la corolle est monopétale.*

D. *Fleurs blanchâtres, dont la corolle est polypétale et
le calice glabre.*

E. *Fleurs blanchâtres ou rougeâtres, portées sur des pédoncules assez longs : calice velu et corolle polypétale.*

F. *Fleurs blanchâtres ou rougeâtres, entièrement sessiles
ou portées sur des pédoncules fort courts : calice velu
et corolle polypétale.*

B. {
*Fleurs d'un jaune pâle, réunies en une tête de la
grosseur du doigt,* 2.
*Fleurs d'un jaune doré, réunies en une tête qui
n'a que deux lignes de diamètre,* 3.
}

C. {
Épis ayant environ deux pouces de long, 4.
*Têtes de fleurs ayant environ un pouce de long :
corolles d'un rouge pâle : feuilles ovales,* 5.
*Têtes de fleurs ayant environ un pouce de long :
corolle d'un beau rouge : feuilles lancéolées,* 6.
}

D. {
Folioles des feuilles tachées de blanc ou de brun, 7.
Folioles des feuilles sans taches, 8.
}

E. {
Feuilles glabres : tiges couchées, 9.
Feuilles velues et presque linéaires : tiges droites, 10.
Feuilles velues et ovales : tiges droites, 11.
}

F. {
Fleurs rougeâtres : dents du calice redressées, 12.
*Fleurs blanchâtres : dents du calice ouvertes, sur-
tout après la floraison,* 13.
}

1. **T. enterreur** : *T. subterraneum.* Pédoncules terminés par 3 ou 4 fleurs blanchâtres, munies d'un calice grêle ; elles sont d'abord droites, puis pendantes ; alors le pédoncule se recourbe vers la terre et y enfonce même un peu son sommet. *Pelouses, collines, bord des bois.*

2. **T. couleur d'ochre** : *T. ochroleucum.* Fl. d'un blanc jaunâtre, disposées en épis terminaux un peu velus, ovales ou arrondis ; la corolle est monopétale ; il y en a plusieurs variétés. *Bois et prés voisins.*

3. **T. étalé** : *T. procumbens.* Les fleurs sont jaunes et deviennent un peu brunes après la floraison ; elles sont disposées 15 ou 20 ensemble en un épi ovoïde ; l'étendard est large, persistant, sensiblement strié ou sillonné. *Bord des bois, prés secs et pierreux.*

4. **T. rouge** : *T. rubens.* Fl. pourpres, disposées en épis cylindriques ou oblongs, serrés, obtus ; leur calice est tout garni de poils longs et hérissés ; corolle monopétale. *Prés, bord des bois montagneux.*

5. **T. des prés** : *T. pratense.* Fl. d'un rouge pourpre, disposées en une tête arrondie et serrée ; corolle monopétale, à étendard un peu plus long que les ailes : les feuilles sont remarquables par une tache blanchâtre, en fer de flèche ; cette plante est cultivée pour la nourriture des bestiaux. *Prés.*

6. **T. des Basses-Alpes** : *T. alpestre.* Fl. purpurines, disposées en têtes serrées, globuleuses, solitaires ou géminées ; calice velu ; corolle monopétale. *Bord des chemins, prés voisins des bois.*

7. **T. rampant** : *T. repens.* Vulg. *trèfle-blanc, triolet.* Les fleurs sont d'un blanc décidé, et ne deviennent brunes ou un peu rougeâtres que lorsqu'elles se flé-

trissent ; leurs têtes ont l'apparence d'une ombelle dans leur développement parfait ; on observe une petite tache rouge de chaque côté de la base de la dent inférieure du calice. *Prés, pelouses, bord des chemins.*

8. **T. hybride** : *T. hybridum.* Vulg. *trèfle-bâtard.* Fl. blanches, comme le trèfle rampant, dont il diffère parcequ'il est ordinairement plus grand, que ses tiges sont ascendantes et que le calice n'est pas taché de rouge. *Prairies humides, lieux cultivés.*

9. **T. fraisier** : *T. fragiferum.* Fl. d'un rose pâle, disposées en tête hémisphérique ; après la fécondation, le calice se renfle beaucoup, se hérisse de poils, et l'épi forme une tête globuleuse, blanchâtre ou rougeâtre, qui a été comparée à une fraise. *Bord des routes, prés secs et stériles.*

10. **T. des guérêts** : *T. arvense.* Vulg. *pied-de-lièvre.* Fl. petites, blanches ou rougeâtres, et formant des épis très-velus, grisâtres, presque cotonneux ; il y en a une variété plus petite. *Champs.*

11. **T. incarnat** : *T. incarnatum.* Fl. disposées en épis terminaux, oblongs ou cylindriques, velus ; calice très-velu ; corolle monopétale, d'un incarnat pâle et de teinte variable. *Prés humides.*

12. **T. strié** : *T. striatum.* Les têtes de fleurs sont terminales ou rarement axillaires, ovoïdes, solitaires, sessiles ; le calice est velu, strié ; la corolle est très-petite, d'un rouge pâle. *Prés secs, bord des routes.*

13. **T. raboteux** : *T. scabrum.* Les têtes de fleurs sont terminales ou axillaires, sessiles, ovoïdes ; les calices sont un peu velus ; la corolle est petite, blanchâtre. *Lieux secs et sablonneux des pâturages et du bord des bois.*

TROÊNE : *Ligustrum*. (Jasminéc.)

1. **T. commun** : *L. vulgare*. Vulg. *frésillon*. Arbrisseau à fleurs blanches, petites, disposées en grappes paniculées ; baies rondes, lisses, noires, fournissant une couleur bleuâtre ; les feuilles et les fleurs sont détersives et astringentes. *Haies et bois.*

TROSCART : *Triglochin*. (Alismacée.)

1. **T. des marais** : *T. palustre.* Fl. presque sessiles, un peu rougeâtres, formant un épi grêle, fort long et peu garni ; capsules droites, linéaires, sillonnées. *Marais, prés humides.*

TULIPE : *Tulipa*. (Liliacée.)

1. **T. sauvage** : *T. silvestris.* Fl. jaune, solitaire, à pétales lancéolés très-pointus ; elle est penchée avant son épanouissement, ce qui distingue cette espèce de la tulipe des jardins ; elle répand une forte odeur de miel. *Prés montagneux.*

TUSSILAGE : *Tussilago.* (Composée.)

A. *Fleurs jaunes,* 1.

B. *Fleurs purpurines,* 2.

1. **T. pas-d'âne** : *T. farfara.* Vulg. *pas-d'âne.* Fl. jaune, solitaire, assez grande, paraissant avant les feuilles ; pl. méd., béchique, mucilagineuse ; on fume les feuilles pour se guérir de la toux. *Lieux humides et cultivés, au soleil.*

2. **T. petasite** : *T. petasites.* Vulg. *grand-pas-d'âne.* Fl. purpurines, nombreuses, flosculeuses, disposées en thyrse oblong, presque toutes solitaires sur leurs pédoncules : pl. méd., sudorifique, apéritive et diurétique. *Lieux humides.*

UTRICULAIRE : *Utricularia.* (Personnée.)

A. *Éperon conique ; entrée de la corolle fermée par le palais,* 1.

B. *Éperon très-court, courbé en dehors ; corolle un peu ouverte,* 2.

1. **U. commune** : *U. vulgaris.* Hampes grêles, nues et chargées de 5 à 8 fleurs jaunes, écartées, disposées en un épi fort lâche ; ces hampes s'élèvent hors de l'eau à la hauteur d'environ 7 à 8 po. *Étangs, fossés aquatiques.*

2. **U. naine** : *U. minor.* Cette espèce est plus petite que la précédente ; ses fleurs sont d'un jaune pâle ; leur palais est presque plane, et leur éperon extrêmement court forme un peu la nacelle. *Étangs, fossés, marais.*

VALÉRIANE : *Valeriana.* (Valérianée.)

A. *Feuilles ailées : tige non interrompue dans sa direction.*

B. *Feuilles simples : tiges une ou plusieurs fois bifurquées.*

A. { *Fleurs dioïques : tiges hautes de dix à douze pouces,* 1.
{ *Fleurs bissexuelles : tiges hautes de deux à trois pieds,* 2.

B. { *Semences comprimées,* 3.
{ *Semences couronnées par six dents,* 4.
{ *Semences couronnées par trois dents,* 5.

1. **V. dioïque** : *V. dioica.* Fl. purpurines ou blanchâtres, et disposées au sommet de la plante en une panicule composée, un peu compacte et serrée en tête arrondie ; les fleurs mâles sont beaucoup plus grandes que les femelles. *Marais, prés humides.*

2. **V. officinale** : *V. officinalis.* Fl. rougeâtres, terminales, et disposées en une large panicule serrée en forme de corymbe ; il y en a une variété remarquable par ses feuilles luisantes et d'un vert foncé ou noirâtre : pl. méd., sudorifique, cordiale, vermifuge et fébrifuge. *Bois, lieux humides.*

3. **V. mâche-cultivée** : *V. olitoria.* Vulg. *doucette.* Fl. fort petites, de couleur blanche ou rougeâtre, et ramassées par petits bouquets au sommet de la

plante; on la cultive et l'on mange ses feuilles en salade; elle est fort rafraîchissante et un peu laxative. *Vignes, bord des champs.*

4. **V. mâche-couronnée** : *V. coronata.* Cette espèce est l'une des plus grandes du genre; fleurs blanchâtres, terminales; fruits réunis en tête sphérique. *Vignes, champs incultes et cultivés.*

5. **V. mâche-dentée** : *V. dentata.* Cette espèce ressemble beaucoup à celle cultivée (n° 3 ci-dessus), mais elle s'élève davantage; fleurs terminales, d'un blanc bleuâtre. *Moissons.*

Nota. De Candolle (fl. fr.) a rejeté ces trois dernières espèces dans un autre genre. *(Valerianella.)*

VÉLAR : *Erysimum.* (Crucifère.)

A. *Feuilles ailées ou découpées en lyre.*

B. *Feuilles simples, entières ou dentées.*

A. { *Lobe terminal des feuilles triangulaire : rameaux très-ouverts et très-étalés,* 1.

{ *Lobe terminal des feuilles arrondi : rameaux redressés et peu ouverts,* 2.

B. { *Fleurs blanches,* 3.

{ *Fleurs jaunes,* 4.

1. **V. officinal** : *E. officinale.* Maintenant *sisymbre-officinal* (fl. fr.), et vulg. *herbe-au-chantre.* Fl. jaunes, extrêmement petites, en épis grêles; siliques appliquées contre l'axe : pl. méd., contre l'enrouement, les toux invétérées, etc. *Lieux incultes, décombres, bord des chemins.*

2. **V. de Sainte-Barbe** : *E. barbarea.* Vulg. *barbarée.* Fl. assez petites, d'un beau jaune, et disposées en épis serrés au sommet de la plante; siliques terminées par une petite corne : pl. méd., anti-scorbutique et diurétique. *Prés, lieux humides.*

3. **V. julienne-alliaire** : *E. alliaria.* Maintenant

julienne-alliaire, (fl. fr.). Fl. blanches, assez petites, en grappes terminales; siliques grêles et longues : pl. méd., vulnéraire, diurétique, incisive, à odeur d'ail. *Haies, lieux couverts.*

4. **V.** épervière : *E. hieracifolium.* Fl. jaunes, en grappes; siliques terminées par une petite corne qui soutient un stigmate à deux lobes. *Lieux incultes et sablonneux.*

Nota. Selon de Candolle, (fl. fr.), les vélars ont tous la fleur jaune et la silique à quatre angles; ceux qui ont la silique cylindrique sont rejetés parmi les *sysymbres;* et ceux à fleurs blanches appartiennent aux *juliennes.*

VERGERETTE : *Erigeron.* (Composée.)

A. *Demi-fleurons rougeâtres.*

B. *Demi-fleurons blancs*, 3.

C. *Demi-fleurons jaunes*, 4.

A. { *Tiges chargées d'une ou deux fleurs*, 1.
    { *Tiges chargées de plus de deux fleurs*, 2.

1. **V. des Alpes** : *E. alpinum.* Fl. dont les demi-fleurons sont bleus ou rougeâtres, quelquefois blancs, selon les variétés qui sont en assez grand nombre; les unes n'ont qu'une ou deux fleurs, d'autres quatre à cinq. *Hautes montagnes.*

2. **V. âcre** : *E. acre.* Fl. éparses, ordinairement peu nombreuses, assez grandes, solitaires, à demi-fleurons bleus ou rougeâtres. *Lieux secs, arides et pierreux.*

3. **V. du Canada** : *E. canadense.* Tige terminée par une panicule allongée, composée de beaucoup de fleurs fort petites, portées sur des pédoncules rameux; les fleurons sont d'un jaune pâle, et les demi-fleurons, très-petits, sont d'un blanc couleur de chair. *Bois, champs, lieux pierreux : originaire du Canada.*

4. **V. odorante** : *E. graveolens*. Maintenant *solidage-odorante*, (fl. fr.). Fl. nombreuses, jaunes, petites, en panicule rameuse; les demi-fleurons étroits et très-courts. *Champs et vignes un peu humides.*

VÉRONIQUE : *Veronica.* (Rhinanthacée.)

A. *Fleurs disposées en grappes latérales : feuilles lisses.*
B. *Fleurs disposées en grappes latérales : feuilles velues.*
C. *Fleurs solitaires, axillaires : tiges couchées.*
D. *Fleurs solitaires, axillaires : tiges droites : feuilles digitées,* 9.
E. *Fleurs solitaires, axillaires, ou en grappes terminales : tiges droites : feuilles non digitées.*

A. { *Feuilles étroites et linéaires,* 1.
{ *Feuilles rondes ou ovales,* 2.
{ *Feuilles très-allongées et pointues,* 3.

B. { *Tiges couchées,* 4.
{ *Tiges droites dont les poils sont disposés sur deux rangs opposés : feuilles ovales et cordiformes,* 5.
{ *Tiges droites dont les poils sont épars : feuilles étroites et souvent incisées,* 6.

C. { *Feuilles à trois ou cinq grandes crénelures : fleurs violettes,* 7.
{ *Feuilles ayant plus de cinq crénelures qui sont fort petites : fleurs bleues,* 8.

E. { *Fleurs blanchâtres, veinées de bleu,* 10.
{ *Fleurs bleues : feuilles ovales n'ayant en leurs bords que quelques dents peu profondes,* 11.
{ *Fleurs bleues : feuilles cordiformes et crénelées,* 12.

1. **V. à écusson** : *V. scutellata*. Fl. petites, blanchâtres, presque pendantes, en grappes latérales très-lâches; capsules en écusson. *Lieux aquatiques et marécageux.*

2. **V. beccabunga** : *V. beccabunga*. Fl. bleues, en longues grappes lâches, latérales; la grandeur de cette plante varie beaucoup, depuis quelques pouces

32.

jusqu'à plusieurs pieds : elle est dépurative, diurétique et très-anti-scorbutique. *Bord des ruisseaux et
des fontaines.*

3. **V. mouron**. *V. anagallis.* Fl. violettes, en grappes
latérales et quelquefois terminales : on peut substituer cette plante à la précédente, dont elle a les propriétés ; il y en a plusieurs variétés. *Lieux aquatiques.*

4. **V. officinale** : *V. officinalis.* Vulg. *thé d'Europe,
véronique mâle.* Fl. petites, d'un bleu pâle, quelquefois blanchâtres avec des veines rouges, et ne
formant ordinairement qu'une paire de grappes latérales : pl. méd., apéritive, sudorifique, béchique,
céphalique et vulnéraire. *Bois montueux, coteaux
secs et arides.*

5. **V. petit-chêne** : *V. chamædrys.* Fl. assez grandes,
d'un bleu céleste, en grappes latérales : cette espèce a, dans un moindre degré, les propriétés de
la véronique officinale. *Prés, haies, bord des bois.*

6. **V. teucriette** : *V. teucrium.* Les fleurs forment
des grappes latérales ; elles sont assez grandes, d'une
belle couleur bleue, mais un peu rayées ou marquées de lignes rouges : mêmes propriétés que la
précédente. *Pelouses sèches, bord des bois.*

7. **V. à feuilles de lierre** : *V. hederæfolia.* Fl. d'un
bleu très-pâle, solitaires, axillaires. *Lieux cultivés.*

8. **V. rustique** : *V. agrestis.* Fl. bleues, veinées, solitaires, axillaires ; capsules renflées. *Lieux cultivés.*

9. **V. à trois lobes** : *V. triphyllos.* Fl. d'un bleu
foncé, petites, solitaires, axillaires ; calice fort
grand. *Lieux incultes et moissons.*

10. **V. serpollet** : *V. serpillifolia.* Fl. blanches,
rayées de bleu, en grappes terminales ; il y en a
une variété plus petite. *Bord des champs.*

11. **V. à feuilles de thym** : *V. acinifolia.* Fl. bleues, solitaires, axillaires. *Champs bourbeux, prés, lieux cultivés.*

12. **V. des champs** : *V. arvensis.* Fl. petites, d'un bleu pâle, solitaires dans les aisselles supérieures, et formant par leur rapprochement une espèce d'épi terminal ; il y en a plusieurs variétés. *Champs, lieux cultivés.*

VERVEINE : *Verbena.* (Pyrénacée.)

1. **V. officinale** : *V. officinalis.* Fl. petites, d'un blanc violet, et disposées sur des épis longs et fili-formes : pl. méd., ophtalmique, fébrifuge et vulné-raire ; les anciens la nommaient *herbe-sacrée,* par-cequ'elle servait à nettoyer l'autel pour les sacrifices. *Bord des chemins et des haies.*

VESCE : *Vicia.* (Légumineuse.)

Voyez aussi *Ers.*

A. *Pédoncules chargés de plus de deux fleurs.*
B. *Une ou deux fleurs axillaires.*

A. { *Folioles des feuilles étroites et linéaires : pédoncules portant un très-grand nombre de fleurs,* 1. *Folioles des feuilles ovales et élargies : pédoncules fort courts, chargés de trois ou quatre fleurs,* 2. *Folioles des feuilles ovales et élargies : pédoncules assez longs et portant six à huit fleurs,* 3.

B. { *Fleurs jaunes,* 4. *Fleurs violettes : feuilles ayant leurs folioles cunéiformes,* 5. *Fleurs d'un beau rouge : folioles des feuilles supérieures très-étroites et linéaires,* 6.

1. **V. cracca** : *V. cracca.* Fl. nombreuses, bleuâtres ou d'un poupre-violet, quelquefois blanches, et disposées en longues grappes unilatérales ; légumes courts ; bon fourrage. *Champs, haies, lieux incultes.*

2. **V. des haies** : *V. sepium.* Pédoncules axillaires,

extrêmement courts, et portant 3 ou 4 fleurs d'un pourpre obscur et bleuâtre; légumes courts, noirâtres. *Haies, bois, lieux couverts.*

3. **V. des buissons** : *V. dumetorum.* Pédoncules chargés d'une dixaine de fleurs disposées en grappes violettes ou rarement blanches; gousses oblongues, comprimées, terminées en pointe droite. *Buissons et forêts montagneuses.*

4. **V. jaune** : *V. lutea.* Fl. axillaires, solitaires, presque sessiles; corolle jaune dans la plupart des individus; son étendard est rougeâtre dans une variété; gousses comprimées, hérissées de poils. *Bord des champs et des routes, lieux pierreux.*

5. **V. cultivée** : *V. sativa.* Rien n'est plus variable que son port et la forme de ses folioles; les fleurs sont solitaires ou géminées, presque sessiles à l'aisselle des feuilles; leur couleur est violette ou d'un pourpre assez vif; les gousses sont comprimées, linéaires, brunâtres : pl. cult., méd., astringente et résolutive; elle fournit aux chevaux, aux vaches et aux moutons, un excellent fourrage; la graine est la nourriture favorite des pigeons, mais elle nuit aux canards, aux dindons et aux poules. *Champs, prés, bois.*

6. **V. noire** : *V. nigra.* (Dub.) Tiges couchées, longues de 8 à 12 po.; fleurs d'une belle couleur rouge, naissant deux à deux dans les aisselles des feuilles; siliques élargies. *Bord des bois, en Sologne, etc.*

VIGNE : *Vitis.* (Sarmentacée.)

1. **V. porte-vin** : *V. vinifera.* La vigne sauvage est un arbrisseau faible, à petites fleurs verdâtres ou jaunâtres, disposées en grappes opposées aux feuilles; tout le monde connaît cette plante utile, dont on cultive un grand nombre de variétés.

Le raisin frais et bien mûr, est très-sain, relâchant et adoucissant; le raisin sec est adoucissant, nutritif et pectoral; les feuilles et le verjus sont astringents; le bon vin vieux est tonique, cordial, stomachique, antiscorbutique et vermifuge. *La vigne croît naturellement dans les haies et lieux couverts, en Provence, en Alsace, etc.*

VINETTIER : *Berberis.* (Berbéridée.)

1. **V. commun** : *B. vulgaris.* Vulg. *épine-vinette.* Arbrisseau médiocre, à fleurs jaunes, en grappes axillaires et pendantes; leurs étamines sont remarquables par l'espèce de sensibilité dont elles sont pourvues, et qui les force de se replier sur le pistil lorsqu'on les touche avec la pointe d'une épingle; fruits ovales, rouges, très rafraîchissants et astringents; l'écorce donne une teinture jaune. *Haies et bois.*

VIOLETTE : *Viola.* (Violacée.)

A. *Pédoncules des fleurs naissant du collet de la racine.*
B. *Fleurs portées sur des tiges feuillées.*

A. { *Pétioles et pédoncules hérissés de longs poils : fleurs inodores,* 1.
{ *Pétioles et pédoncules pubescents et non hérissés : fleurs odorantes,* 2.

B. { *Stipules presqu'aussi grandes que les pétioles des feuilles,* 3.
{ *Stipules beaucoup moins grandes que les pétioles des feuilles,* 4.

1. **V. hérissée** : *V. hirta.* Fl. bleue, penchée, inodore, ayant ses pétales latéraux marqués d'une ligne poilue. *Lieux secs et montueux.*

2. **V. odorante** : *V. odorata.* Les fleurs naissent entre les feuilles; leur couleur et l'odeur agréable qu'elles exhalent sont assez connues; il y a des va-

riétés à fleurs blanches, à fleurs rougeâtres et à fleurs doubles : pl. méd., émolliente, purgative, rafraîchissante et cordiale ; on en fait un sirop qui est très-bon pour la poitrine. *Haies, bois, lieux couverts.*
3. **V. tricolore** : *V. tricolor.* Vulg. *pensée.* Fl. axillaires, mélangées de blanc, de jaune et de violet-pourpre, d'un aspect velouté ; il y en a une variété plus petite, à pétales dépassant à peine le calice. *Champs et lieux cultivés.*
4. **V. de chien** : *V. canina.* Les feuilles ont exactement la forme d'un cœur ; fleur bleue, penchée, inodore, de la grandeur de la violette odorante ; le port de cette plante est très-variable. *Haies, bois, bruyères.*

VIORNE : *Viburnum.* (Caprifoliacée.)
A. *Feuilles très-simples et non lobées,* 1.
B. *Feuilles ayant trois ou cinq lobes,* 2.
1. **V. mancienne** : *V. lantana.* Vulg. *viorne-cotonneuse.* Arbrisseau dont l'écorce des jeunes pousses est comme farineuse ; feuilles cotonneuses en dessous ; fleurs blanches, terminant les rameaux, et disposées en manière d'ombelle ; baies noires à leur maturité : elles passent pour rafraîchissantes et astringentes, ainsi que les feuilles. *Haies et bois.*
2. **V. obier** : *V. opulus.* Arbrisseau à feuilles glabres et à fleurs blanches, terminales, et disposées en manière d'ombelle ; les fleurs de la circonférence de l'ombelle sont plus grandes que les autres, tout-à-fait planes, irrégulières et communément stériles : on en cultive une variété nommée *boule-de-neige,* dont les fleurs sont ramassées en boule, et presque toutes stériles. *Haies et bois.*

VIPÉRINE : *Echium.* (Borraginée.)
1. **V. commune** : *E. vulgare.* Fl. en épis latéraux,

peu distants, qui forment tous ensemble un long épi terminal; ces fleurs sont ordinairement bleues, quelquefois blanches ou couleur de chair; la graine ressemble à une tête de vipère. *Champs, bord des chemins.*

VOLANT-D'EAU : *Myriophyllum.* (Onagraire.)

A. *Fleurs disposées en épi*, 1.

B. *Fleurs axillaires*, 2.

1. **V. à épi** : *M. spicatum.* Tiges rameuses, flottantes dans l'eau; fleurs herbacées, monoïques, en épi presque linéaire; les verticilles de ces fleurs sont un peu écartés et les mâles occupent le sommet. *Eaux tranquilles.*

2. **V. verticillé** : *M. verticillatum.* Fl. herbacées, en petits verticilles axillaires ou, si l'on veut, en épi entremêlé de feuilles; ces fleurs sont le plus souvent hermaphrodites. *Eaux tranquilles.*

VULPIN : *Alopecurus.* (Graminée.)

A. *Balles glabres*, 1.

B. *Balles velues.*

B. { *Tiges droites et hautes de plus d'un pied*, 2.
{ *Tiges à moitié couchées, et n'ayant pas un pied de haut*, 3.

1. **V. des champs** : *A. agrestis.* Tige droite et élancée, très-rarement coudée à la base; panicule en forme d'épi grêle et allongé, devenant quelquefois violette : fourrage médiocre, quoique recherché par les moutons. *Prés, champs, vignes.*

2. **V. des prés** : *A. pratensis.* Tige droite; fleurs disposées en grappe serrée, cylindrique, semblable à un épi, molle, blanchâtre et velue : très-bon fourrage. *Prés.*

3. **V. genouillé** : *A. geniculatus.* Tige couchée et ordinairement coudée à sa base, ascendante vers

le sommet; panicule en forme d'épi cylindrique, serré, verdâtre; les anthères sont d'abord blanches, ensuite jaunes; ce fourrage est très-recherché par les vaches et les chevaux. *Marais tourbeux, mares, fossés.*

YVRAIE : *Lolium.* (Graminée.)

A. *Fleurs nues et sans barbes : balle extérieure plus courte que l'épillet,* 1.

B. *Fleurs ordinairement garnies de barbes : balle extérieure aussi longue que l'épillet,* 2.

1. **Y. vivace** : *L. perenne.* Vulg. ray-grass, *fausse-yvraie, gazon-anglais.* Tige droite, de 12 à 18 po.; épi très-allongé, comprimé; épillets comprimés, disposés alternativement sur deux côtés opposés de l'axe qui les porte; pl. cult. comme fourrage excellent, très-nourrissant; on en fait aussi de beaux gazons; il y en a plusieurs variétés. *Chemins, pelouses, lieux incultes.*

2. **Y. énivrante** : *L. temulentum.* Tiges articulées, s'élevant jusqu'à 3 pi. et plus; épi droit, un peu raide, à épillets courts et pauciflores; ses semences sont nuisibles et énivrantes. C'est l'*infelix lolium* de Virgile et la *zizanie* de l'Évangile. *Moissons.*

Total général, 70 familles, 400 genres, et 1062 espèces.

TABLE DE RENVOI
Des Noms Vulgaires et autres Synonymes,
à ceux de l'Analyse.

---

* *Acacia*, voyez robinier. — *Acanthe (fausse)*, v.
berce. — *Ache-d'eau*, v. berle. — *Agrostemme*, v. lychnide.—*Aiglantine*, v. ancolie.—*Aiguille-de-berger*,
v. scandix. — *Alliaire*, v. vélar. — *Alpiste*, v. phalaris. — *Amourettes*, v. brize. — *Anarrhine*, v. linaire. — *Angélique*, v. impératoire. — *Argentine*,
v. potentille.—*Argentine-rouge*, v. comaret.—*Aria*,
v. alisier. — *Arrête - bœuf*, v. ononis. — *Arroche-
puante*, v. ansérine.—*Artichaut-sauvage*, v. joubarbe.
—*Athamanthe*, v. sélin.—*Attrape-mouche*, v. silené.
—*Aubépine*, v. néflier.—*Aulnée*, v. inule. — *Avoine
molle et laineuse*, v. houque.

* *Barbarée*, v. vélar. — *Barbe-de-bouc*, v. salsifix.
—*Barbotine*, v. tanaisie.—*Bardane (petite)*, v. lampourde. — *Barkhausie*, v. crépide. — *Bassin*, v. renoncule. — *Bassinet*, v. anémone. — *Bâton-d'or*,v.
giroflée. — *Bâton-royal*, v. asphodèle. — *Baume-
sauvage*, v. germandrée.—*Beccabunga*, v. véronique.
—*Bec-de-grue*, v. géranium.—*Behen*, v. cucubale.
—*Bétoine-aquatique*, v. scrophulaire. — *Blé*, v. froment. — *Blé-de-vache*, v. mélampyre. — *Bleuet*,
v. centaurée.—*Bois-de-Sainte-Lucie*, v. cerisier.—
Bois-gentil, v. daphné. — *Bois-punais*, v. cornouiller.—*Bombarde*, v. salsifix.—*Bon-henry*, v. ansérine.
— *Bonnet-de-prêtre*, v. fusain. — *Bouillon-blanc*,

v. molène. — *Boule-de-neige*, v. viorne. — *Boulette*, v. échinope. — *Bouquet-parfait*, v. œillet. — *Bourdaine*, v. nerprun. — *Bourg-épine*, v. nerprun. — *Bourse-à-pasteur*, v. tabouret. — *Bouton-d'or*, v. renoncule. — *Buglosse-sauvage*, v. lycopside. — *Bugrane*, v. ononis. — *Bunias*, v. caméline.

* *Cabaret*, v. asaret. — *Caille-lait*, v. gaillet. — *Callune*, v. bruyère. — *Camérisier*, v. chèvrefeuille. — *Camomille*, v. matricaire. — *Caquillier*, v. caméline. — *Cardamine*, v. cresson. — *Cardoncelle*, v. carthame. — *Carnillet*, v. silené. — *Casse-lunette*, v. centaurée. — *Casse-pierre*, v. pariétaire. — *Cassis*, v. groseiller. — *Centaurée-laineuse*, v. carthame. — *Centaurée (petite)*, v. gentiane. — *Chardon-à-bonnetier*, v. cardère. — *Chardon-à-feuilles-d'acanthe*, v. cirse. — *Chardon-béni*, v. carthame. — *Chardon-étoilé*, v. centaurée. — *Chardon-marie*, v. carthame. — *Chardon-roland*, v. panicaut. — *Chasse-bosse*, v. lysimaque. — *Chataire*, v. népéta. — *Chausse-trappe*, v. centaurée. — *Chélidoine (petite)*, v. ficaire. — *Chêne (petit)*, v. germandrée et véronique. — *Chervi*, v. berle. — *Cheveux-du-diable*, v. cuscute. — *Chiendent*, v. froment et paspale. — *Chironie*, v. gentiane. — *Ciguë-aquatique*, v. œnanthe. — *Ciguë (petite)*, v. ache. — *Ciste*, v. hélianthème. — *Citronelle*, v. mélisse. — *Claudinette*, v. narcisse. — *Cocrête*, v. rhinanthe. — *Cocriste*, v. rhinanthe. — *Coignassier*, v. poirier. — *Compagnon*, v. lychnide. — *Condrille*, v. chondrille. — *Coquelicot*, v. pavot. — *Coquelourde*, v. anémone. — *Corne-de-cerf*, v. cranson. — *Cornuet*, v. bident. — *Cotonnière*, v. gnaphale. — *Coucou*, v. primevère et pulmonaire. — *Couleuvrée*, v. bryone.—*Cresson-des-ruines*, v. passerage. — *Crête-de-coq*, v. rhinanthe. — *Crêtelle*, v. cynosure. — *Crève-chien*, v. morelle. — *Crocus*, v. safran. — *Croisette*, v. crucianelle et gaillet. — *Cymbalaire*, v. linaire.

★ *Dame-d'onze-heures*, v. ornithogale.— *Damier*, v. fritillaire. — *Danthonie*, v. fétuque.—*Digitaire*, v. paspale. — *Dompte-venin*, v. asclépiade.—*Doronic*, v. arnique.—*Douce-amère*, v. morelle.—*Doucette*, v. campanule. — *Doucette (salade)*, v. valériane. — *Douve (grande)*, v. renoncule. — *Douve (petite)*, v. renoncule.

★ *Ébénier (faux)*, v. cytise. — *Éclaire (grande)*, v. chélidoine.—*Éclaire (petite)*, v. ficaire.—*Écuelle-d'eau*, v. hydrocotyle.—*Églantier*, v. rosier.—*Elléborine*, v. épipactis. — *Épi-d'eau*, v. potamot. — *Épinard-immortel*, v. rumex. — *Épinard-sauvage*, v. ansérine.—*Épine-blanche*, v. néflier et onopordone. —*Épine-noire*, v. prunier. — *Épine-rose*, v. néflier. — *Épine-vinette*, v. vinettier. — *Érodium*, v. géranium.—*Escourgeon*, v. orge. — *Esparcette*, v. sainfoin. — *Exacum*, v. gentiane.

★ *Fenouil*, v. aneth.—*Fer-à-cheval*, v. hippocrépis. — *Fléchière*, v. sagittaire. — *Fléole*, v. phléole. — *Foin-blanc*, v. houque. — *Foirolle*, v. mercuriale.—*Fraisier-stérile*, v. potentille.— *Framboisier*, v. ronce. — *Frésillon*, v. troène. — *Fromageon*, v. mauve-sauvage. — *Fromental*, v. avoine.

* *Gagéa*, v. ornithogale. — *Galé*, v. myrica. — *Galéobdolon*, v. galéopsis. — *Galiope*, v. galéopsis. — *Gant-de-bergère*, v. digitale. — *Gant-de-notre-dame*, v. ancolie. — *Gantelée*, v. campanule. — *Gaude*, v. réséda. — *Gazon-anglais*, v. yvraie. — *Gazon-d'olympe*, v. statice. — *Genêt-épineux*, v. ajonc. — *Glayeul-des-marais*, v. iris. — *Glouteron*, v. bardane et lampourde. — *Gratteron*, v. gaillet. — *Grenouillette*, v. renoncule. — *Grosse-rave*, v. chou. — *Goutte-de-sang*, v. adonide.

* *Hédypnoide*, v. lampsane. — *Helléborine*, v. épipactis. — *Herbe-à-éternuer*, v. achillée. — *Herbe-à-jaunir*, v. réséda. — *Herbe-à-la-coupure*, v. achillée. — *Herbe-à-la-manne*, v. fétuque. — *Herbe-à-la-taupe*, v. datura. — *Herbe-à-l'esquinancie*, v. aspérule. — *Herbe-à-l'hirondelle*, v. stellère. — *Herbe-à-récurer*, v. charagne. — *Herbe-à-robert*, v. géranium. — *Herbe-au-chantre*, v. vélar. — *Herbe-au-lait*, v. polygala. — *Herbe-au-musc*, v. adoxe. — *Herbe-au-pauvre-homme*, v. gratiole. — *Herbe-au-siége*, v. scrophulaire. — *Herbe-aux-ânes*, v. onagre. — *Herbe-aux-chats*, v. népéta. — *Herbe-aux-écus*, v. lysimaque. — *Herbe-aux-gueux*, v. clématite. — *Herbe-aux-mites*, v. molène. — *Herbe-aux-mouches*, v. conyse. — *Herbe-aux-oies*, v. potentille. — *Herbe-aux-perles*, v. grémil. — *Herbe-aux-puces*, v. plantain. — *Herbe-aux-sorciers*, v. circée. — *Herbe-aux-verrues*, v. héliotrope. — *Herbe-de-la-Saint-Jean*, v. armoise. — *Herbe-de-Saint-Benoit*, v. benoite. — *Herbe-de-Sainte-Barbe*, v. vélar. — *Herbe-de-Saint-Jacques*,

v. seneçon. — *Herbe-de-Saint-Roch*, v. inule. — *Herbe-sacrée*, v. verveine. — *Holostée*, v. alsine. — *Houx (petit)*, v. fragon.

 χ ★ *Ivette*, v. germandrée.

★ *Jacée*, v. centaurée. — *Jacobée*, v. seneçon. — *Jonc-des-tonneliers*, v. scirpe. — *Jonc-fleuri*, v. butôme. — *Joubarbe-blanche*, v. sédum. — *Joubarbe-des-vignes*, v. sédum. — *Julienne*, v. vélar.

★ *Laiche*, v. carex. — *Laitier*, v. polygala. — *Lampette*, v. lychnide. — *Lauréole*, v. daphné. — *Laurier-Saint-Antoine*, v. épilobe. — *Léersie*, v. phalaris. — *Lentille*, v. ers. — *Lentille-d'eau*, v. lenticule. — *Leucanthême*, v. chrysanthême. — *Lierre-terrestre*, v. gléchome. — *Lin-des-marais*, v. linaigrette. — *Lustre-d'eau*, v. charagne. — *Luzule*, v. jonc. — *Lys-des-étangs*, v. nénuphar.

★ *Mâche*, v. valériane. — *Macjon, marcusson*, v. gesse. — *Marguerite-dorée*, v. chrysanthême. — *Marguerite (grande)*, v. chrysanthême. — *Marguerite (petite)*, v. paquerette. — *Marjolaine-sauvage*, v. origan. — *Maroute*, v. camomille. — *Marrube-d'eau*, v. lycope. — *Marrube-noir*, v. ballote. — *Masse-d'eau*, v. massette. — *Merisier*, v. cerisier. — *Miliasse*, v. panic et paspale. — *Mille-feuille*, v. achillée. — *Millet*, v. agrostis et panic. — *Miriofle*, v. volant-d'eau. — *Miroir-de-Vénus*, v. campanule. — *Moinson*, v. bunium. — *Monoyère*, v. tabouret. — *Morgéline*, v. alsine. — *Morrène*, v. hydrocaris. — *Mors-du-diable*, v. scabieuse. — *Moscatelline*, v. adoxe. — *Mouron-d'eau*, v. samole. — *Mouron-des-oiseaux*, v. alsine.

—*Mufle-de-veau*, v. muflier.—*Muscari*, v. jacinthe.

★ *Narthèce*, v. tofieldie.—*Navet*, v. chou.—*Navet-du-diable*, v. bryone.—*Navette*, v. chou. —*Néottie*, v. ophrys.—*Nielle*, v. lychnide.—*Noisetier*, v. coudrier. — *Noix-de-terre*, v. bunium.

★ *OEthuse*, v. éthuse.—*Oignon*, v. ail. —*Oreille-de-lièvre*, v. buplèvre. — *Oreille-de-souris*, v. épervière et myosote.—*Orpin*, v. sédum.—*Ortie-blanche*, v. lamier.—*Ortie-jaune*, v. galéopsis.—*Ortie-morte*, v. épiaire. — *Ortie-puante*, v. épiaire. — *Orvale*, v. sauge. — *Oseille*, v. rumex. — *Oseille-des-bûcherons*, v. oxalide. — *Osier*, v. saule.

★ *Pain-de-coucou*, v. oxalide.—*Pain-de-pourceau*, v. cyclamen. — *Pas-d'âne*, v. tussilage. — *Patience*, v. rumex. — *Patte-d'oie*, v. ansérine. — *Pêcher*, v. amandier. — *Pédane*, v. onopordone. — *Peigne-de-Vénus*, v. scandix. — *Pensée*, v. violette. — *Pentecôte*, v. orchis.—*Perce-neige*, v. galantine.—*Perce-pierre*, v. alchimille. — *Persicaire*, v. renouée. — *Persil-bâtard*, v. peucédane. — *Persil-odorant*, v. ache.—*Phellandri*, v. œnanthe. — *Pied-d'allouette*, v. dauphinelle.—*Pied-de-chat*, v. gnaphale.—*Pied-de-coq*, v. panic. — *Pied-de-griffon*, v. hellébore. —*Pied-de-lièvre*, v. trèfle. — *Pied-de-loup*, v. lycope. *Pied-d'oiseau*, v. ornithope. — *Pied-de-poule*, v. renoncule et paspale. — *Pied-de-veau*, v. gouet. — *Piloselle*, v. épervière.— *Piment*, v. myrica. — *Pinasse, pincastre*, v. pin. — *Pisaille*, v. pois. — *Plantain-d'eau*, v. fluteau. — *Plumeau*, v. hottone. — *Plus je vous vois plus je vous aime*, v. myosote. —

Podagraire, v. égopode. — *Podosperme*, v. scorzonère. — *Pois-breton*, v. gesse. — *Pois-de-brebis*, v. gesse. — *Poivre-d'eau*, v. renouée. — *Pomme-de-terre*, v. morelle. — *Pomme-du-diable*, v. datura. — *Pomme-épineuse*, v. datura. — *Porreau*, v. ail. — *Porreau-sauvage*, v. jacinthe. — *Pouliot*, v. menthe. — *Prénanthe*, v. chondrille et crépide. — *Prismato-carpe*, v. campanule. — *Prunellier*, v. prunier. — *Ptarmique*, v. achillée. — *Pulicaire*, v. plantain. — *Pyrèthre*, v. matricaire.

* *Quenouille-des-prés*, v. cirse. — *Queue-de-lion*, v. agripaume. — *Queue-de-pourceau*, v. peucédane. — *Queue-de-rat*, v. ratoncule. — *Queue-de-renard*, v. mélampyre. — *Queue-de-souris*, v. orge. — *Quinte-feuille*, v. potentille.

* *Racine-de-femmes-battues*, v. tamme. — *Raifort-sauvage*, v. cranson et radis. — *Raisin-de-renard*, v. parisette. — *Rampant*, v. lierre. — *Raponcule*, v. raiponce. — *Rapontic*, v. centaurée jacée. — *Ravenelle*, v. giroflée, chou, et radis. — *Ray-grass*, v. yvraie. — *Réglisse (fausse)*, v. astragale. — *Reine-des-prés*, v spirée. — *Réveil-matin*, v. euphorbe. — *Rhapontic*, v. centaurée. — *Rhubarbe-des-pauvres*, v. pigamon. — *Riz (faux)*, v. orge. — *Rocambole*, v. ornithogale. — *Rougeole*, v. mélampyre.

* *Safran-bâtard*, v. carthame. — *Sagesse-des-chirurgiens*, v. sisymbre. — *Salade-de-porc*, v. porcelle. — *Saligot*, v. macre. — *Salsifix-d'Espagne*, v. scorzonère. — *Sarrazin*, v. renouée. — *Satyrion*, v. orchis. — *Savonaire*, v. saponaire. — *Sceau-de-notre-dame*,

v. tamme. — *Sceau-de-salomon*, v. muguet. — *Scordium*, v. germandrée. — *Scorpione*, v. myosotis. — *Sénevé*, v. moutarde. — *Sérapias*, v. épipactis. — *Serpollet*, v. thym. — *Sison*, v. berle. — *Sonnette*, v. rhinanthe. — *Souci-d'eau*, v. populage. — *Sparte*, v. stipe. — *Stachyde* ou *stachys*, v. épiaire. — *Stramoine*, v. datura. — *Sucepin*, v. monotrope. — *Surelle*, v. oxalide. — *Sycomore*, v. érable.

★ *Tabac-des-Vosges*, v. arnique. — *Talictron*, v. sysymbre. — *Tamier*, v. tamme. — *Terre-noix*, v. bunium. — *Terrète*, v. gléchome. — *Tertianaire*, v. toque. — *Thé-d'Europe*, v. véronique. — *Thlaspi*, v. ibéride. — *Thrincie*, v. liondent. — *Thymelée*, v. stellère. — *Tithymale*, v. euphorbe. — *Tourelle*, v. arabette. — *Toute-bonne*, v. sauge. — *Trainasse*, v. renouée. — *Trèfle-d'eau*, v. ményanthe. — *Trèfle-jaune*, v. anthyllide et mélilot. — *Tremble*, v. peuplier. — *Triquemadame*, v. sédum. — *Truffe-d'eau*, v. macre. — *Tue-chien*, v. colchique.

★ *Valance*, v. gaillet. — *Veilleuse*, v. colchique. — *Velvote*, v. linaire. — *Verge-de-pasteur*, v. cardère. — *Verge-d'or*, v. solidage. — *Vergerolle*, v. vergerette. — *Vigne-vierge*, v. morelle. — *Villarsie*, v. ményanthe. — *Violon*, v. rumex. — *Viorne*, v. clématite. — *Vrillée*, v. liseron. — *Vrillée-bâtarde*, v. renouée. — *Vulnéraire*, v. anthyllide.

FIN.

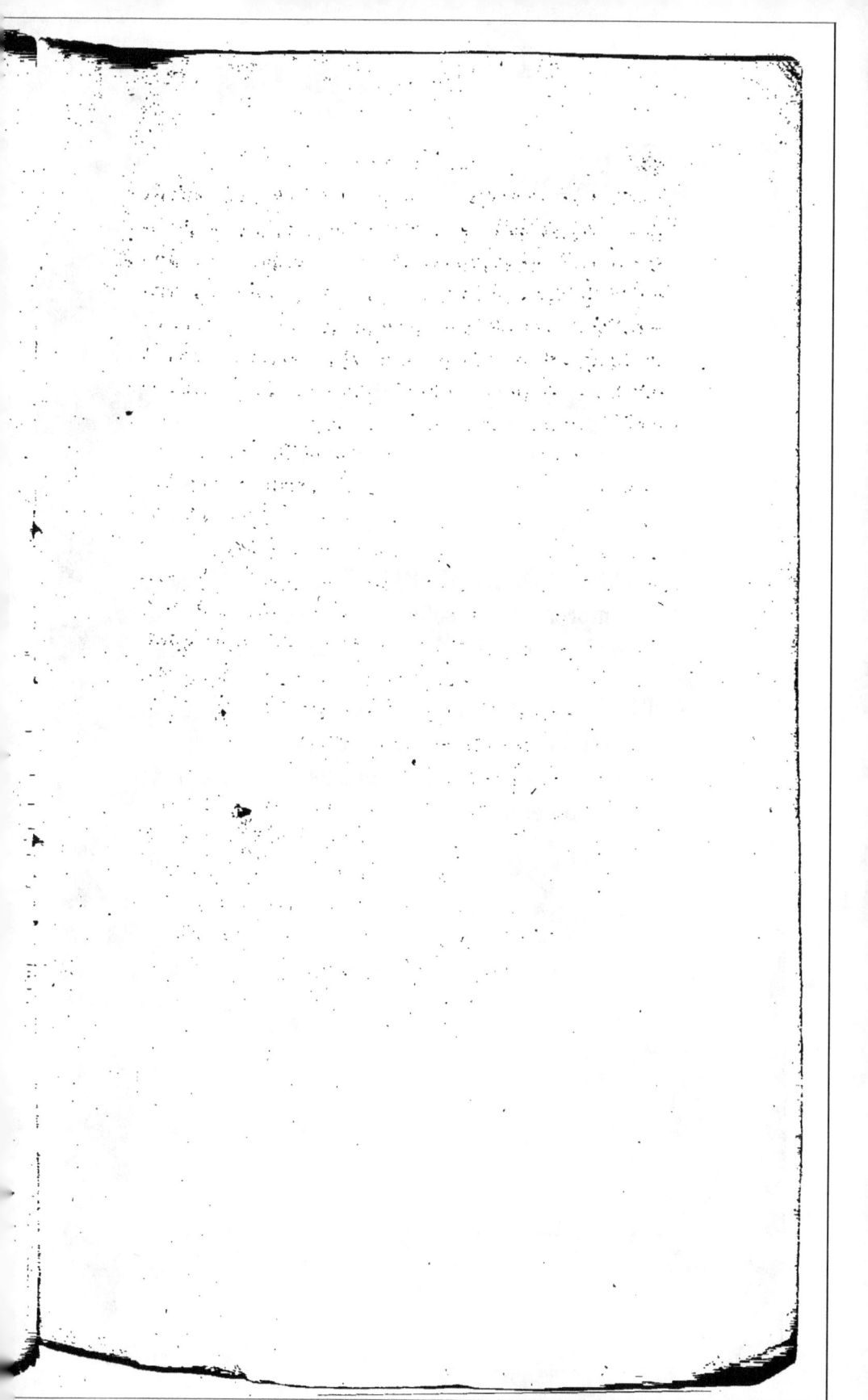

www.ingramcontent.com/pod-product-compliance
Lightning Source LLC
Chambersburg PA
CBHW061006220326
41599CB00023B/3847